教育部 财政部职业院校教师素质提高计划职教师资培养资源开发项目
机械工艺技术专业职教师资培养资源开发项目

机械工艺技术专业教学法

Jixie Gongyi Jishu Zhuanye Jiaoxuefa

周骥平　游文明　主编

秦永法　赵毅红　高　远　副主编

高等教育出版社·北京

内容提要

本书是教育部和财政部"职业院校教师素质提高计划"中"机械工艺技术专业职教师资培养资源开发项目(VTNE017)"的成果之一。

本书在对机械工艺技术专业进行全面了解的基础上,首先阐述专业人才的培养理念、体系、特点和要求,以及专业教学的方法、手段和工具。其次,选取机械工艺技术专业教学工作过程中各主要环节,即专业理论基础课、专业技术基础课、设计制造类专业课、机电控制类专业课、实验课、课程设计课、实习和毕业综合训练等,结合相应教学方法的应用,分别从该教学环节在专业培养中的地位和作用、课程学习分析、课程教学分析、课程教学设计等四个方面对该类课程的教学方法、手段、要求进行阐述。最后,通过附录的形式汇集专业教学中可以应用的主要专业教学理论方法供学习参考。

本书可作为高等师范院校机械工艺技术师范专业的教材,也可作为中等职业技术学校等机械类专业教师以及应用型本科机械设计制造及其自动化、机械工程等机械类专业教师的教学参考书。

图书在版编目(CIP)数据

机械工艺技术专业教学法/周骥平,游文明主编
.--北京:高等教育出版社,2017.3
ISBN 978-7-04-047447-3

Ⅰ.①机… Ⅱ.①周… ②游… Ⅲ.①机械制造工艺-教学法-高等学校 Ⅳ.①TH16

中国版本图书馆CIP数据核字(2017)第027822号

策划编辑 杜惠萍 责任编辑 杜惠萍 封面设计 王 鹏 版式设计 童 丹
插图绘制 杜晓丹 责任校对 刘 莉 责任印制 毛斯璐

出版发行 高等教育出版社
社 址 北京市西城区德外大街4号
邮政编码 100120
印 刷 北京玥实印刷有限公司
开 本 787mm×1092mm 1/16
印 张 15
字 数 370千字
购书热线 010-58581118
咨询电话 400-810-0598
网 址 http://www.hep.edu.cn
http://www.hep.com.cn
网上订购 http://www.hepmall.com.cn
http://www.hepmall.com
http://www.hepmall.cn
版 次 2017年3月第1版
印 次 2017年3月第1次印刷
定 价 28.60元

物 料 号 47447-00

教育部财政部职业院校教师素质提高计划成果系列丛书

项目牵头单位：扬州大学

项目负责人：周骥平

项目专家指导委员会：

主　任：刘来泉

副主任：王宪成　郭春鸣

成　员：（按姓氏拼音排列）

曹　晔　崔世钢　邓泽民　刁哲军　郭杰忠　韩亚兰　姜大源　李栋学
李梦卿　李仲阳　刘君义　刘正安　卢双盈　孟庆国　米　靖　沈　希
石伟平　汤生玲　王继平　王乐夫　吴全全　夏金星　徐　流　徐　朔
张建荣　张元利　周泽扬

出版说明

《国家中长期教育改革和发展规划纲要(2010—2020年)》颁布实施以来,我国职业教育进入了加快构建现代职业教育体系、全面提高技能型人才培养质量的新阶段。加快发展现代职业教育,实现职业教育改革发展新跨越,对职业学校“双师型”教师队伍建设提出了更高的要求。为此,教育部明确提出,要以推动教师专业化为引领,以加强“双师型”教师队伍建设为重点,以创新制度和机制为动力,以完善培养培训体系为保障,以实施素质提高计划为抓手,统筹规划,突出重点,改革创新,狠抓落实,切实提升职业院校教师队伍整体素质和建设水平,加快建成一支师德高尚、素质优良、技艺精湛、结构合理、专兼结合的高素质专业化的“双师型”教师队伍,为建设具有中国特色、世界水平的现代职业教育体系提供强有力的师资保障。

目前,我国共有60余所高校正在开展职教师资培养,但由于教师培养标准的缺失和培养课程资源的匮乏,制约了“双师型”教师培养质量的提高。为完善教师培养标准和课程体系,教育部、财政部在“职业院校教师素质提高计划”框架内专门设置了职教师资培养资源开发项目,中央财政划拨1.5亿元,系统开发用于本科专业职教师资培养标准、培养方案、核心课程和特色教材等系列资源。其中,包括88个专业项目,12个资格考试制度开发等公共项目。该项目由42家开设职业技术师范专业的高等学校牵头,组织近千家科研院所、职业学校、行业企业共同研发,一大批专家学者、优秀校长、一线教师、企业工程技术人员参与其中。

经过三年的努力,培养资源开发项目取得了丰硕成果。一是开发了中等职业学校88个专业(类)职教师资本科培养资源项目,内容包括专业教师标准、专业教师培养标准、评价方案,以及一系列专业课程大纲、主干课程教材及数字化资源;二是取得了6项公共基础研究成果,内容包括职教师资培养模式、国际职教师资培养、教育理论课程、质量保障体系、教学资源中心建设和学习平台开发等;三是完成了18个专业大类职教师资资格标准及认证考试标准开发。上述成果,共计800多本正式出版物。总体来说,培养资源开发项目实现了高效益:形成了一大批资源,填补了相关标准和资源的空白;凝聚了一支研发队伍,强化了教师培养的“校—企—校”协同;引领了一批高校的教学改革,带动了“双师型”教师的专业化培养。职教师资培养资源开发项目是支撑专业化培养的一项系统化、基础性工程,是加强职教教师培养培训一体化建设的关键环节,也是对职教师资培养培训基地教师专业化培养实践、教师教育研究能力的系统检阅。

自2013年项目立项开题以来,各项目承担单位、项目负责人及全体开发人员做了大量深入细致的工作,结合职教教师培养实践,研发出很多填补空白、体现科学性和前瞻性的成果,有力推进了“双师型”教师专门化培养向更深层次发展。同时,专家指导委员会的各位专家以及项目管理办公室的各位同志，克服了许多困难，按照两部对项目开发工作的总体要求，为实施项目管理、研发、检查等投入了大量时间和心血，也为各个项目提供了专业的咨询和指导，有力地保障了项目实施和成果质量。在此，我们一并表示衷心的感谢。

项目专家指导委员会

2016年3月

与本书配套的数字课程资源使用说明

一、注册/登录

访问 http://abook.hep.com.cn/1252131，点击“注册”，在注册页面输入用户名、密码及常用的邮箱进行注册。已注册的用户直接输入用户名和密码登录即可进入“我的课程”页面。

二、课程绑定

点击“我的课程”页面右上方的“绑定课程”，正确输入教材封底防伪标签上的20位密码，然后点击“确定”完成课程绑定。

三、访问课程

在“正在学习”列表中选择已绑定的课程，点击“进入课程”即可浏览或下载与本书配套的课程资源。刚绑定的课程请在“申请学习”列表中选择相应课程并点击“进入课程”。

如有账号问题，请发邮件至：abook@hep.com.cn。

前　言

本书是教育部和财政部“职业院校教师素质提高计划”中“机械工艺技术专业职教师资培养资源开发项目(VTNE017)”的成果之一。

本书是为了适应我国中等职业学校机械工艺技术专业教师培养的要求而编写的。制造业是我国国民经济的基础,而机械制造业又是制造业的核心和基础。作为制造业主要组成部分的机械工艺技术是企业实现优化生产、保证产品质量、参与市场竞争的基础。制造企业对应用型、技能型人才的需求量相当大,因此应用型、技能型人才的培养对制造业的发展和提升具有十分重要的作用。中职院校作为专业应用型、技能型人才的主要培训基地,在专业人才的培养上具有十分重要的地位。专业教师是专业人才培养质量的关键,机械类专业的教师不仅要对本专业的知识、技能熟悉掌握,而且要对本专业知识、技能的传授方法、技巧能融会贯通。要坚持面向工程实际,面向岗位实务,注重创新精神和技术动手能力。专业教学能力是职教师资适应现代工业企业对机械类专业应用型、技能型人才培养以及自身适应能力增强的必然需求。因此,本书的编写主要从职业院校培养机械工艺技术专业教师的实际出发,基于专业教学工作过程的实际,强调实用、实践,加强专业教学能力培养,突出理论联系实践。同时,考虑到这一层次本科学生的基本素质和对专业内容的理解能力,以及与其他教育教学课程内容之间的关系,本书内容详略有序,紧跟教育科技前沿,合理反映时代要求,注重实用易学。这样才使本书能更好地满足教与学两方面的需求。

本书的编写分工如下:第1章由扬州大学周骥平编写,其中部分章节由高远编写;第2章由扬州工业职业技术学院柳青松编写;第3章由扬州大学赵毅红编写;第4章由扬州大学李益民、周建华编写;第5章由扬州职业大学游文明编写;第6章由扬州大学张有才编写;第7章由扬州大学陶晔编写;第8章由扬州工业职业技术学院王庭俊编写;第9章由扬州大学秦永法编写;附录由扬州大学陈秋苹、高远编写。全书由周骥平、游文明统稿并担任主编,秦永法、赵毅红、高远担任副主编。教育部职业技术教育中心研究所吴全全研究员审阅了本书,并对本书提出了宝贵意见和建议,在此表示衷心感谢。

在本书的编写过程中,得到了教育部、财政部各位领导的关心和支持,得到了职业院校教师素质提高计划职教师资培养资源开发项目专家指导委员会机电组各位专家和项目管理办公室的指导和帮助,得到了扬州大学、扬州职业大学、扬州工业职业技术学院、江苏省扬州技师学院等相关职能部门领导和院系老师的支持和帮助,在此特表示衷心的感谢。此外,在编写过程中,参考并选用了近几年来国内出版的有关专业教学法方面的教材、论著,我们向有关的著作者表示诚挚的谢意并希望得到他们的指教。

限于编者水平及机械学科的快速发展和中等职业教育人才培养需求的不断变化,本书不足之处在所难免,恳请广大读者提出宝贵意见和建议,以利于本书的改进与提高。

编　者

2016年8月于扬州大学

目　录

第1章 绪论

1.1 机械概述

1.1.1 机械的基本概况

制造是人类生产和生活的基本要素之一,是人类物质文明最重要的组成部分。制造技术伴随着人类社会的发展,对人类社会生产和经济的发展起着十分重要的作用,是推动人类社会进步的重要因素。机械技术是制造技术的基础和核心,机械制造业又是制造业的核心和基础,也是国民经济的基础。机械工艺技术是机械制造企业实现优化生产、提高产品质量、参与市场竞争的重要保证。

1. 机械的概念

机械是机构和机器的总称。所谓机构,就是把一个或几个构件的运动变换成其他构件所需的具有确定运动的构件系统。而机器是一种由零部件组成的具有确定机械运动的装置,它用来完成一定的工作过程,以代替人类的劳动。因此,从广义上来说,机械系统是由各个机械基本要素组成的、完成所需的动作或动作过程,实现机械能转化,代替人类劳动的系统。机械系统的特点是必须完成动作传递和变换、机械能的利用,这是机械系统区别于其他系统的关键所在。

2. 机械的类型

机械的种类繁多,机械制造产品遍及人们生活、生产、社会活动的方方面面。当今,机械几乎已进入人类活动的一切领域,从简单小巧的剃须刀到复杂庞大的航天飞机,门类繁多,结构不同,用途各异。机械按功能可分为动力机械、加工机械、运输机械、粉碎机械等,按服务的产业可分为农业机械、矿山机械、工程机械、化工机械、纺织机械等,按工作原理可分为热力机械、流体机械、仿生机械等。

工作原理、功能相同或服务于同一产业的机械有共性的问题和特点,因而机械又出现了各种各样不同的分类体系。分类方法也有多种类别,可根据部分机械在某些方面的类同特性或特征区分类别。例如,希罗将简单机械分为轮与轴、杠杆、滑车、尖劈、螺旋五类;按马克思对机器系统的分类,机械可分为发动机、传动机构和工作机;刘仙洲在《中国机械工程发明史》(第一编)中将机械分为七类,即简单机械、发动机或原动机、工作机、传动机、仪表、仅用发动机原理的机械、发电机与电动机。但是,这些按不同方面分成的多种机械类型往往互相交叉、互相重叠。如船用汽轮机是动力机械,也是热力机械、流体机械和涡轮机械,它属于船用动力装置,可能也属于核动力装置。还有一些装置或器械,其组成件间没有相对运动,也没有机械能的转换和利用,如蒸汽发生器、凝汽器、换热器、反应塔、精馏塔、压力容器等,但由于它们是通过机械加工而制成的产品,也被认为属于机械范畴。研究合理分类有知识意义,反而在实用中没有很大的价值。不同的机械,其构造、用途也各不相同,但各种机械又具有共同特征。

考虑到分类的科学性和普适性,以及科学原理应用于多个行业的共性,这里以“大工程”为背景,参照《中国大百科全书·机械工程卷》,采用混合分类法将机械进行分类。具体分类见表1.1。

表1.1 机械的种类

动力机械	原动机械	风力机械、水力机械和热力发动机,包括蒸汽机、汽轮机、内燃机(汽油机、柴油机、煤气机等)、热气机、燃气轮机、喷气发动机等
	二次动力机械	电动机、电动液压机等
制造加工机械	切削加工机械	车床、铣床、刨床、磨床、钻床、镗床、拉床、锯床等
	特种加工机械	电火花、超声波、激光束、离子束、电子束、爆炸成形、化学加工、挤压成形等加工机床
	压力成形机械	锻锤、压力机、冲压设备、轧机等
	铸造焊接机械	造型机、焊接机、切割机
	热处理机械	各种热处理装置及热处理成套设备
	装配机械	单工位装配机、多工位装配机、柔性装配系统等
工程应用机械	起重机械	起重机、举升机、吊车等
	搬运机械	叉车和工业车辆、矿用汽车、铲土运输机械、输送机、装卸机等
	建筑机械	混凝土机械、钢筋预应力机械
	开采机械	风动工具、凿岩机械、采掘机械、采煤机械、石油钻采机械、破碎机械、粉磨机械、筛分机械、分选机械、脱水机械
	施工机械	挖掘机械、压实机械、路面机械、桩工机械、建材机械、线路机械、装修机械
行业应用机械	化工机械	化工反应设备(压力容器等)、分离设备(各种塔设备等)、输送设备(泵、压缩机、通风机、鼓风机)
	农业机械	耕整机械、播种施肥机械、田间管理机械、植保机械、排灌机械、收获机械、饲料加工机械、农产品加工机械等
	林业机械	营林机械(挖坑机、做床机、插条机、越苗机、植树机)、伐区作业联合机、林业起重输送机械等
	冶金机械	炼铁机械、炼钢机械、轧钢机械
	交通机械	飞机、轮船、汽车、火车、管道
	纺织机械	纺织机械、织选机械、印染机械等
	服装机械	裁剪机械、缝纫机械、熨烫机械等
	轻工机械	烟草机械、印刷机械、饮食炊事机械、制革机械、健身机械、橡胶机械、塑料机械、文体用品机械等

续表

行业应用机械	食品机械	调味品加工机械、蛋品加工机械、果蔬加工及保鲜机械、制糖机械、制盐机械、罐头机械、酿酒机械、饮料机械、乳制品加工机械、冷冻食品加工机械、肉类加工机械、包装机械等
	医疗机械	生物晶片、生活辅助设备、医疗手术设备
	军工机械	枪械、大炮、坦克、火箭等
其他机械	信息机械	计算机、打印机、复印机、传真机、绘图机等
	仿生机械	机器人等

3. 制造业与机械工业

制造是人类按照所需运用主观掌握的知识和技能,借助于手工或可以利用的客观物质工具,采用有效的方法,将原材料转化为最终物质产品,并投放市场的全过程。制造业是所有与制造有关的企业机构的总体。机械工业是指制造业中从事机械设备或机械装置生产的行业,是制造业的重要基础。机械工业在国民经济中占据着主导地位,其水平反映了一个国家或地区的经济实力、科技水平、人民的生活质量及国防能力。在机械工业的基础上,不断产生新兴的工业部门。

1.1.2 机械工程及其应用

1. 机械工程含义

机械工程就是以有关的自然科学和技术科学为理论基础,结合在生产实践中积累的技术经验,研究和解决开发设计、制造、安装、运用和修理各种机械的理论和实际问题的一门应用学科。因此,机械工程是以机构和机器为基本对象,各种不同机械的发明、设计、加工与制造以及使用与维修均属机械工程技术的范畴。

2. 机械工程应用

从动态观点看,机械工程又是一个技术过程。它包含了人类的主要技术活动:① 发明与革新;② 设计与测试;③ 制造(加工与制作);④ 使用与维修。发明和设计包含了更多的智力因素和思想与知识内涵。制造和使用则包含了更多的体力因素和经验与实践的内容。机械加工与制作的对象以及加工制作过程无疑属于机械工程技术的基本内容,因此某些通过机械加工获得的技术产品,尽管不能看作是机构和机器,也常常被认为属于机械工程的范畴。

机械从构思到实现要经历设计和制造两个性质不同的阶段。按照经历的阶段不同,机械工程科学包含机械学和机械制造两大学科。

机械学是研究机械工程中图形的表示原理和方法,机械中运动和力的变换与传递规律,机械零件与构件中应力、应变和机械的失效,机械中的摩擦行为,设计机械及其系统过程中的思维活动规律及设计手段,机械及其系统与人和环境的相互影响的科学。总之,机械学是对机械及其系统进行功能综合并定量描述与控制其性能的基础技术学科。它把各种信息经过人的思维和设计,加工成机械制造系统能接受的信息,输入机械制造系统。

机械制造是研究制造系统、制造过程和制造方法的科学。制造工程就是按照给定的信息,利用向制造系统提供的能量,把材料改变成符合预想的机械产品及其系统的工程。

机械工程的服务领域广阔,凡是使用机械、工具以及能源和材料进行生产的部门,都需要机械工程的服务。概括说来,现代机械工程有五大服务领域:① 研制和提供能量转换机械,包括将热能、化学能、原子能、电能、流体压力能和天然机械能转换为适合于应用的机械能的各种动力机械,以及将机械能转换为所需要的其他能量(电能、热能、流体压力能、势能等)的能量变换机械;② 研制和提供用于生产各种产品的机械,包括应用于第一产业的农、林、牧、渔业机械和矿山机械,以及应用于第二产业的各种重工业机械和轻工业机械;③ 研制和提供从事各种服务的机械,包括交通运输机械,物料搬运机械,办公机械,医疗器械,通风、采暖和空调设备,防尘、净化、消声等环境保护设备;④ 研制和提供家庭和个人生活中应用的机械,如洗衣机、冰箱、钟表、照相机、运动器械等;⑤ 研制和提供各种军用机械和机械武器。

无论服务于哪一领域,机械工程的工作内容基本相同,按其工作性质可分为以下六个方面:

1) 建立和发展机械工程理论与技术基础。其主要工作内容有:研究力和运动的工程力学与流体力学;研究金属和非金属材料性能及其应用的工程材料学;研究材料在外力作用下的应力、应变等的材料力学;研究热能的产生、传导和转换的燃烧学、传热学和热力学;研究摩擦、磨损和润滑的摩擦学;研究机械中各构件间的相对运动的机构学;研究各类有独立功能的机械元件的工作原理、结构、设计和计算的机械原理及机械零件学;研究金属和非金属成形及切削加工的金属工艺学与非金属工艺学等。

2) 研究、设计、改进和发展新的机械产品与装备,以适应当前和将来的需要。其主要工作内容有:调研和预测社会对机械产品新的要求;探索应用机械工程和其他工程技术中出现的新理论、新技术、新材料、新工艺,进行必要的新产品试验、试制、改进、评价、鉴定和定型;分析正在试用和正式使用的机械存在的缺陷、问题和失效情况,并寻求解决措施。

3) 机械产品及装备的制造、加工与生产。其主要工作内容有:生产设施的规划和实现;生产计划的制订和生产调度;编制和贯彻制造工艺,设计和制造工具、夹具、模具;确定劳动定额和材料定额;组织加工、装配、试车和包装发运;对产品质量进行有效的控制。

4) 机械制造企业的经营和管理。机械一般是由许多各具独特的成形、加工过程的零件组装而成的复杂制品,生产批量有单件和小批量,也有中批量、大批量,直至大量生产,销售对象遍及全部产业和个人、家庭,而且销售量在社会经济状况的影响下,可能出现很大的波动。因此,机械制造企业的管理和经营特别复杂,企业的生产管理、规划和经营等研究也多是开始于机械工业。生产工程、工业工程等在成为独立学科之前,都曾是机械工程的分支。

5) 机械产品和装备的应用。这方面包括选择、订购、验收、安装、调整、操作、维护、修理和改造各产业所使用的机械和成套机械装备,以保证机械产品在长期使用中的可靠性和经济性。

6) 研究机械产品和装备的绿色制造。重点解决机械产品和装备在制造和使用过程中所产生的环境污染和自然资源过度耗费方面的问题及其处理措施。这是现代机械工程的一项特别重要的任务,而且其重要性与日俱增。

总体说来,机械工程涵盖的内容有:① 机械设计工程学,主要解决做什么样的机械的问题,包括机械设计理论、方法;② 机械制造工程学,主要解决机械怎么做出来的问题,包括制造工艺、方法、自动化、管理等;③ 机械基础学,主要解决机械性能是怎么样的问题,包括机构、强度、振动、寿命、摩擦等基础理论。

1.1.3 机械工业

1. 机械工业的地位

物质财富是人类社会生存和发展的基础,制造是人类创造物质财富最基本、最重要的手段,尤其在中国这样一个工业化过程尚未完成的发展中国家,制造业更是社会物质财富的主要来源。

国民经济产业结构中通常有三大产业:第一产业为农业;第二产业为工业;第三产业为服务业。在工业中,又分制造业、建筑业、采掘业以及电力、煤气、水的生产供应业。目前,我国工业在国民经济中所占的比例为40.5%,其中制造业产值约占工业总产值的42%,制造业是我国创造物质财富的最大产业。

在工业经济时代,一个国家的制造业增长一般高于国内生产总值(GDP)的增长。例如,1913年~1950年,美国GDP增长率为2.84%,而制造业增长率为3.3%,制造业的贡献率为23.8%;1950年~1980年,美国GDP增长率为3.42%,制造业增长率为4.78%,其贡献率为36.5%。再如,1952年~1980年,我国制造业净产值平均增长率为11.5%,比同期的国民收入增长率高5.5%;1985年~1995年,增长率为13.5%,而同期的GDP增长率为9.9%。我国制造业净产值占国民收入的比例,1952年为9.1%,1990年为45.67%;制造业增加值占GDP的比例,1985年为31.7%,1995年达35.2%。2015年,我国制造业直接创造国民生产总值的40%,占整个工业生产的90%,为国家财政提供1/3以上的收入,对出口总额的贡献率达90%。

有人将制造业称之为工业经济年代一个国家经济增长的"发动机"。制造业一方面创造价值,生产物质财富和产生新知识;另一方面为国民经济各部门包括国防和科学技术的进步和发展提供各种先进的手段和装备。

机械工业是制造业的主体和重要组成部分。今天,它已经发展成为一个规模庞大、包罗万象的行业。机械工业是国民经济的基础工业,机械是现代社会进行生产和服务的五大要素(人、资金、能量、材料和机械)之一,几乎所有的现代产业和工程领域都需要应用机械装备,机械工业与运输业、国防工业、能源工业、材料工业、农业、林业和食品工业等领域都有密切关系。机械工业为生产和服务部门提供各种技术装备,直接关系到劳动生产率及国民经济的现代化程度,所以它是国民经济的重要基础,在国民经济各部门中起主导作用。研究、设计、改进和发展新的机械装备及仪器,是机械工业的主要任务。各个产业和工程领域要求机械及其系统性能优良,以便提高能源、材料、劳动和设备的利用率,减少对环境的污染,提高安全性、可靠性和寿命,要求机械及其系统与电子技术相结合,提高自动化程度,提高生产线柔性,以便适应多品种、小批量的新生产方式。

2. 机械制造业的作用

机械制造业在国民经济中的作用主要体现在以下几个方面:

1) 机械制造业是国民经济的"装备部"。机械制造业是国民经济持续发展的基础,担负着为各行业提供装备的重要任务。各行各业离不开装备,装备是人类进行生产实践、科学实验和军事战争的基本工具,装备水平决定各产业部门的技术水平、生产水平、产品质量、生产效率以及国家武装力量水平。人类社会进步离不开装备的进步。装备是科学技术、教育事业和国防现代化的重要物质支撑。装备还是科学技术成果的结晶,是促进传统产业改造升级的根本手段。没有强大的机械制造业,就没有强大的国家和国防,因此机械制造业是国民经济持续发展的基础。

2)机械制造业是工业的主要组成部分。机械制造业的固定资产、生产产值和职工人数等均占我国工业比重的1/3强。机械制造业除提供生产装备外,还是消费产品的主要生产部门,如轿车、摩托车、家电产品等是社会主要消费产品,它直接影响着人们的生活水平和质量,并占国民经济产值的相当比例。

3)机械制造业是国家高技术产业的基础和载体,是高科技发展的重要平台。20世纪兴起的核技术、空间技术、信息技术、生物学技术等高新技术无一不是通过制造业的发展而产生并转化为规模生产力的。其直接结果是导致诸如集成电路、电子计算机、移动通信设备、国际互联网、智能机器人、科学仪器、生物反应器、医疗仪器、核电站、飞机、人造卫星、航天飞机等产品的问世,并由此形成了机械制造业中的高新技术产业,使人类社会的生活方式、生产方式,企业与社会的组织结构与经营管理模式,乃至人们思维方式都产生了深刻变化。正是机械制造业成为所有高新技术得以发展的载体和规模生产力转化的基础和桥梁。

4)机械制造业是正在工业化国家的国民经济战略性产业。拥有先进的技术装备才能促进知识经济的发展,才能完成工业和社会的信息化。世界工业发达国家都是通过发展机械制造业而走向富强的。只有发展机械制造业,才能有力地支持其他行业的发展。

5)机械制造业是国家安全的重要保障,是国防实力的重要保证。机械制造业的发展还可保证就业率的稳定,缓解就业压力,也起着保障社会稳定的政治作用。

综上所述,机械制造业,特别是装备制造业,是国家的战略性产业,是衡量国家国际竞争力的重要标志,在经济全球化进程中也是决定国家在国际分工地位的关键。在现存的不平等、不合理的世界秩序中,我们不能寄幻想于他人,若没有强大的制造业去持续不断地武装包括国防工业在内的各个行业,提升其装备和生产运行水平,就不可能实现新型工业化和可靠的现代化。

1.2 机械工艺技术专业人才培养

1.2.1 机械工艺技术的地位和作用

1. 机械制造工艺的定义和内涵

机械制造工艺是将各种原材料通过改变其形状、尺寸、性能或相对位置,使之成为成品或半成品的方法和过程。机械制造工艺是机械工业的基础技术之一。从成形学的角度出发,机械制造工艺是成形工艺,即是在成形学指导下,研究与开发产品制造的技术、方法和程序。依据现代成形学的观点,从物质的组织方式上,可把成形方式分为如下四类:

1)去除成形。它是运用分离的办法,把一部分材料(裕量材料)有序地从基体中分离出去而成形的办法。例如,车、铣、刨、磨以及现代的电火花加工、激光切割、打孔等加工方法均属于去除成形。去除成形最先实现了数字化控制,是目前的主要制造成形方式。

2)受迫成形。它是利用材料的可成形性(如塑性等),在特定外围约束(边界约束或外力约束)下成形的方法。铸造、锻压和粉末冶金等均属于受迫成形。受迫成形多用于毛坯成形和特种材料成形等。

3）堆积成形。它是运用合并与连接的办法，把材料（气、液、固相）有序地合并堆积起来的成形方法。快速原型制造（RPM）即属于堆积成形，其过程是在计算机控制下完成的，其最大特点是不受成形零件复杂程度的限制。广义地讲，焊接也属堆积成形范畴。

4）生成成形。它是利用材料的活性进行成形的方法。自然系统中生物个体发育均属于生成成形。目前，人为系统中还没有此种成形方式，但随着活性材料、仿生学、生物化学、生命科学的发展，人们也可能会运用这种成形方式进行人为成形。

机械制造工艺可分为零件毛坯成形、零件制造和机器装配三个阶段。

机械制造工艺流程的工艺环节可以分为以下三类：

1）直接改变工件形状、尺寸、性能以及决定零件相互位置关系的加工过程，它们直接创造附加价值。主要有毛坯和零件成形、零件机械加工、材料改性与处理、装配与包装。

2）间接创造附加价值的辅助工艺过程。主要有原材料和能源供应、搬运与储存。

3）通过提高前两类工艺过程的技术水平及质量来发挥作用的非独立工艺过程。主要有检测与质量监控、自动控制装置与系统。

随着机械工业的发展和科学技术的进步，机械制造工艺的内涵和面貌不断发生变化，而且变化和发展的速度越来越快。这些变化和发展主要体现在：常规工艺不断优化并得到普及；原来十分严格的工艺界限和分工，诸如下料和加工、毛坯制造和零件加工、粗加工和精加工、冷加工和热加工、成形与改性等在界限上趋于淡化，在功能上趋于交叉；新型加工方法不断出现和发展，主要的新型加工方法类型有精密加工、超精密加工、超高速加工、微细加工、特种加工、高密度能加工、快速原型制造技术、新型材料加工、大件及超大件加工、表面功能性覆层技术及复合加工等加工方法。

机械制造工艺技术是制造技术的核心和基础，任何高级的自动控制系统都无法取代制造工艺技术的作用。可以说，一个国家制造工艺技术水平的高低在很大程度上决定其制造业的技术水平，特别是对于我国这样一个必须拥有独立完整的现代工业体系的大国来说，尤其如此。

2. 机械制造工艺技术的发展现状

机械制造工艺技术是应现代工业和科学技术的发展需求而发展起来的。现代工业和科学技术的发展越来越要求机械制造加工出来的产品精度更高、形状更复杂，被加工材料的种类和特性更加复杂多样，同时又要求加工速度更快、效率更高，具有高柔性以快速响应市场的需求。现代工业与科学技术的发展又为机械制造工艺技术提供了进一步发展的技术支持，如新材料的使用、计算机技术、微电子技术、控制理论与技术、信息处理技术、测试技术、人工智能理论与技术的发展与应用都促进了机械制造工艺技术的发展。主要体现在以下几个方面：

（1）加工精度不断提高

随着机械制造工艺技术水平的不断发展，机械制造精度在不断提高，目前工业发达国家在加工精度方面已达到纳米级。加工第一台蒸汽机所用的气缸镗床，其加工精度为 1 mm，而到 20 世纪初，加工精度便向微米级过渡，成为机械加工精度发展的转折点，当时把机械工业中达到微米级精度的加工称为精密加工。20 世纪 50 年代以来，宇航、计算机、激光技术以及自动控制系统等尖端科学技术的发展就是先进技术和先进工艺方法相结合的结果。现在测量超大规模集成电路所用的电子探针，其测量精度已达 0.25 nm，可实现原子级的加工和测量，从而进入超精密加工时代，开始研究微细加工技术、电子束加工技术、纳米表面的加工技术（原子搬迁、去除和重组）、纳米级表面形貌和表层物理力学性能检测、纳米级微传感器和控制电路、纳米材料以及开发优化的机械加工工艺方法。超精密加工机床向超精结构、多功能、机电一体化方向发展，并广泛采用各种测量、控制技术实时补偿误差。精密、超精密加工不仅进入了国民经济和人民生活的各个领域，而且从单件、小批量生产方式走向了大批量生产方式。

（2）高速切削技术的兴起和发展

高速切削是指在比常规切削速度高出很多的速度下进行的切削加工，因此也被称超高速切削。高速切削研究是从20世纪20年代末开始的，德国的切削物理学家萨洛蒙博士提出了高速切削的假设，即：在常规的切削速度范围内，切削温度随着切削速度的增大而提高，在这个范围内，由于温度太高，刀具一般都无法承受，切削加工不可能进行；当切削速度再增大，超过这个速度范围以后，切削温度反而降低，同时切削力也会大幅度地下降。按照这种假设，在超过一定速度的高速区进行切削加工会有比较低的切削温度和比较小的切削力，不仅有可能用现有的刀具进行高速切削，从而大幅度地减少切削时间，成倍地提高机床的生产率，而且还能提高切削性能。国际科技界和工业界经过实践验证了这个假设，并且从切削机理上解决了高速切削成为现实的可能性问题，确定了不同材料高速切削的速度范围。

（3）少、无夹具制造技术

在常规制造系统中，需对大量使用的夹具进行设计、制造和装配调试，不仅耗费资金，还延长了生产准备时间，成为制造过程中的"瓶颈"，造成制造柔性差，响应速度慢，是生产成本高和企业竞争能力弱的主要原因之一。打破传统的"定位—加工"模式，以新的"寻位—加工"为基础，信息、控制与制造工艺及设备相结合，研究开发无须使用夹具或仅使用少量通用夹具的新一代少、无夹具制造技术。

（4）材料科学促进制造工艺变革

材料科学发展对制造工艺技术提出了新的挑战，一方面迫使普通机械加工方法要升级刀具材料及改进制造装备；另一方面对于新型功能材料，要求应用更多的物理、化学、材料科学的现代知识来开发新的制造工艺技术。近几十年来发展了一系列特种加工方法，如电火花加工、电解加工、超声波加工、电子束加工、离子束加工以及激光加工等，这些加工方法突破了传统的金属切削方法，使机械制造工业出现了新的面貌。超硬材料、超塑材料、高分子材料、复合材料、工程陶瓷、非晶微晶合金、功能材料等新型材料的应用，扩展了加工对象，导致某些崭新加工技术的产生，如加工超塑材料的超塑成形、等温铸造、扩散焊接，加工陶瓷材料的热等静压、粉浆浇注、注射成形等。新材料与新工艺的结合还促使某些新学科的形成，如半导体硅材料与微细加工工艺相结合已形成一门崭新的微机械工艺技术。

新型材料的出现也使传统的铸造、锻造、焊接、热处理、切削加工工艺的技术构成逐渐发生变化，如使焊接技术从以"焊钢"为中心的时代，逐渐进入还可以焊接各种非铁金属乃至非金属的时代，使单一的焊接技术演变成焊接—连接技术。

（5）重大技术装备促进加工制造技术的发展

随着重大技术装备向大型、大容量、高效率的方向发展，大件及超大件加工技术也得到相应发展，其中包括大电炉炉外精炼技术（真空氧脱碳、氩氧脱碳等方法）、大型工件（大锻件、大铸件、大型拼焊件）的热加工工艺及工艺优化技术、大型工件局部热处理技术、大型工件加工及尺寸测量技术等。

(6) 新一代制造装备技术有了较大的发展和突破

高速、高效和高精度制造工艺的发展，推动了制造装备的发展。近年来装备技术上有了较大的发展和突破，包括以下几个方面：

1) 新型加工设备的研究开发。近年已取得不少进展，如多轴联动加工中心、控制车削高效曲轴加工机床、点磨机床、加工与装配作业集成机床等。近年出现的并联机床（虚轴机床）突破了传统机床结构方案，在国内外有了快速发展。

2) 在数控化基础上朝智能化方向发展。充分利用精度补偿、应用技术软件、传感器及控制技术的最新科技成果，研制新一代加工质量高、效率高、消耗低的智能加工中心和智能化加工单元。

3) 采用新材料和新结构。提高制造装备的刚度、抗振性、热稳定性，提高精度等特性，减轻重量等。

4) 新型部件的开发应用。如高精度、高速交流电主轴，国外转速为 20 000 r/min 的已商业化，最高已达 100 000 r/min。

5) 发展先进的机床和数控系统性能检测、诊断方法与技术。

6) 多品种、小批量生产条件下的先进在线加工质量检测技术。

7) 柔性工艺装备和柔性夹具，为快速、低成本工艺准备提供技术。

(7) 优质清洁表面工程技术获得进一步发展

优质清洁表面工程技术已获得了重要进展并进一步完善。表面工程技术是经表面预处理后，通过表面覆层、表面改性、表面加工以及复合表面处理技术，改变固体金属表面或非金属表面的形态、化学成分和组织结构，以获得所需要表面性能的系统工程技术。表面改性技术是采用某种工艺手段使材料表面获得与其基体的组织结构、性能不同的技术，材料经表面改性处理后，既能发挥基体材料的力学性能，又能使材料表面获得各种特殊性能（如耐磨、耐腐蚀、耐高温，合适的射线吸收、辐射和反射能力，超导性能、润滑、绝缘、储氢等）。表面改性技术有喷丸强化、表面热处理、高密度太阳能表面处理和离子注入表面改性等技术。表面覆层技术是利用表面工程技术的各种手段，依据产品（材料）假设条件，在其表面制备各种特殊功能覆层，用极少量的材料就能起到大量的、昂贵的整体材料所能起到或难以起到的作用，同时极大地降低了制件的加工制造成本。传统表面覆层技术包括电镀、电刷镀、化学镀、涂装、堆焊、粘结、热浸镀、搪瓷涂覆等。优质清洁表面覆层技术包括热喷涂、电火花涂覆、真空蒸镀、溅射镀膜、离子镀、分子束外延、离子束合成薄膜技术等。综合两种或更多种表面技术的复合表面处理技术也获得极大发展，复合表面处理技术在德国、法国、美国和日本等国家已获广泛应用，并取得良好效果。各国正在加大投资力度研究发展新型特殊的复合表面处理技术，如复合表面化学热处理技术、表面热处理与表面化学热处理的复合强化处理技术、热处理与表面形变强化的复合热处理工艺、镀覆层与热处理的复合处理工艺、覆盖层与表面冶金化的复合处理工艺、离子辅助涂覆、激光电子束复合气相沉积、复合涂镀层、离子注入与气相沉积复合表面改性等。

(8) 精密成形技术取得较大进展

在精密成形技术方面，国内已取得了较大进展。在精密铸造方面，近几年重点发展了熔模精密铸造、陶瓷型精密铸造、消失模铸造等技术。采用消失模铸造生产的铸件质量好，铸件壁厚偏差达到±0.15 mm，表面粗糙度 $Ra25\ \mu m$。精密塑性成形技术方面，重点发展了热锻技术、冷挤压技术、成形轧制技术、精冲技术和超塑成形技术。在精密焊接与切割技术方面，重点发展了电子束焊接技术、水下焊接和切割技术、逆变焊接电源及药芯焊丝制造技术。

(9) 热成形过程的计算机模拟技术研究有一定发展

在铸造工艺方面，对大型铸件充型凝固过程进行了三维数值模拟，对铝合金、镍合金的微观组织形成过程进行二维、三维模拟。在锻压方面，初步建立了成形过程微观组织的演化方程和热塑性本构关系，在大锻件生产中得到初步应用。热处理方面，正在进行淬火和回火过程温度场组织转变和应力场的数值模拟。在焊接方面，对焊热裂纹及氢致裂纹的物理模拟及工艺性精确评定开展了多年研究，取得了较大进展。

3. 机械制造工艺技术的发展趋势

随着社会经济和科学技术的不断发展，新材料、新能源、新设计、新产品将会不断涌现，人们对物质产品的需求更加多样化，因而对机械制造工艺技术提出更多、更高的要求。从总体发展趋势看，优质、高效、低耗、灵捷、洁净是机械制造业永恒的追求目标，也是先进制造工艺技术的发展目标。

在成形技术方面，成形精度向近无余量、质量向近无“缺陷”方向发展，铸件生产正向轻量化、精确化、强韧化、复合化及无环境污染方向发展。精确塑性成形工艺成为制造过程总体上向“净成形”的目标迈进的途径，塑性成形正与计算机相结合成为一个大的生产系统，能够有效地进行全系统设计的计算机辅助工程(computer aided engineering，CAE)系统将走向实用化，实现对成形工艺变量的定量分析与控制。激光焊、电子束焊等高能密度焊接方法得到较大发展，柔性化、智能化、自动化的焊接生产系统将逐渐取代大量的手工操作。精确轨迹控制的多自由度弧焊机器人配合多自由度工件转动架的柔性焊接制造系统将是一个重要发展方向，新材料及特殊环境和极限状态下的连接方法得到很大发展。激光表面合金化和熔覆工艺将趋成熟并实现工业化应用，工艺过程的检测与优化控制将逐步从激光切割向激光焊接和激光表面处理工艺延伸，各种激光加工方法都将实现智能化控制，激光加工将成为自动生产线上的多功能加工单元。快速原型制造(rapid prototyping manufacturing，RPM)技术将日趋成熟，工艺稳定，现有工艺将朝着精密化、高精度、低成本方向发展，RPM 技术在快速模具制造甚至直接金属零件快速制造方向发展迅速。RPM 技术将在迅速发展的并行工程、虚拟制造及微型机械等领域发挥重大作用。计算机模拟仿真、并行工程及虚拟制造技术的相继出现为成形制造技术注入新活力，并行工程虚拟制造环境下的成形过程(铸、锻、焊等)实现及微观模拟与虚拟成形制造的基础理论研究成为重要的前沿研究课题。

加工制造技术的热点和发展趋势大致是：高速/超高速加工技术、精密/超精密加工技术、微纳加工技术、激光加工技术、生物制造技术；采用新型能源和复合加工技术解决新材料加工和表面改性难题；采用自动化技术实现工艺过程优化控制；采用清洁生产技术实现绿色制造；加工和设计向集成和一体化方向发展；工艺技术和信息技术、管理技术不断融合。

1.2.2　机械工艺技术人才的职业素养

现代机械制造企业的设备先进，高新技术应用广泛。其中新型自动化制造加工设备、自动化生产流水线占据企业设备的绝大部分，传统机械加工设备只占很小的比例，并拥有相当大比例的进口设备。在这些设备中广泛应用了机械技术、自动控制技术、计算机技术、信息技术、传感测控技术、电力电子技术、接口技术、信息变换技术以及软件编程技术等群体技术,实现了机械工艺技术的应用。与此相对应的是,现代机械制造企业需要大量的能将机械和电子、自动控制技术等相结合,能在生产第一线从事操作、安装、调试、维护、运行和管理等岗位工作的复合型高技能人才。机械工艺(制造)技术专业的毕业生是机械产品和装备制造生产企业复合型高技能人才的主要来源,因此机械工艺技术人才需求旺盛。中等职业学校的毕业生因有比较专业的知识与技能,与社会普通招聘的工人相比具有较大的优势,特别是在企业工作一段时间后,很快能成为企业技术工人的骨干,因此大受企业欢迎。

机械工艺(制造)技术人才的工作领域包括机械加工设备的操作、设备维护与维修、机械加工产品的装配与调试、产品质量检测、生产现场管理(如工段长等)、产品销售后服务等,其中机械加工设备的操作、普通机械加工、电气维修、设备检测与维修、设备保养和维护、设备安装与调试岗位的人才需求较多,机械加工设备的改造、营销与服务也占有一定的比例;本专业人才对应的典型工作任务为机械加工产品的机械零件制造,机械加工产品的电气控制与调试,机械加工产品的装配、检测、调试、维修,机械加工产品的质量检验与控制和机械加工设备管理和维护。另外,由于在现代化企业中传统的岗位分工正在逐步地被灵活、整体、以解决问题为导向的机械加工综合性任务所代替,如自动化生产线的故障排除,往往涉及机械传动、电气液控制、计算机等综合性的技术。这就对技能型人才的技术与知识结构提出了综合性的要求,需要他们有复合型能力和职业发展能力。

机械制造企业对应聘的机械工艺(制造)技术专业人才有着明确的期望,特别是人才的素质方面。首先是具备良好的职业道德,企业普遍认为人品和道德是共性的东西,无论在什么地方工作都需要,职业道德是第一位的。因为知识和能力可以在实践中通过学习和培训获得,而职业道德是一个人的内在品质体现,它决定了一个人对待工作的态度和在企业中成长和发展的空间。其次是具备良好的专业素质,现代企业往往要求专业人才能够同时拥有多方面的技能,要求基本功扎实,应用能力较强,富于开拓和创新精神,要敬业爱岗,踏实肯干,吃苦耐劳,实践动手能力强,综合素质高,具有很强的社会竞争力。要善于钻研,谦虚谨慎,勤学好问,能发现问题及时解决问题,能将所学知识与实际工作紧密结合起来,在业务中起骨干带头作用。要求生活作风正派,人格健全,有较好的人际关系,等等。这也说明只有具备较高的综合职业素养的机械工艺技术人才,才能受到企业的青睐。

1.2.3 机械工艺技术人才的知识与能力构成

机械工艺技术人才是为适应机械制造企业的产品设计、制造工艺规划、机械零部件加工、机械制造设备维护和保养、生产过程管理等工作岗位所服务的。因此,机械工艺技术人才必须具有以下几方面的基本素质:

1) 热爱祖国,热爱中国共产党,热爱社会主义。

2) 了解职业教育学习的意义,具有职业理想和敬业精神。

3) 勤于学习,不断进取,具有一定的文化修养与艺术欣赏能力。

4) 了解机械工艺技术专业的知识体系和基本要求。

5）熟悉工程制图、工程材料、金属成形、工程力学、工业电子学等方面的基本原理和知识。

6）了解机械设计的基本原理和方法，培养创新思维意识。熟悉公差与技术测量、机械原理、机械零件、计算机辅助设计等方面的基本原理和知识。

7）了解机械制造工艺的基本原理和方法，机械产品生产、制造过程。熟悉钳工工艺、切削工艺、锻压工艺、装配工艺等方面的基本原理和知识。

8）了解机械制造过程中常用加工设备的工作原理、特点、加工范围和工作条件。

9）了解刀具、夹具、模具、量具等工装在制造加工中的地位和作用，能够对其进行合理的调配和应用。

10）了解企业管理、项目管理的基础知识以及机械制造过程的生产组织管理程序和基本方式。

随着现代社会的发展，专业化分工越来越明显。现代机械制造企业要求人才不仅要有丰富的知识、过硬的技能，更需要具有团队协作精神。因为社会分工越来越细，企业内部复杂的工艺流程，需要不同工种、不同专业人员之间的密切配合，分工协作。每个员工的聪明才智、独当一面的能力只有纳入企业的整体运作当中才会形成强大的凝聚力，企业才能在激烈的市场竞争中站稳脚跟，所以中职毕业生的团队精神往往比技能水平更重要。这就要求教师要具有团队合作教育能力，在教学中培养学生的团结协作能力，在职业指导中加强团队合作精神的培养。

企业希望学校培养的学生具有过硬的动手操作能力，这样就能快速适应企业的生产经营，使企业能用得上，放得下心。因此，学校要加强对学生的实践动手能力培养，作为中等职业学校的专业课教师应该具备过硬的动手能力：首先，自己要是这一行的熟练工，能当师傅，培养学生的实践动手能力；其次，要会讲，能示范。同时，教师也要了解企业的生产实际，熟悉企业，经常与企业的师傅交流，这样才能使教学与企业的生产紧密地联系起来，使教学贴近企业，从而使培养的毕业生能快速适应企业的生产经营的要求。

1.2.4 机械工艺技术人才的培养目标与要求

中等职业教育是我国职业教育的重要组成部分，是国民经济和社会发展的重要基础。职业教育和高等教育一样担负着重要的责任，高等教育主要培养知识型人才，而职业教育则是培养应用型、技能型人才。机械工艺技术专业教育是制造业发展的基础和核心，而中等职业学校培养的机械工艺技术专业应用型人才必然对我国成为世界制造中心起到很大的作用。因此，就我国的制造业来讲，要想提高整个制造业的发展水平，必须加强我国中等职业学校的机械专业技术人才的培养。目前，我国制造企业对应用型、技能型人才的需求相当大，对于一线的专业人才的需求量呈明显的上升趋势。特别是最近几年，随着高校招生规模的不断扩大，大学毕业生数量激增，就业竞争激烈，就业压力增大，而职业院校毕业生的就业却呈现供不应求的局面。在这样的社会需求下，职业教育在我国面临非常有利的外部发展条件。中等职业学校作为专业应用型、技能型人才的主要培训基地，在专业人才的培养上发挥着越来越重要的作用。

机械工艺（制造）技术专业在我国中等职业学校中属于设立最早的专业之一，该专业所涉及的机械制造业担负着为国民经济建设提供生产装备的重任。机械制造业是国家工业体系的重要基础和国民经济的重要组成部分，机械制造业水平的提高与进步将对国民经济的发展和科技、国防实力的提升产生直接的作用和影响。因此,机械制造业水平是衡量一个国家科技水平的重要标志之一,在综合国力竞争中具有重要的地位。我国的机械制造工业近几年的发展更是突飞猛进,这充分表明了机械工艺技术专业有着极其广阔的发展前景。因此,机械工艺(制造)技术专业人才是机械类企业所必需的,无论是简单的机械加工还是自动化程度高的机械产品的生产,都离不开机械工艺(制造)技术专业的人才。

中等职业学校机械工艺技术人才的培养是为了满足机械制造企业对专业应用型、技能型人才的使用需求,其基本要求如下。

(1) 知识目标与要求

1) 掌握机械制图的基本知识,具有较强的识图能力。能识读装配图,具有一定的手工绘图及计算机绘图能力,能用 AutoCAD 软件进行二维设计,具有应用 CAD/CAM 软件(Pro/E 或 UG)进行三维造型设计和使用 CAM 软件(MasterCAM、UC)进行数控编程加工的基本能力。

2) 掌握机械加工及装配的常规工艺。具有机械工艺技术专业方面的加工工艺实施、设备管理、质量检测和产品销售的基本能力。

3) 了解机械工艺技术专业有关设备的工作原理,熟悉其基本结构,具备有关实操方面的基本知识,能熟练进行相关操作;掌握金属切削加工的基本知识。

4) 了解电工、电子、液压传动、数控等技术在机械加工中应用的基本知识。

5) 取得与本专业相关的初、中级职业资格证书,有较强的就业竞争力。

(2) 能力目标与要求

1) 具有机械加工的基本技能并能较熟练地操作一种或两种机械加工设备,如普通车床、数控车、铣床的操作。训练学生正确操作设备完成零件加工。

2) 具有检测产品的基本技能及分析零件加工质量的初步能力。

3) 具有对一般加工设备进行维护和排除常见故障的初步能力。

(3) 情感目标

1) 培养学生具有良好的人际交流能力、团队合作精神和为客户服务的意识。

2) 能合理选取专业方面的相关要素,具有较高的质量和效益意识。

3) 了解机械工艺技术专业的发展方向,具备继续学习和适应职业变化、综合分析问题的能力。

4) 培养学生敬业、乐业、创业的工作作风。

5) 培养学生谦虚好学、勤于思考、做事认真的工作态度。

6) 培养学生的安全、文明生产意识。

1.3 机械工艺技术专业教育

1.3.1 机械工艺技术专业分析

1. 机械工艺技术专业发展现状分析

机械工艺技术专业是为机械制造行业培养专业技术人才的传统专业,多年来,坚持服务市场经济,以培养生产、建设、管理、服务第一线需要的高技能人才为目标,并且在不断探索和实践应用型人才的培养模式。专业办学优势体现在两个方面:一是培养的人才有着很大的需求市场和很强的广泛适应性,可面对很多相关企业的岗位需要;二是在我国多数地区特别是开放性较强的东南沿海区域有较坚实的办学基础,办学历史长。

通过对国内部分中等职业学校进行调查,除特殊行业的中等职业学校和职业高中外,在大多数的中等职业学校均开设有机械加工技术、机械制造技术等与机械工艺技术密切相关的专业,培养了大量具有较强实际操作能力的高素质劳动者和技能型专门人才,为我国社会主义现代化经济建设和社会生活等做出了不可磨灭的贡献。

虽然我国的中等职业教育已经引起政府的高度重视,为促进中等职业教育的健康发展,制定了不少法规和鼓励政策。但目前大部分中等职业学校还是存在生源不足的现象,各地中等职业学校还是面临着招收的学生综合素质低、文化成绩偏差等现象。近几年,职业教育提倡能力本位、就业导向,许多中等职业学校开始压缩文化课,加强实践教学,但由于学校的实训设备、专业教师有限,导致部分实践教学环节流于形式,影响了学生综合职业技能和就业竞争力的提高。现在,一方面毕业生找不到工作,中等职业学校毕业生的就业压力越来越大;另一方面大量工作没有合适的任职者,大量"蓝领"型的新职业、新岗位严重缺人,就业的结构性矛盾日益突出。国家职业教育发展规划中提出,到"十二五"期末,高级技工水平以上的高技能人才占技能劳动者的比例要达到25%以上,其中技师、高级技师占技能劳动者的比例要达到5%以上。显然,人才短缺的焦点聚集到了高级技能型人才上。出现这种矛盾的就业形势存在一些深层次的原因,但也说明我国中等职业教育的专业设置和人才培养与社会需求存在脱节现象,主要表现在以下几个方面:

1)专业课程设置过分注重学科体系,忽视专业理论知识与实际操作的联系。虽然中等职业学校培养目标定位于培养高素质的劳动者,但是目前中等职业学校重理论、轻实践的旧观念仍然没有改变。部分中等职业学校即使加强了实践教学改革力度,但基本以校内实训为主,实验课和下厂实习偏少。单纯为了完成教学任务而安排实习,对学生实践能力的培养显得没有计划和目的,缺乏系统性。

2)实践教学落后于企业需要。由于机械工艺技术专业实践教学对实习设备等硬件有一定的要求,具有高投入、高消耗的特点,致使校内实训设备与在校人数的比例偏低,校内实训课程课时数与总课时数的比例偏低,学生实际动手的机会少,实践教学的效果不理想。现在机械工艺技术日新月异,设备更新也比较快,这就导致学校的实习设备很难跟上机械工艺技术的发展,实习设备的短缺、落后成为中等职业学校教育的最大问题。

3)"双师型"师资缺乏,不能适应实训教学需要。目前中等职业学校所谓的"双师型"教师,实质上很多只是"双证型"教师,既能从事理论课程教学,又能动手指导学生实践的"双师型"教师较为缺乏,不能使理论与实践有机结合起来,不能适应实训教学需要。我国中等职业学校实践教学教师队伍有相当一部分人没有经过系统、严格的教师培训,教育教学理论与技能水平没有达到要求,教师资格证书的获得没有经过严格的考核,而只是经过常规的认证,很多学校的实习教师都是从过去校办工厂的工人转型过来的,缺乏系统的职业教育教学能力训练,不能较好地满足教学需要。

由此可以看出,目前我国中等职业学校机械工艺技术专业的教育现状已不能充分适应专业人才市场的需求,也难以满足社会日益增长的多样化职业教育的需要,主要反映在职业教育观念和教学模式比较陈旧;人才培养目标和培养规格定位不准确;教学学制、技能考核评定单一,专业设置、课程安排片面强调学科的传统体系,忽视相关学科的渗透、综合和创新;教学过程中重理论知识、轻实践技能的状况仍很普遍,对学生创新精神和创业能力的培养重视不够,与企业合作办学的渠道不畅;教师的专业教学水平和实践能力有待提高;实验实习基地建设投入不足,现代教育技术手段在教学中的应用还不够广泛;学生专业知识不牢固,职业道德素养较差等。这些问题影响着高素质劳动者的培养,制约着职业教育的进一步发展。因此,对机械工艺技术专业的教育进行改革迫在眉睫。

2. 机械工艺技术专业技术特点分析

机械工艺技术专业是一个有着非常雄厚的基础和广泛应用范围的专业。近年来,随着工业、农业、国防科学技术的高速发展,新型产业结构的不断涌现,机械工艺技术专业已不再局限于传统的车、铣、刨、磨等机械加工领域,而不断扩展到机、电、光、声、热、化、气、液以至纳米和生物科学的综合集成制造领域。新工艺、新材料、新技术、新设备的不断出现,使机械工艺技术正朝着高速化、精密化、系统化、复合化、高效能的趋势发展。因此,机械工艺技术专业也有了新的技术特点,具体如下。

(1) 工种众多

机械工艺技术专业面对的职业岗位纷繁复杂,所涉及的工种较多,主要有车工、铣工、数控车工、数控铣工、加工中心工作人员、钳工、磨工及机床设备管理、质量检测和产品销售人员等。各工种间的相互联系日益密切,如一台加工中心的操作可能涉及车、铣、磨、刨等多个工种;传统的工种与计算机日益融合,如 CAD/CAM 技术的广泛应用。机械工艺技术的日新月异,产品品种的多样性与复杂程度对机械工艺技术工人技术素质的要求越来越高,这就要求学生在熟练掌握基本技能的前提下,掌握先进的机械工艺方法,以适应社会发展的需求。

(2) 实践性强

机械制造工艺具有很强的实践性,因此机械工艺技术专业的课程体系及大部分专业课程都有实训的要求。尤其是近年来许多学校结合产业岗位需要,以生产技术实际和职业资格为目标进行了专业设置和专业培养。要掌握机械工艺技术,就必须在实践中学习,只有在机床上亲手实际操作和经过机械制造工作过程的实践,才能学会各工种的工作。职业技术教育者要把机械工艺技术有效地传授给学生,实践教学起着无可替代的作用,是学生获得基本技能的训练手段和形成专业实践能力的重要教学环节。实践教学既不同于课堂上教师的讲授,也不同于企业中的师傅带徒弟,而是理论和实践相结合,书本知识和实践技能相结合,根据企业的需求培养复合型技术人才的过程。

(3) 高投入、高消耗

机械工艺技术专业涉及的工种技能操作步骤较复杂,技能训练时间较长,设备工具配置多,材料消耗多,因此专业办学的投入高、消耗高,实习成本高。但由于机械加工各工种属于同类,其加工原理、方法近似,其课程安排和教学内容也相近,学校可根据用人单位岗位的需要,使专业理论课程设置和实际教学安排基本同步,技能训练因实际拥有的机床设备不同可存在一些差别。

(4) 生产安全性要求高

机械制造主要是通过工人操作机床将各种材料加工成零件,工作具有一定的危险性,因此必须让学生掌握机床操作规程和要领。同时对专业教师实践操作水平要求也很高，各工种技能训练的要求高。

（5）设备更新快

近年来，机械工艺技术日新月异，设备更新也比较快。特别是随着数控加工技术应用的日益广泛，对传统的机械工艺技术专业产生了深远的影响。要想突出工学结合的专业教学特色，需要配置大量的生产性设备、仪器来满足教学要求，而这些仪器设备价格较高、更新换代又快，受各方面综合因素的制约，学校不可能大量购买专业教学所需的仪器设备，因此必须借助企业的力量进行专业教学，即产学合作是机械工艺技术专业建设的必由之路。由此，中等职业学校要适应形势需要，在新的教育理念指导下，在课程设置、课程内容及教学手段等方面也必须进行新的改革。

3. 机械工艺技术专业发展趋势分析

（1）专业发展要求

通过深入了解企业的专业人才需求情况，对2000年以来中等职业学校毕业参加工作的机械工艺技术专业及其相关专业学生的从业情况做出认真分析，深入了解毕业生对知识结构、能力结构、课程体系及实践环节设置等方面的意见，听取用人单位对中等职业人才培养的建议，充分发挥企业在办学过程中的重要作用，为机械工艺技术专业的教育改革进行科学决策提供可靠的依据。从多渠道获得的反馈信息可归纳为如下几点：

1）机械工艺技术专业及其相关专业毕业生主要从事生产第一线的机械加工设备操作，工艺实施，产品质量检验，机床设备的调试与维护、保养等工作。毕业生在生产第一线的技术岗位，从事机械制造工艺规程的编制与实施、机械加工工艺装备的设计、产品的质量检验监督与控制等工作占被调查人数的一半以上；1/3左右在操作岗位从事设备操作、调试、运行与维护等工作；在生产管理岗位从事车间（班组）的生产组织管理工作及产品的销售、售后技术服务等工作的也不在少数。而且现在技术与管理岗位工作的毕业生都是先从操作岗位干起，然后经过实践锻炼才逐渐被提升到技术与管理岗位上来的。所以，机械工艺技术专业的培养目标应定位在机械制造生产第一线的操作人员，即通过实验操作、实习操作、考证培训、综合实践环节的训练，培养学生的实际操作能力。当然在整个教学工作中，知识结构的完善与实践能力的培养应该相辅相成，同时进行。

2）机械工艺技术专业及其相关专业毕业生的就业岗位、工作单位变换较频繁，需要具备较强的适应能力。毕业生就业岗位、工作单位有三资企业、国有企业，也有大量的民营企业等。一般地，三资企业的生产设备和生产管理都比较先进，如使用流水线生产，采用数控机床、加工中心及其他数控设备等。为了解毕业生对能力培养的要求，就操作技能、工艺实施、设备调试、运行和维护、销售及技术服务等方面的能力，广泛征求毕业生意见。在被调查的毕业生中多数认为机械加工操作与工艺实施能力最为重要，然后是设备调试及维护能力。因此，必须加强学生的操作能力、工艺实施及设备调试、运行、维护能力的培养。多数毕业生表示对新技术应用、数控机床操作、计算机应用等新技术应用能力需要加强，以适应工作岗位的需要。故在学生专业知识能力结构、课程教学内容安排等方面均应认真考虑这一问题。

中等职业学校毕业的机械专业的学生中，近五年内有转换就业岗位和变换企业经历的占半数以上，虽然原因是多方面的，但培养学生较强的变换适应能力也是在专业教育中必须要考虑的。

3）现代企业快速发展和生产制造装备的机械化与自动化，专业的综合性程度不断提高。机械制造企业的发展涉及多领域的综合资源，生产制造装备的机械化与自动化涉及多领域的专业知识和技术。因此，中等职业教育应使毕业生具有比较扎实的文化基础知识、比较宽厚的技术基础知识和比较扎实的专业知识，以适应学生将来就业与岗位转换的需要。专业知识是指岗位群所必需的专业技术知识，要求学生既具备一技之长，又能掌握本专业比较全面的知识，包括机械制图、电工与电子技术、机械工程力学、机械设计基础、金属工艺、公差配合与技术测量、机械制造技术、设备控制技术、数控机床加工技术等知识。

在进行机械工艺技术专业教育的设计时，应以文化基础知识为前提，以技术基础知识和专业知识为重心。基础知识要厚实，专业知识要专精，突出一技之长，使毕业生真正具备能适应现代化社会变革所需要和高新技术发展要求的知识结构。

4）专业的实践性不断增强。实践是机械工艺技术的本质要求。因此，在机械工艺技术专业的教育中，应加强实践性教学环节，并应特别加强机械加工操作训练、课程综合实践与毕业综合实践（实习）环节。通过实践，使学生能更好地理解专业理论知识，体验专业技术应用，培养对专业技术岗位的认同和兴趣。

5）对学生的综合素质要求越来越高。学校所学的知识只是日后工作所需知识的一部分，或者说是为上岗工作打基础的。还有很多专业知识只能在实践工作中学习才能得到，这就需要毕业生有一个良好的学习精神和科学的学习方法，这才是毕业生享用终身的法宝。因此，在制订机械工艺技术专业教育目标时，应注意培养学生学习专业知识的方法，培养学生的学习兴趣，让他们找到适合自己学习的方法，去引导他们学习，而不是单纯地把知识灌输给学生。教师必须首先具备勤奋的学习态度和科学的学习方法，并取得良好的学习效果，以渊博的知识、高超的技能有效地影响和引导学生。

此外，具有良好的职业道德、敬业精神、踏实的工作作风是现代企业招聘一个技术工人的首要条件。用人单位普遍认为作为现代企业的技术工人，其基本素质是有诚信、守纪律、肯吃苦、能干活，并具有人际交往能力和团队协作精神。这样才能在工作中做到团结、拼搏、求实、创新，成为企业中的骨干力量。因此，中等职业学校在制订教学计划时，应把职业道德教育放在突出位置，教师应成为学生的楷模。

（2）专业发展趋势

1）传统的制造技术仍然是机械工艺技术的专业基础

近年来，随着工业、农业、国防科学技术的高速发展，新型的产业结构不断涌现，企业生产由粗放型向集约型转变。特别是随着数控加工技术应用的日益广泛，对传统的机械制造技术专业产生了深远的影响，但传统的制造技术仍然是机械工艺技术的专业基础。数控加工技术是普通机械加工的技术提升，它的前提是必须学好普通机械制造的专业知识与技能。无论是教师还是学生，都不能放松对本专业基本知识与技能的学习和掌握，只有学好了基本知识和技能，才能向更高的层次发展。

2）专业教育思想将向以专业技术应用能力培养为主线，培养生产第一线需要的技术应用型人才转变

现代职业教育要适应劳动力市场的需求，就必须在教育模式、教学内容、教育方法上不断改革来适应新形势的需要；就必须在本专业的教学改革过程中，充分前瞻这些已经或即将产生的变

化,并及时体现到整体教改方案中去。因此,对人才培养方案的修订、人才培养规格的调整、专业课程的综合化开发等方面提出了更高的要求。

教学改革必须在充分调研机械工艺技术专业人才的社会需求意向的基础上,指导专业教学改革和建设工作,为重构、整合专业主干课程体系设计实习实训环节提供依据;在立足于目前的教学规模和实际办学条件的基础上,促进本专业的教学质量工程建设,推动职业技术应用型人才培养工作的科学发展;要坚持尊重科学、尊重人才、以人为本,科学制订专业建设的长远发展规划;专业设置要坚持符合社会需求和技术进步这两个最基本要素。其中社会需求是首要依据,技术进步是关键和基础;满足经济社会发展的需求是本专业存在的价值;科学地选择支撑一个专业的技术,构建合理、有效的课程体系,才能满足教学规律的要求,达到培养目标;同时,技术的进步也会产生新的社会需求,这些新的需求就需要相应的专业技能培养来满足。因而,需要寻求社会需求与专业支撑技术的最佳结合,准确定位专业培养目标与人才规格。正确认识人才层次与个性差异,专业人才培养规格的定位要科学;教学改革要面对企业的发展形势和需求,以专业技术应用能力培养为主线,培养生产第一线需要的技术应用型人才。

3)专业教育将进一步体现现代职业教育的应用特征

课程是教育目标的具体化。专业教育要突破传统学科体系的限制,理论知识要讲究实用与够用,课程设置要与职业技能标准相衔接,要尝试向相近专业延伸。不能简单认为专业就是职业,这样会造成毕业生理论知识面狭窄,职业技能单一,适应不了转岗的需要,可能毕业即失业。根据对机械工艺技术专业学生的调查,他们中的一部分乐意从事电气技术、维修等行业工作。所以,课程设置中可适当增加电工电子技术、电机与电力拖动等课程,有助于扩大他们的知识面,扩大就业的范围和灵活性。

4)专业教学内容、课程体系的改革将进一步深化

建立基于工作过程的教学体系是教学改革的重要方向。教学内容改革措施是:理论基础课要做到有所为,有所不为;专业基础课要做到广度上够用,深度上适中;专业课要做到内容新颖,技术先进。

专业理论教育教学方面:着眼于课程内容调整、课程综合和课程设置的柔性化三个方面。课程内容要根据人才培养规格,解决旧、深、偏问题,增加新产品、新工艺、新材料和新技术等方面的信息。课程综合要根据职业岗位所需知识、能力和素质要求,解决优化体系、合理组合、缩短课时等问题。课程设置的柔性化则从培养学生岗位迁移能力出发,构建专业平台(包括入门技能课程、专业基础课程、各专门化共享课程和一些相关的信息类课程),设计可选择性较强的柔性课程体系。

专业实践教学方面:以行为导向教学为特征,深化教学方法与手段的改革,采用先进的教学方法和现代化的教学手段;强化实践教学,加强实验室和实习、实训基地建设。能力本位的职业教育就是要培养学生多种职业技能,因此要增加实训课程和课时,培养学生多种职业能力。机械工艺技术专业的一年级学生可重点进行机械工艺技术实训中的钳工工艺实训,钳工的理论知识就在平时实训中介绍;二年级可进行电工操作实训,学生在学完电工学后按中级电工考核要求进行布线、接线的实践操作;三年级则安排学生进行机械工艺技术实训中的车工工艺实训,6~8周的车床操作,大部分学生都要达到中级车工的操作水平,参加劳动部门的职业技能鉴定,取得钳工、车工、电工等中级证书,为毕业后的就业和择业打下扎实的基础。

5）专业教师将向“双师型”发展

以社会需求为目标，以专业技术应用能力和专业素质培养为主线，以基于工作过程为导向来优化专业教学内容，以合理重构优化课程体系为重点，结合企业实践经验来合理设计教学，就需要双师型教师。中等职业学校的教师不仅要掌握理论，而且应了解并熟悉生产过程和相关技术，有指导学生实践的能力，才能胜任教学。现在，好多中等职业学校建立了符合职业教育特点的继续教育制度、企业实践制度和培训制度，鼓励在校教师到企业锻炼，积极参加短期培训，不断进行知识更新，提高教师整体素质。

6）专业教育将更注重校企合作

职业教育是就业教育，只凭学校的力量是不可能完成的，需要政府的支持和社会各行业的努力配合。通过校企合作，理论和实践相结合的途径，把学生培养成有扎实的专业知识和熟练的实践能力、能够适应机械工艺技术行业中各种技术岗位群的应用型技术人才。要防止闭门造车，要广泛听取企业界专业人士的意见与建议，真正贯彻教育培训要为经济建设服务这一办学指导思想。设置多条成才通道；完善知识、能力和素质结构，培育创新意识；形成专业特长，提高就业竞争力。

随着机械、电子、数控、检测、控制等各相关技术的发展，特别是计算机控制在机床上的运用，机械制造已进入了智能化时代，越来越多的数字化装置被采用，如数控车床、数控铣床、加工中心等，从而对生产一线操作工人的知识和技能要求越来越苛刻。机械工艺技术专业教育应该承担起数字化、信息化普及的任务，发挥学生动手能力强的优点，克服理论知识欠缺的缺点，逐步增加数控机床操作能力，使越来越多的既有理论知识又有操作技能的新一代技术工人满怀信心地走上工作岗位。

1.3.2 机械工艺技术专业学生及其学习特点分析

中等职业学校学生的年龄一般为15岁至18岁，这一年龄阶段是学生生理和心理变化最剧烈的时期，也是产生心理困惑、心理冲突最多的时期。另外，随着教育结构的调整，中等职业教育成为与中等普通教育并行的一个类别的教育，但普高热的升温，使中等职业学校的社会认同感得不到应有的支持，大多数家长并不希望他们的孩子选择中等职业学校。受中考录取规则的影响，中考成绩排名靠后的学生无奈地“选择”职业学校就读。因此，相对成绩靠后的考生成为现阶段中等职业学校学生构成的主要成分。在机械工艺技术专业的学生群体中，这种现象尤为明显。

机械工艺技术专业学生中男生占绝大多数，有的学校少数班级甚至出现没有女生的情况；这些半大不小的孩子的教育问题往往是令学校和家长十分困惑的。同时，大多数中等职业学校学生是在前期基础教育中因为成绩和表现不优秀，经常被教师忽视的“弱势群体”，这也决定了他们的心理问题多发、易发，因此他们是一个需要特别关注的特殊群体。中等职业教育面对这样的客观对象不得不有所作为。

1. 心理特点分析

中等职业学校机械类专业的学生在生理方面存在以下一些作为这个年龄段的孩子共有的心理特点：

（1）自卑心理

这是中等职业学校学生意志方面的异常表现。许多中等职业学校的学生是因中考成绩不太好才不得已来中等职业学校学习的，与考上普通高中的同学相比他们会觉得低人一等，加上社会上部分人对中等职业学校有偏见，认为就读中等职业学校的学生不是成绩太差就是表现不好。多方面的压力造成部分中职学生心理负担加重，产生一定的自卑心理，表现出悲观、失望的情绪，意志消沉，不能正确对待自己和控制自己，意志力薄弱；对待学习上的问题，他们表现为缺乏信心和毅力，往往认为自己无能为力，一旦遇到专业上的一些学习困难，如专业计算、工艺分析等较难的任务就选择放弃或逃避，找借口为自己开脱。

（2）逆反心理

相当多的中等职业学校学生自律性较差，如果教育方法不合适，很容易产生逆反心理。当他们对学校的教育产生不满，对教师产生不信任感时，就会对人对事采取对立态度，把教师和同学的帮助误解成跟自己过不去，对学校的正确指导带有对立情绪，做一些令学校和教师头疼的事，甚至还会产生一些具有破坏性的过激行为；对于教师在理论学习和专业技能训练活动中的严格要求不能正确对待，抵触或反感他人的说教，势必影响其知识和技能的提高。

（3）自我实现意识

中等职业学校学生的思维有一定的独立性和批判性，他们对很多事情总有自己的意见和看法，渴望被承认已长大；为了表现自己，他们有时会标新立异地做出令人吃惊、出乎意料的事，以期望达到自我实现的满足感。这种心理状态有其积极的一面，也有消极的一面，因为盲目的标新立异往往会导致自以为是、自作主张，遇到问题不冷静，加上缺乏社会经验，会产生一些冲动、考虑不周到的行为，影响其健康成长。

2. 学生认知特点分析

中等职业学校的教育对象多是具有较强形象思维特点的个体。很多中等职业学校学生在认知能力方面有不同于普通高中学生的特点，一般来说，他们的抽象思维能力相对较弱而形象思维能力相对较强；在数理逻辑分析以及语言表达方面的能力相对较差，而空间视觉、身体动觉等方面的能力则较强。大多学生最喜欢的课程主要有专业课和实际操作课；一部分学生不喜欢文化基础课程，特别是数学和英语这两门课程；对于理论较深、较难理解和掌握的专业课程，他们也同样不喜欢。在认知和智力特点上，他们倾向于形象思维，不喜欢与公式、文字、符号打交道，比较乐于接受图像和实物形式的信息；不喜欢理论推演，更愿意参与实际的操作活动。

3. 学生学习行为特点分析

1）学习目标与学习行为不一致。近几年来，随着我国机械制造业的蓬勃发展，机械工艺技术专业就业形势看好，因此该专业备受青睐。众多学生家长希望他们的孩子来校学习机械工艺技术专业以便有一技之长，找到就业岗位，而学生主观上希望自食其力、早日参加工作的则很少。大多数学生学习目的并不明确，没有树立正确的人生观、价值观，学习自觉性、自律能力相对薄弱。由于机械工艺技术专业要与各种机床打交道，实习比较辛苦，干活也比较脏和累，部分学生从小娇生惯养，养尊处优，依赖性很强，综合能力十分低下，怕脏怕累，采取逃避态度。尽管这是一个很复杂的社会问题，但这也暴露出我们国家的小学和中学早期教育的弊端。

2）意志品质薄弱，难以持之以恒。由于生源素质参差不齐，受传统观念的影响和就业困难等多重因素的挤压，中等职业学校的学生厌学情绪较为普遍。部分学生认为中等职业学校毕业生前途很不看好，就业岗位工资待遇差，影响学习积极性；有些学生不喜欢学校的生活环境，情绪焦虑、浮躁，成天无所事事、昏昏欲睡，精神萎靡不振；部分学生是在父母或家人的要求下被动选择学习机械工艺技术专业，因此觉得专业学习单调乏味（尤其是专业理论课），加之所学专业内容与中学所学知识跨度太大，无法理解和接受，丧失学习兴趣。

3）实用主义心态，不求甚解。在家庭教育方面，有的家长对孩子在中等职业学校的学习要求不高，认为只要毕业后能找到工作、养家糊口就行。在学校教育方面，部分教师有明显的厌教情绪，认为中等职业学校的学生难教；教师的厌教又加深了学生的厌学心理和对立情绪，如此恶性循环是导致中等职业教育出现一些不和谐局面的重要原因，也是应该引起职业教育工作者足够重视的社会问题。

另外，由于一些中等职业学校机械工艺技术专业的职业教育改革工作滞后，专业课教学与实习实践教学在管理上脱节，理论教学与实践教学各成体系，学生所学理论知识不能及时转化为技能，形成知识脱节、学不致用的现象。同时又由于实习设备有限，个别主动性差的学生以此为借口不积极参与教学活动，也影响着职业技能实践活动的开展和技能的提高。

总之，中等职业学校学生的学习状态还表现在对学习的恐惧和麻木上，对专业学习无自信、无目标、无追求，以致中等职业学校课堂上出现班级纪律差、学生低头睡觉多于抬头听课的一个普遍现象，这是令很多教师倍感头疼和困惑的事情。本专业的学习内容技术性强，要求学生具备一丝不苟、精益求精、吃苦耐劳等精神；他们将来的工作条件也可能相对较苦较累，在教学中如何开展成功案例教学来激发学生的学习积极性，这些也是教育工作者必须认真思考的问题。

4. 教育措施

中等职业学校学生及其学习特点和机械工艺技术专业特点，是合理安排和组织专业教学过程的参考。机械工艺技术专业教学与实训课实践性很强，根据中等职业学校机械工艺技术专业学生的心理和学习特点，可提高实践课的教学比例，优化课堂结构；实训课上尽可能为学生提供发挥他们自己动手能力的机会，选择既有利于提高学生的动手能力、又利于专业知识学习的机械零部件作为实训对象进行专项加工练习，使参加实训的学生看到通过自己的努力加工出合格的产品，从而产生成就感和自豪感，培养学生专业学习的兴趣，提高学生学习的主动性。因此，在专业教学活动中要注意以下几点：

1）以学生为中心，实现教学过程的行动导向化、教学内容的项目化；

2）运用行动导向教学模式，推行在做中学、学中做，使学习者手脑并用；

3）按照提供信息—确定目标—制订工作计划—实施计划—质量控制与检测—评价与反馈（六步法）的完整工作过程来组织教学活动。

针对学生生源文化理论基础较差，深奥、繁杂的计算对这些学生显得要求偏高，因此要因材施教，在课程内容上要做调整。如机械工程力学课程，理论力学部分将空间任意力系的计算要求放低，特别是刚体动力学部分，只需给学生介绍角速度、角加速度、转动惯量等基本概念即可，相关的计算不必介绍；材料力学部分的组合变形和强度校核则不做要求。又如机械设计基础课程，机械原理部分只需介绍常用构件的类型、传递运动和动力的原理，有关机构设计与校核则可删除。总之，理论知识只需实用、够用，反之要增加培养学生实践应用能力的内容，如电工与电子技术课程，除介绍直流电路、正弦交流电的产生，单相、三相正弦交流电路外，还应着重介绍变压器、交流电动机的工作原理和有关计算，在实验实训课中，要强调掌握常用仪器的使用（如万用表、电流表、电压表),功率表的正确接法,单、双联白炽灯,荧光灯等照明电路的安装,电动机的拆装等内容。这样做的目的是让学生学些既有趣又实用的知识和技能。

教育的根本在于爱和责任,教师应该关注学生的健康成长,在教学过程中言传身教。在开展教学活动之前可提出带有一定专业方向的教学问题,设计出有趣味的引导性问题的教学环节,引起学生的好奇心和求知欲;在学生学习过程中,特别是学习新知识的最初阶段,学生最容易因理解不了而放弃学习,这时教师应耐心、热情,充分发挥自己的感染力去启发和感染学生,使他们增强解决问题的勇气和摆脱由于挫折造成的消极情绪,让学生在轻松的教学环境中获取知识,提高专业学习的兴趣。

教师要注意不断学习新的教学方法和手段,改变传统教学刻板、抽象的方式,因为它通常和现实生活的真实情况相去甚远。而新的教学方法有效且能使知识易于接受,如切实可行的行动导向教学法就是一种基于实际工作过程的教学方法。该方法由英国的瑞恩斯教授在20世纪60年代首先提出,随后在世界各国得到广泛的推广和应用,特别是在以职业教育闻名于世界的德国职业教育界得到了十分成功的实践。行动导向教学法有利于提高学习效率,同时也是一种有效的处理复杂问题的方法。行动导向教学法被认为是过去50年里管理和组织发展中产生的最重要的方法之一。在此基础上衍生出的项目教学法、任务驱动教学法、实验教学法、调查教学法、角色扮演与案例教学法、头脑风暴教学法等都是比较适合职业教育活动的组织方法;中等职业学校教师通过不断的教学实践,可以探索出更多与教学相关的切实可行的方式方法。

1.3.3　机械工艺技术专业教育体系分析

1. 机械工艺技术专业岗位能力分析

机械工艺技术是机械制造的基础技术,对从业人员有较高的职业素质和能力要求,主要包括:良好的心理素质、身体素质、思想政治素质以及合作精神等;与本职业岗位群相适应的文化知识和专业理论知识,新工艺、新材料、新技术、新设备的推广应用能力;良好的工艺分析与处理能力,能独立解决本职业岗位群复杂和关键操作技术难题的能力;熟练的车床操作技能,包括刀具的刃磨、工装夹具选用、机床操作等能力,应达到中级工操作技能水平;良好的质量分析与控制能力;较为丰富的实际生产经验,较强的技术革新和现场生产组织管理等能力。

机械工艺技术专业的知识结构及要求表现在以下几方面:

1) 掌握机械制图的基本知识,具有较强的识图能力:

2) 掌握机械加工及装配的常规工艺;

3) 掌握主要机械加工设备结构、调整及金属切削加工的基本知识;

4) 了解电工、电子、液压传动、数控等技术在机械加工中应用的基本知识。

机械工艺技术专业的能力结构及要求表现在以下几方面:

1) 具有机械加工的基本技能并能较熟练地操作一种或两种机械加工设备;

2) 具有检测产品的基本技能及分析零件加工质量的初步能力:

3) 具有对一般加工设备进行维护和排除常见故障的初步能力。

根据机械工艺技术专业的知识和能力结构、就业岗位群分析,其基于工作过程的岗位能力分析见表1.2。

表 1.2　机械工艺技术专业基于工作过程的岗位能力分析

机械制造工艺岗位		机械制造设备操作岗位		机械制造设备维护岗位	
工作任务	行动能力	工作任务	行动能力	工作任务	行动能力
零件制造工艺性分析	识图与制图能力	机床基本操作	机械技术能力	机械设备控制电路的维护	电气原理识别能力
	工艺性分析能力		系统操控能力		常见电气故障排除能力
	沟通表达能力		机床操作能力		常规电气元器件维护能力
制订工艺方案	识图与制图能力	加工工艺准备	识图制图能力	数控机床系统的正确应用	典型数控系统认识能力
	工艺规程制订能力		组织管理能力		数控系统应用、调整能力
	资料查阅能力		工艺基础能力		数控系统的PMC应用能力
工艺过程设计	识图与制图能力	工装能力	毛坯检查能力	设备本体的维护	设备机械结构特点的熟知能力
	车、铣加工工艺设计能力		工装装调能力		设备机械结构精度调整能力
	复合加工工艺设计能力		刀具装调能力		设备液压、气动系统故障排除能力
	CAPP应用能力		生产管理能力		刀库、机械手、交换工作台的故障排除能力
工艺过程实施与监控	机床操控能力	机械加工及运行监控	程序优化能力	工装夹具的维护	常用工装夹具的调整能力
	现场工艺控制能力		程序运行监控能力		工装夹具的故障排除能力
	制造质量评估分析能力		质量检测分析能力		

围绕机械工艺技术专业职业岗位的能力与素质要求，参照我国中级工职业资格技能鉴定标准，制订机械工艺技术专业的职业能力模块，如图1.1所示。各个能力模块要求不一样，课时安排的多少也就不同，核心能力模块学习要保证有足够的时间。按照人们认识新事物由浅至深的

规律，对每个能力模块进行分解，将具体的学习课题细化，如车工技能模块（核心技能模块）可以分解为如图1.2所示。

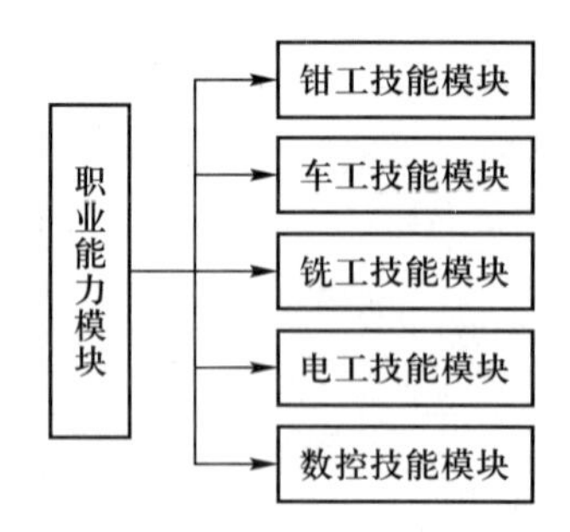

图1.1 机械工艺技术专业职业能力模块

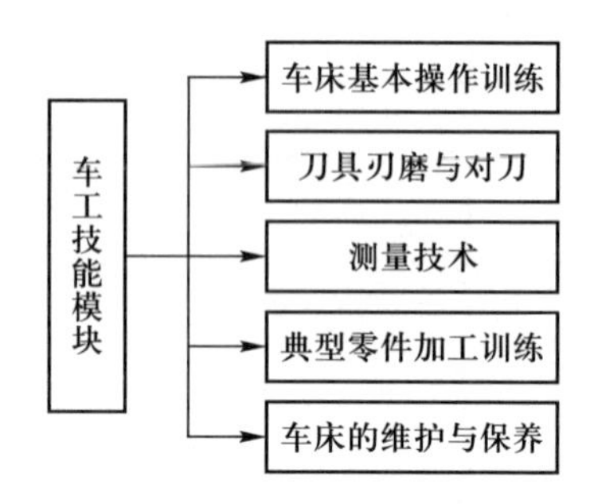

图1.2 车工技能模块能力分解

2. 专业课程体系设计

围绕专业能力建设目标的课程设置基本原则是基础理论教学做到以应用为目的，以必需、够用为度；专业课不单纯追求学科的系统性和完整性，而应加强针对性和实用性。强化实践教学，形成一个以能力培养为中心的专业课程教学体系。

依照本专业的知识、能力分析与分解，毕业生应具备的知识、能力可用6个小模块表示。每一模块的知识结构及相应的能力要求对应若干门课程及技能训练，通过这些教学环节的实施，必须达到表1.3中所列的能力要求。

表1.3 机械工艺技术专业知识、能力分析及分解

序号	模块名称	对应课程	知识结构及相应的能力要求					
			A	B	C	D	E	F
1	基本素质与综合能力	职业与道德 应用语文 专业计算 英语 计算机应用基础 体育 物理	掌握马克思主义哲学的基本原理，了解经济与政治的基础知识和法律基本常识	具有良好的思想品质，爱祖国、爱人民，文明礼貌；具有良好的职业道德	具有良好的身体素质及多项运动技能，体能指标达到国家标准	具有应用数学及物理知识解决机械制造中的数学计算问题的基本能力	初步掌握计算机应用知识和技术，具有计算机应用方面的自学能力	具有一定的语言和文字表达能力，具有英语听、说、读、写的基本能力
2	机械制造基本能力	机械制图及CAD 机械工程力学 机械设计基础 工程材料及其成形基础 互换性与测量技术基础	能阅读机械零件图和产品装配图，能绘制零件图和简单装配图	能正确识读零件尺寸公差、几何公差、表面粗糙度，掌握常用的测量方法	熟悉常用机构和通用零件的工作原理、结构特点和选用方法	具有对机械零件进行运算、绘图、执行国家标准、使用技术资料的技能	能根据使用要求，具有初步选用零件材料的能力，了解常用热处理的基本知识	了解金属加工的工艺特点和应用范围、技术，毛坯和零件的常用加工方法

续表

序号	模块名称	对应课程	知识结构及相应的能力要求					
			A	B	C	D	E	F
3	设备控制基本能力	电工与电子技术 设备控制技术	了解电工与电子技术的基本概念与基本原理	了解常用设备和器件的特性及应用范围	了解机床控制电路的基本原理	能阅读简单的电路原理图及设备电路方框图	了解各种泵、阀的结构及液压传动、气压传动的基本原理	
4	工艺工装实施与选用基本能力	机械制造技术 机械制造装备	掌握典型零件的加工工艺及常规装配工艺	掌握金属切削加工和钳工的基本知识	具有合理选择通用刀具、夹具、量具的能力	了解工艺、质量、生产效率的分析方法		
5	设备操作及调试、维护能力	数控机床加工	掌握主要机械制造设备的调整及选用	掌握主要数控机床的工作原理及操作方法	具有对一般加工设备进行维护和排除一般故障的能力	具有机械制造的基本技能并能熟练操作一种或两种机床		
6	其他相关能力	美学与艺术欣赏 工业企业管理	了解现代机械制造企业（车间）的运作与管理方法	懂得如何欣赏音乐、美术及其他艺术作品				

根据表 1.3 所列的各项要求，本专业毕业生的文化基础课程、专业核心课程及专业实践技能教学设置如图 1.3 所示。

3. 专业教学目标

本专业的教学内容可分为 3 个较大的学习领域，即文化基础课程学习领域、专业核心课程学习领域和专业实践技能学习领域三部分。对应不同领域的学习课程可设计出相应的教学目标。

（1）知识目标

1）掌握机械制图的基本知识，具有较强的识图能力。能识读装配图，具有一定的手工绘图及计算机绘图能力，能用 AutoCAD 软件进行二维设计，具有应用 CAD/CAM 软件（Pro/E 或 UG）进行三维造型设计和使用 CAM 软件（MasterCAM、UC）进行数控加工的基本能力。

2）掌握机械加工及装配的常规工艺。具有机械工艺技术专业方面的加工工艺实施、设备管理、质量检测和产品销售的基本能力。

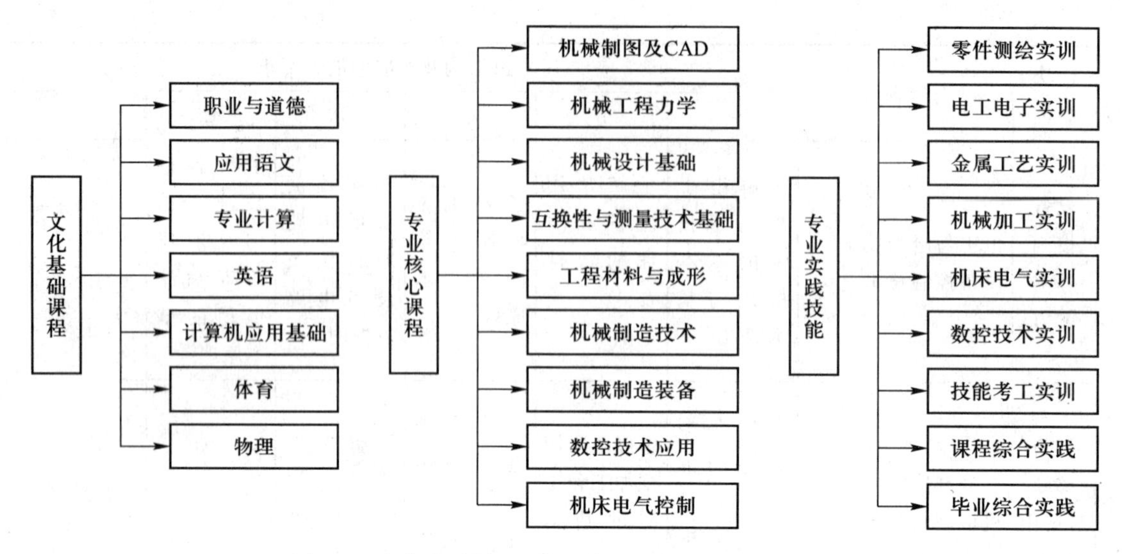

图 1.3 文化基础课程、专业课程及专业实践教学设置

3）了解机械工艺技术专业有关设备的工作原理，熟悉其基本结构，具备有关实操方面的基本知识，能熟练进行相关操作；掌握金属切削加工的基本知识。

4）了解电工、电子、液压传动、数控等技术在机械加工中应用的基本知识。

5）取得与本专业相关的初、中级职业资格证书，有较强的就业竞争力。

（2）能力目标

1）具有机械加工的基本技能并能较熟练地操作一种或两种机械加工设备，如普通车床、数控车、铣床的操作。训练学生正确操作设备完成零件加工。

2）具有检测产品的基本技能及分析零件加工质量的初步能力。

3）具有对一般加工设备进行维护和排除常见故障的初步能力。

（3）情感目标

1）培养学生具有良好的人际交流能力、团队合作精神和为客户服务的意识。

2）能合理选取专业方面的相关要素，具有较高的质量和效益意识。

3）了解机械工艺技术专业的发展方向，具备继续学习和适应职业变化、综合分析问题的能力。

4）培养学生敬业、乐业、创业的工作作风。

5）培养学生谦虚好学、勤于思考、做事认真的工作态度。

6）培养学生的安全、文明生产意识。

4. 专业教学内容选择

为了适应职业岗位对知识、技能、态度的要求，根据职业岗位知识、能力、素质的特点，坚持以学生为中心，充分考虑学生职业生涯和持续发展的需要，科学选择教学内容，设置课程，即根据本专业学生基本素质要求，设置德育课程和相应的文化课程；根据职业岗位专业素质要求，设置专业基础理论和技能训练课程；根据学生持证就业需要，在专业课中融入车工、钳工、焊工、电工等国家职业标准所规定的应知应会内容。

实践教学的考核成绩由学生综合运用知识能力(30%)、技术应用能力(50%)、工作态度(20%)构成;在实训课程的教学过程中,逐步采用由专业教师与技术辅导员给学生设计实训项目,布置实训任务,规定上交作品的规格与质量要求,再进行专业实训的教学方法。专业实训课程逐步形成以完成真实的作品、用项目教学法进行课程教学的特色。

德国是根据职业教育条例编制了指导各地职业学校和企业规划职业教育教学活动的标准,即基于"学习领域"模式来设计职业学校培训的一系列专业课程。所谓"学习领域",描述了为获得某一职业行动能力而进行的以工作过程导向为特定主题的一系列教学单元,包括相应的教学目标、学习任务、要求和一定数量的学习时间保证等内容;不同职业的教学计划中包含有10到20个数量不等的学习领域,其规定安排非常具体、严格。在每一个学习领域中再设计出若干学习情境以及学习任务等。下面分别介绍我国中等职业学校机械工艺技术专业通常所设置的学习领域课程的教学目标和教学内容。

(1) 文化基础课程学习领域

教学目标:以马列主义、毛泽东思想和邓小平理论为指导,通过教育教学活动,引导学生树立科学的世界观、人生观和价值观,提高其科学文化素养,打好学习专业知识、掌握职业技能和接受继续教育的基础,以提高专业学习的质量和效率,为学生的终身学习奠定知识和能力基础。

教学要求:文化课教学应与专业课教学相结合,应加强能力的训练和培养,并与学生生活和社会实践紧密联系,要加强实践教学环节,各门课程教学之中都应重视融入德育教育内容,这是一个育人的系统工程。

(2) 专业核心课程学习领域

教学目标:以机械制造工作岗位所需的技能为前提,通过专业核心课程的学习,引导学生正确认识和理解机械制造工作过程、基本原理、基本结构、实现方法和技术,掌握机械制造工作岗位所需的识图制图、零件加工工艺规划、数控加工程序编制、主要机械制造设备的操作、工装夹具的调配和使用、机械制造设备的维护和保养的基本技能,为胜任机械制造企业的相关岗位工作奠定坚实的基础。

教学要求:专业核心课程的教学应以机械制造工作过程为导向,以岗位能力需求为前提,坚持理论联系实践,以实践训练贯穿课程教学始终,以理实一体化为努力方向,在做中教,做中学。

(3) 专业实践技能学习领域

教学目标:提高专业实践各环节的学习,巩固并提高理论教学效果,培养学生动手、操作能力,获取相应机械制造工作岗位的技能。

教学要求:应紧密结合专业人才培养目标和学科专业发展,合理设置实践技能项目,准备较充足的实践设施,构建具体细致的实践路线和方案,尽可能为学生提供动手、操作机会。

(4) 选修课程学习领域

教学目标:根据学生的学习兴趣或者就业需要,引导和推荐给学生在非常规教学时间段进行学习活动,以增强学生人文素养、职业发展和自我提高的能力。

教学要求:以问题导向为基础,能力扩展为方向,专门化为目的,合理设置选修课程,采用个性化教学方法。

1.3.4 机械工艺技术专业教育方式

作为制造业主要组成部分的机械工艺技术是企业实现优化生产、保证产品质量、参与市场竞争的基础。制造企业对应用型、技能型人才的需求相当大,因此应用型、技能型人才的培养对制造业的发展和提升具有十分重要的作用。中职院校作为专业应用型、技能型人才的主要培训基地,在专业人才的培养上具有十分重要的地位。但专业人才的培养质量专业教师是关键。机械类专业的教师不仅对本专业的知识、技能要悉心掌握,而且要对本专业知识、技能的传授方法、技巧要能融会贯通。

联合国教科文组织早在1999年的第二届国际技术与职业教育大会上就指出,21世纪对人的素质要求在变化,不仅是知识、技能水平的提高,更重要的是能应变、生存、发展。学习者通过职业教育掌握劳动技能,不仅有利于提高其在社会中的经济竞争能力,同时也有利于其自身的发展,使之能够更好地融入社会。在知识经济和生产与贸易的全球化体系中,工作的内涵和工作实践本身都在悄然发生变化。技术型、高效率的劳动力在对经济发展的贡献中起着举足轻重的作用。为了提高就业率,劳动者应具备灵活的、与现代社会需求相适应的各类技能,比如需要掌握综合知识、实践技能、社交技能,既有独立思考和开拓创新的能力,也有积极向上的态度和强烈的责任感。如果要使职业教育学习满足如此全面的要求,就需要做出实质性的改变,即教育和学习体系必须回归到实际的工作中,至关重要的是转变职业教育中的教学模式和教学方法。

以基于工作过程导向的创新职业教育理念统领课程改革的行动领域,将学习领域课程实体化、项目化,在此基础上创建专业精品课程,增强专业竞争力。为提高教学效率、促使教学手段的现代化、形象化,将多媒体技术、网络技术广泛灵活地运用到实践性强的机械工艺技术专业的主干课程中,如UC、Pro/E等CAD/CAM仿真加工技术、Flash动画设计、PPT教学课件的开发;以基于工作过程的六阶段法设计、组织教学过程;以学习指南,即学习情境任务书、引导文本、课堂工作页、过程计划书、决策与实施表、评价反馈表等多种形式引导学习和工作任务的完成。

1. 专业课程的教学组织

在职业教育教学中,专业课程教学一直是备受关注的核心问题。根据围绕职业教育培养目标开发专业课程、构建完善的专业课程体系的原则,专业课程教学体系构建和设置时应注意以下几点:

1）专业课程设置要突破传统教学计划的限制。传统的课程模式过分注重学科体系,忽视专业理论知识与实际操作的联系。因此,课程设置要重点突出实践教学,理论知识要讲究实用与够用。如机械工艺技术专业职业能力主要是车工、铣工、钳工、数控加工等几种技能,每学期安排一或两个技能项目,按一一对应的关系有针对性地设置相应课程,在培养目标、能力结构与教学组织实施过程之间建立起更直接、更清晰、一一对应的关系,更加体现职业教育的应用特征,并与职业技能标准相衔接;所设置的课程是教育目标的具体化,体现了合理的课程体系特征。

2）专业课程设置要突破传统的以课堂教学为主的教学方法限制。传统课程教学模式以课堂教学为主,实践操作只是对理论知识进行印证,这不符合现代职业教学理念。要大胆突破传统课程教学模式,让学习过程变成一种学与做的过程,全面培养学生的职业能力,即采用项目教学法等行动导向的教学法。

专业教学理念要实现以下几个转变:① 从以教师教为主变为以学生学为主;② 从教师以传授知识、技能为主变为重视学生职业能力培养和发展为主;③ 从传统的师道尊严变为师生平等、互相尊重、关系融洽;④ 从传统的复制、守成性教学变为创新、生成性教学。

3) 专业课程设置要突破传统教材的限制。教材是课程实施的载体,选择与开发教材在课程改革中占有重要的地位。传统教材内容繁杂而且重复,知识陈旧,已经不能满足市场的需要。因此,对传统教材的改革要考虑就业市场的需要以及与职业资格标准衔接,对其进行删减、修改、重组、补充,体现新知识、新工艺、新技术、新方法。

4) 专业课程设置要突破传统的特定能力培养的限制,要以职业能力和职业岗位需求为核心设置课程。通过职业岗位分析,确定专业培养目标、专业方向和综合职业能力层次。这些定位之后,可根据市场需求和职业标准,从职业能力分析入手,将综合职业能力分解成若干专门能力(专业能力、社会能力、方法能力、创新能力),全面进行培养。

5) 专业课程设置要突破传统教学评价体系的限制,包括专业课教学实效评价和专业课考试制度改革。要把学生的综合职业能力提高与否作为评价标准,可以采用多种评价方式,如笔试、口试、动手能力测试、互评等。要采用多种方式,让学生积极参与管理。

专业课程设置可参照三个领域方向展开。

① 专门化方向课程

中等职业教育为了增强毕业生就业及就业后转岗的适应性,必须采用“宽口径”的培养模式。即在同一专业中,针对就业市场分解出若干个专门化方向,学生毕业前根据社会需求和个人意愿选择一个专门化方向,进行强化训练,以完成上岗前的技能和知识准备,使学生毕业后有较广泛的择业途径和自我发展能力。分析近几年毕业生的就业岗位,可将机械工艺技术专业划分为若干个专门化方向,如机械制造工艺、产品质量控制、数控机床操作等。另外可根据地区、行业要求开设其他相近的专门化方向。

② 专业主干课程

设置机械工艺技术专业的专业主干课程,首先应根据培养目标,分析职业岗位需要何种能力要素。以所确定的能力要素为基础,调整组合成该专业的课程体系。在课程中不再强调理论知识的系统性、完整性,而是强调职业岗位的针对性和实用性。除文化基础课程模块以外,课程体系可不再采用基础课、专业基础课和专业课三段式的模式。

③ 专门化模块课程

设置专门化模块课程,主要是根据机械工艺技术专业的专门化方向对学生进行上岗前的培训,课程内容视具体岗位需要而定,由各学校根据实际情况进行安排。如机械制造工艺专门化方向可开设典型机床操作技术、工艺装备的结构特征及选用方法等课程;产品质量控制专门化方向可开设仪器仪表、几何量测量技术、企业标准化等课程;数控机床操作专门化方向可开设数控原理、数控编程、数控机床加工工艺等课程。

6) 综合实训与顶岗实习。综合实训与顶岗实习是机械工艺技术专业教学环节中一个重要组成部分,是本专业学生理论联系实际的一个重要实践性教学环节。综合实训包括教学见习、单项基本技能实训、课程设计、专业认知实习、综合技能实训、顶岗实习等环节,是学生获得基本技能的训练手段,是形成专业实践能力的重要教学环节。学校根据专业编写实训实习大纲与实施方案,建立健全实习辅导员制度,执行《中等职业学校学生实习管理办法》,确保学生实习安全、健康、规范、实效。

通过实训，让学生更好地理论联系实际，提高学生分析问题、解决问题的能力，对机械工艺技术行业与企业中的相关知识有比较深入的了解，获得较深入的实践知识，增强对相关课程的感性认识。通过实训，也使学生了解社会，接触生产实际，增强集体观念、协作精神和责任感，培养学生面向生产实践学习的能力。实训中要求学生认真听讲，仔细观察，全面分析，翔实记录，通过实际操作来获取知识。因此，有计划地组织好第五、六学期的实训，对于提高学生的技能水平尤为重要。

2. 理实一体化的课程教学模式

职业教育教学要确定以就业为导向、以职业能力为本位、以职业岗位需求为主线的一体化教学模式，重视学生个性的发展，突出职业教育的优势。借鉴以美国、加拿大、德国、日本等为代表的先进职业教育人才培养模式，结合我国国情，建构全新的以就业为导向的一体化课程模式，引进新加坡的教学工厂和德国的项目教学法、行动导向教学法指导教学，实现理实一体化、教学内容项目化、工学结合的专业特色是机械工艺技术专业的建设目标。为此要做好如下几方面的工作：

1）统一思想，提高认识。在全体教师中展开讨论，充分认识专业教学改革的重要性和紧迫性，明确专业教学改革的内容、目标、方向，形成教学改革的合力；改革要顺利展开，观念要先行，这一点极其重要，应该引起学校领导以及与教学相关的职能部门的足够重视。

2）建立机械工艺技术一体化学习教室。为了更好地组织教学，最大可能地节省教学资源，提高教学效果，根据机械工艺技术一体化教学的要求改造现有的实训场地，建立一体化学习教室，包括机械加工实训场地、多媒体教室、刀具和量具实验室、金相实验室等，使教学管理与企业生产管理相融合，体现现代职业教育的理念，提高教学效率。根据模块化教学的需要，结合学校的教学实训场地条件，由教学经验丰富的教师担任项目负责人，编写详细的教学计划，并按照考核要求，设计一体化教学考勤表、机床基本操作能力考核表、刀具刃磨能力考核表、测量技术考核表、典型零件加工能力考核表以及反映综合效果的综合职业能力考核表等，形成一套与一体化教学要求相适应的教学管理文件。

3）加强教师队伍建设。建立一支既能胜任理论教学又能进行操作指导的“双师型”教师队伍，保证一体化教学的顺利实施。每个模块由项目负责人负责实施，由2或3名专业教师组成，分别承担教学讲义（教材）的编写及相应模块的教学任务。组织教师参加业务知识培训和技能鉴定，或从企业引进工程技术人员和工人师傅参与教学与管理。

4）教学组织安排过程。在实际教学组织过程中，根据该专业所对应的工作过程，将职业能力模块划分为若干个学习模块，各模块既相对独立又相互关联，根据特点实施项目化教学。为了保证每个模块的课程容量，一般可根据内容和课时分解为4~6个课题，每个课题又可细分为3~5个分课题，以便运作。

5）建立和完善校企一体化的工学结合人才培养模式。近年来，我国职业教育领域已探索出了不少成功的经验，如校企结合、工学交替的职业人才培养的示范模式，这些告诉我们应该在教学活动中注重教学参与者的各自作用和所承担的不同角色与任务，特别是师生在不同的教学场所和环境中应扮演的角色和完成的任务。图1.4具体地体现了校企一体工学结合人才培养模式的构架以及不同角色和环境在此构架中的作用和功能。

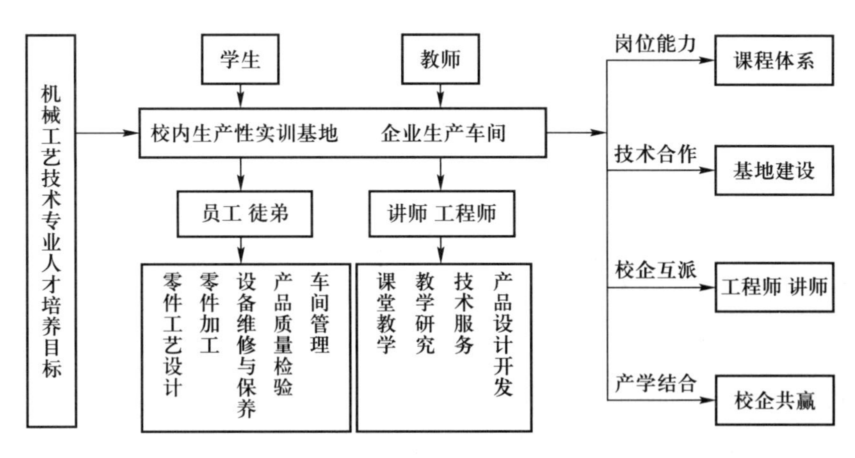

图 1.4 校企一体工学结合人才培养模式

3. 工学结合的教学环境创设

教学环境是教学活动得以进行的必要条件，要想取得良好的教学效果，让学生获得更多更大的发展，需要营造良好的教学环境，设计出具有机械工艺技术专业知识特征的主题活动。在创设教学环境时，务必要明确教学对象是中职学生的重要特征。

在教学过程中，教师与学生之间应建立起平等沟通和交流的平台，使课堂成为培养学生创新意识和创新能力的摇篮。教师是影响学生的最积极、最活跃的因素，因此要求教师不仅要有丰富的专业知识和教学方法与技能，还要充分运用自己的感染力，为学生创设愉快、和谐的情境。在学习过程中，特别是学习新知识的最初阶段，学生最容易因理解不了或迷惑不解而紧张、焦虑，甚至放弃学习，这时教师应耐心、热情，充分发挥自己的教学能力、个人魅力等去启发和感染学生，让学生在轻松的教学环境中获取知识。

关注新时期中等职业学校的生源结构的变化，针对中等职业教育学生主体的形象思维优于逻辑思维的群体特征，不断探索适合教学对象的教学方法。注重运用现代教学手段，注重本专业的职业性和岗位性，注重技能和职业素质的培养，在专业的理论教学中，以工作过程为导向，运用项目教学、角色模拟、技术试验、调查研究等专业教学法，突出学生的主体作用，运用多样化的启发式教学，注重运用多元智能理论，因材施教，是机械工艺技术专业教学活动中始终要坚持的原则。

在教学中，教师可以恰当地提出带有一定专业方向的教学问题，有利于提高学生的学习兴趣，让学生置身于充满趣味性、刺激性的动感活动中，寻找获取知识的最佳途径。因此，教师课前要吃透教材，选择好知识切入点，从中找出重点、难点、疑点，依照中等职业学校学生的求知心理特征，创设有新意、有趣味的问题，引起他们的好奇心和求知欲，让学生一开始就对新知识产生浓厚的兴趣；同时鼓励学生在动手实践操作的学习中要敢于质疑，大胆动手，善于提问，不怕出错，不怕出丑，让学生知道有很多科学发现以及专业动手技能的提高都是在不断探索中产生的；教师要鼓励学生独立思考，引导学生进行研究性学习，激发学生的学习兴趣和自主学习的潜能，提高实践教学的针对性和有效性。

4. 构建运用现代教育技术的专业教学模式

适应现代工业企业的信息化建设步伐，应用现代教育技术手段构建虚拟教学车间，加快专业教学改革的步伐,在专业教学资源建设和教学内容信息化建设工作上做出努力,这些是在开展机械工艺技术专业教学时所要关注的重要方面。如建设主干课程网络资源库、实时考评检测系统,为学生提供在线学习的专业资料;在网络技术越来越普及的时代,它可适应新生代学生的学习方式、习惯的改变,为学生掌握和学习专业理论提供自我学习的便捷渠道。开放性的学习情境设计可为学生提供丰富的网络信息获取途径,可帮助学生利用网络达到自主学习的目的,也能更好地满足他们接受继续教育、终身学习的需要。

(1) 现代教育技术运用能力分析

为适应现代职业教育的发展,很多中等职业学校都在为现代教育技术介入职业教育的教学实践而努力,如今大部分中等职业学校已具备现代教育技术的基本条件,如校园网、多媒体教室、语音教室、微格教室等硬件条件。但是,现代教育技术手段运用不广泛、不熟练是中等职业学校教育中的一个普遍现象。各专业课教师运用多媒体软件制作教学课件的教学实践并不是很普及,而外购课件或通过其他渠道收集的教学资源在内容上缺乏较强的针对性,并不一定完全适合具体的学校和课程;多数机械工艺技术专业教师制作 CAI 课件往往还要借助于计算机专业教师的帮助与合作,但计算机专业教师又对机械工艺技术专业的课程内容不熟悉,这势必影响课件制作质量和教学效果。因此,只有加强中等职业学校教师计算机信息技术的培训,才能使现代教育技术真正应用到专业教学环节,为职业教育教学提供保障。在实际工作中,有些教师,特别是年纪较大的教师,把计算机多媒体技术应用难度估计过高,其实只要明确了目标和具体思路,非计算机专业的教师也可以开发出非常好的多媒体专业教学课件,因为有丰富的网络资源的支持,而且很多开发软件稍加学习和研究是很容易掌握其操作技巧和运用方法的。

(2) 多媒体和网络通信技术的运用

中等职业学校学生的学习习惯相比普通高中的学生要差一些,他们注意力集中度低下,有的学生甚至抄完笔记后,都不知道自己写了些什么。兴趣是最好的教师,学习兴趣来源于好奇心;好奇是年轻学生的天性,他们对新颖的事物、听说而没见过的事物都很感兴趣;而传统的教学无法满足他们的这些要求,传统的黑板加粉笔教学手段不能引起他们的兴趣,不能激发他们学习的积极性。融合现代多媒体技术的"电子黑板"却是"活的",色彩丰富且有立体感,而且配有声音和图像,质量高一些的还有形象化的动画设计,这些都十分容易吸引学生的注意力,从而提高课堂教学效率。

结合专业特点的案例教学可以生动地再现机械制造等技术的特征,如讲授金属工艺与实训课程时,可以选一些机械工艺技术行业在生活中的应用例子,有条件的还可以到现场拍摄一些零件的加工过程,插入课件中,让学生身临其境,易于理解、掌握,同时还能提高他们的学习积极性。又如机械设计基础课程涉及很多具体的结构图形和运动机构,教师可以制作或在网上下载一些运动机构,如铰链四杆机构、凸轮机构、链传动机构和齿轮传动机构等,通过这些机构的动画演示、机构模型演示等直观的教学手段,可以帮助学生加深对机构特性的理解。又如数控机床加工与实训课程中有关数控加工循环指令及插补原理的教学,如果用动画模拟其执行过程,不但教学过程得到简化,而且学生对知识和技能的掌握牢固程度可明显提高。

(3) 教学媒体和专业仿真软件的运用

中等职业教育不同于普通高中教育的主要特点在于它的职业性,要求学生具备较丰富的实践经验,但是由于客观条件的限制,目前很多职业学校的实践教学力量远远不够。机械工艺技术专业是涉及问题多且杂的学科，很多知识点如不能在实践动手操作中亲自观察和体验是很难理解的。如果学生没有实践实训动手经历，单凭教师讲解和简单的实例演示，就无法想象和体验理论与实践之间的内在联系，学习起来就觉得内容枯燥、深奥难懂。而在具体的实训中，教师又不得不面临一个共同的问题，即学生人数多，机床设备、实训设施不足，不能给学生更多的动手机会，难以调动学生的学习兴趣和动手积极性，而使大部分学生处于一种消极等待状态中。如数控加工技术实训若完全依赖数控机床进行实际操作训练，投入大、消耗多、成本高，许多学校没有这个能力。随着计算机多媒体技术的不断发展，数控加工仿真软件功能越来越强大，如许多学校都在使用的斯沃、宇龙数控仿真软件，教师可以根据客观的教学条件和教学对象，通过仿真系统模拟实际的数控加工过程，在计算机屏幕上显示刀具的加工路线和零件的最终加工轮廓。通过数控仿真系统创设虚拟环境，进行加工系统的实际操作，引导学生认真观察分析，培养发现问题和解决问题的能力，使虚拟设备与真实数控设备有机组合，让每个学生都有动手实践的机会，可以达到较好的教学效果。同时，教师也可以在繁重的教学活动中得到释放，集中精力帮助学生分析、解决实际问题，更好地提高教学效率。

总之，要按照现代化人才素质教育的要求审视当今中等职业学校专业教学实践，在教学理念和实践活动中必须对传统的专业教学理论有实质性突破，对专业课课堂教学中的一些弊端要有根本性的改革。传统的学科本位、知识本位的教学理念、教学方法远不能适应现代经济发展的需要。根据机械工艺技术行业的发展和对从业者的基本素质要求，明确机械工艺技术专业的培养目标，改革专业课程设置模式和教学方法既有必要性又有紧迫性。要通过教学改革，促使学生的知识、技能、素质有机结合，体现出时代特点和创新精神，突出职业特色和岗位特点，同时也促进“双师型”教师队伍的成长和壮大。中等职业学校必须适应社会发展的需要，积极进行职业教育思想、教育观念、人才培养目标、专业课程设置模式、专业教学方法等方面的改革，从学生生源实际出发，从学生的兴趣着手，改革课程设置结构，创新专业课课堂教学组织形式，以专业人才的全面素质提高为基础，以职业能力为本位，以求职就业为导向，培养具有较强综合职业能力和素质的复合型人才。

1.4 机械工艺技术专业教学方法

1.4.1 专业教学法的基本概念

1. 专业教学法的定义

所谓专业教学法，是教师为达到专业领域教学目的而组织和使用教学技术、教材、教具和教学媒体，以促成学生按照目标和内容的要求进行学习的方法。

现代意义的专业教学法可以说是为实现现代意义的专业教学目的而采用的在学习过程中师生之间的互动形式、现代教学内容的传递手段、教师引导学生学习的途径以及现代教学方式的总和。更多地侧重于“学的方法”，而不是仅仅强调“教的方法”。因此，现代专业教学方法主要是指以下几方面：

1）为了达到现代专业教学目的而采用的师生之间的活动形式；

2）传递现代专业教学内容的手段；

3）教师引导学生学习的途径；

4）现代专业教学工作方式的总和。

2. 专业教学法的内涵

教学方法包括教师教的方法（教授法）和学生学的方法（学习方法）两大方面，是教授方法与学习方法的统一。教授法必须依据学习法，否则便会因缺乏针对性和可行性而不能有效地达到预期的目的。但由于教师在教学过程中处于主导地位，所以在教法与学法中，教法处于主导地位。

毋庸置疑，专业教学法须植根于专业领域之中。专业教学法既要具备专业领域知识，又要具备职业教育知识。因此，专业教学法要考虑专业领域与职业教育两个方面。它是联系专业领域与职业教育，特别是教学法与专业课程之间的桥梁。可以说，专业教学法的理论与实践注意力应指向专业教学的情境、目标和条件，它涉及那些既不能由教育学也不能由专业领域单独解决的新问题，涵盖与专业教学有关的所有问题。专业教学法的研究需要专业领域方面的专家和职业教育专家合作：职业教育专家要重视职业教育对象的特殊性，专业领域专家在教学过程中不仅要考虑所传授的知识，还要在设置教学目标时考虑学生自身的能力。

专业教学法的基本出发点在于：

1）专业教学法要服务于专业教学目的和教学任务的要求。

2）专业教学法是师生双方共同完成教学活动内容的手段。

3）专业教学法是专业教学活动中师生双方行为的体系。

因此，专业教学法的内在本质特点：

1）专业教学法体现了专业教育和教学的价值观念，它指向实现专业的教学目标要求。

2）专业教学法会受到专业的教学内容的制约。

3）专业教学法会受到具体的专业教学组织形式的影响和制约。

3. 专业教学法的任务

1）确定应当掌握的专业技术学科所必需的知识、思维方式、方法以及教学目的；

2）掌握专业教学内容、教学方法、教学组织等模型，达到最好的学习目的；

3）不断地对专业教学计划进行评价，检查其是否符合最新的专业领域研究成果以及技术和职业的发展，删除旧的教学内容、教学方法和教学技术，增添新的教学内容、教学方法和教学技术；

4）加深对理论与实践的认识，不断开发跨专业的学习领域；

5）开发与工作过程相关的学习工作任务，把工作岗位及工作过程转换为学习环境及学习领域等。

4. 专业教学法的分类

专业教学是一个融合了最高教学要素复合度的系统工程，教学的目标、内容、方法、媒体是相辅相成、交互作用的。从广义的角度上看，专业教学法可大致归纳为以下两大类：

一是传统的以教为主的教学法：传统讲授；讨论式讲授；讨论、研讨；小组工作；独立工作等。

二是现代的以学为主的教学法：主要是行动导向的教学法，包括项目教学法、实验教学法、模拟教学法、计划演示教学法、角色扮演教学法、案例分析教学法、引导文教学法、张贴板教学法、头脑风暴教学法等。

5. 专业教学法的运用

科学、合理地选择和有效地运用专业教学方法，要求教师能够在现代教学理论的指导下，熟练地把握各类专业教学方法的特性，能够综合地考虑各种专业教学方法的各种要素，合理地选择适宜的专业教学方法并能进行优化组合。

（1）选择专业教学方法的基本依据

选择专业教学方法的基本依据主要有以下几个方面：

一是依据专业教学目标来选择专业教学方法。不同领域或不同层次的专业教学目标的有效达成，需要借助于相应的专业教学方法和技术。教师可依据具体的可操作性目标来选择和确定具体的专业教学方法。

二是依据教学内容特点来选择教学方法。不同专业领域的知识内容与学习要求不同；不同阶段、不同单元、不同课时的内容与要求也不一致，这些都要求专业教学方法的选择具有多样性和灵活性的特点。

三是根据职教学生实际特点来选择专业教学方法。职教学生的实际特点直接制约着教师对专业教学方法的选择，这就要求教师能够科学而准确地研究分析职教学生的上述特点，有针对性地选择和运用相应的专业教学方法。

四是依据教师的自身素质来选择教学方法。任何一种专业教学方法，只有适应了教师的素养条件，并能为教师充分理解和把握，才有可能在实际教学活动中有效地发挥其功能和作用。因此，教师在选择专业教学方法时，还应当根据自己的实际优势，扬长避短，选择与自己最相适应的专业教学方法。

五是依据专业教学环境条件来选择教学方法。教师在选择专业教学方法时，要在时间条件允许的情况下，应能最大限度地运用和发挥专业教学环境条件的功能与作用。

（2）专业教学方法的运用

教师选择专业教学方法的目的，是要在实际的专业教学活动中进行有效的运用。首先，教师应当根据具体专业教学的实际，对所选择的专业教学方法进行优化组合和综合运用。其次，无论选择或采用哪种专业教学方法，都要以启发式教学思想作为运用各种专业教学方法的指导思想。另外，教师在运用各种专业教学方法的过程中，还必须充分关注职教学生的参与性。

1.4.2　专业教学技术

专业教学通常以课堂教学的形式来呈现。这里所说的课堂并不局限于教室，是一个广义的概念。现代的课堂教学不同于传统的课堂教学，在进行信息的准备和构建的同时，必须营造有利于学习的环境，其主导思想与传统的学习相比有较大的差异。现代的课堂教学中，学习的目的在于能力的发展和反思性行动能力的获得；学习环境是“自然的”，符合体验式学习的要求，工作与有目的的学习相关联；学习内容或知识不是封闭的，与个体和社会的关系紧密相关；从复杂的学习情境中建构知识，获取经验性知识并与理论知识结合；在开发的、可变的行动情境中学习和应用知识；学习者在很大程度上独立地组织、控制工作过程或学习过程；教师是咨询者、学习过程的组织者，营造条件，引导着思想和学习的过程。

课堂组织是一种社会组织形式，如图1.5所示。在制订课堂教学计划时必须考虑以下五个方面的因素：

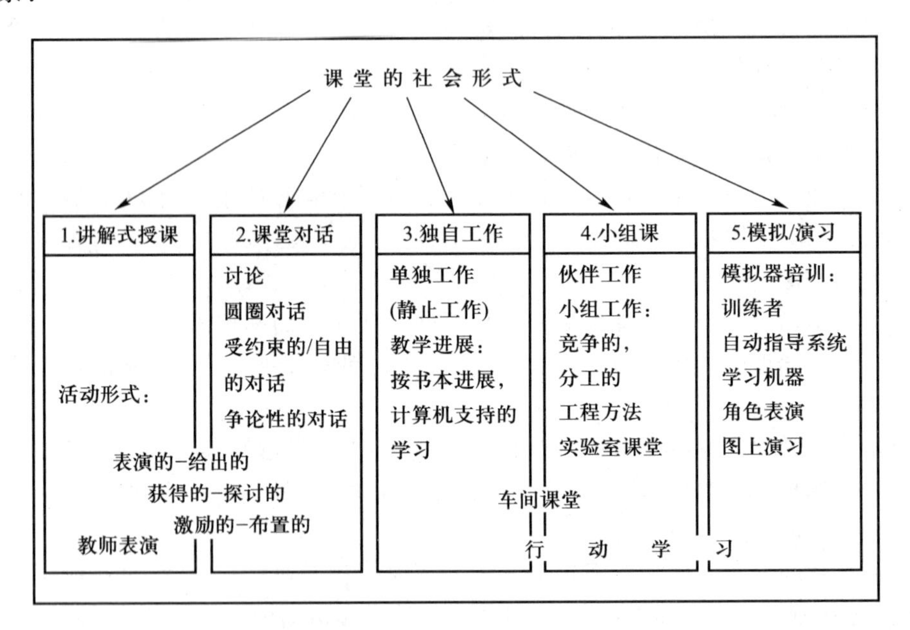

图1.5　课堂的社会形式

1）学习前提。学习小组的组建，学习条件分析。

2）教学论成分。问题分析，教学论分析，教学论归结，黑箱级别。

3）学习目标/行为目标。行为改变，条件，评价尺度。

4）方法。课堂形式，引导风格，交流，激发，黑箱方法，模型，模拟，因果链，媒介（实验）。

5）评价。结果保障，成绩检验，测试。

1. 行动导向的专业教学

行动导向的专业教学是根据完成某一职业工作活动所需要的行动、行动产生与维持所需要的环境条件以及从业者的内在调节机制，来设计、实施和评价职业教育的教学活动，而学科知识的系统性和完整性不再是判断职业教育教学是否有效、适当的标准。

行动导向教学的目的在于促进学习者职业能力的发展，其核心在于把行动过程与学习过程相统一。它倡导通过行动来学习和为了行动而学习，是由师生共同确定的行动产品来引导教学组织过程，学生通过主动和全面的学习，达到脑力劳动和体力劳动的统一。它通过有目的、系统化地组织学习者在实际或模拟的专业环境中参与设计、实施、检查和评价职业活动的过程，通过学习者发现、探讨和解决职业活动中出现的问题，体验并反思学习行动的过程，最终获得完成相关职业活动所需要的知识和能力。其中既包括面向职业学校的理论取向的专业理论知识学习，又包括面向企业或跨企业教育机构的实践取向的职业行动能力的培养。因此，行动导向的教学一般采用跨学科的综合课程模式，不强调知识的学科系统性，而重视“案例”和“解决实际问题”以及学生自我管理式学习。

（1）行动导向的概念

行动是学习的出发点、发生地和归属目标，学习是连接现有行动能力状态和目标行动能力状态之间的过程。除了重复进行的简单工作活动之外，职业性的行动都能够为从业者提供学习的机会，而且促进职业发展的学习机会也存在于职业活动的过程之中。行动导向学习是20世纪80年代以来职业教育教学论中出现的一种新的思潮。行动导向学习与认知学习有着紧密的联系，都是探讨认知结构与个体活动间的关系。但行动导向的学习强调以人为本，认为人是主动、不断优化和自我负责的，能在实现既定目标过程中进行批判性的自我反馈，学习不再是外部控制而是一个自我控制的过程。在现代职业教育中，行动导向学习的目标是获得职业能力，包括在工作中非常重要的能力。

行动导向学习的特点：第一，教学内容与职业实践或日常生活有关，教学主题往往就是在工作过程中经常遇到的问题，甚至是一个实际的任务委托，便于实现跨学科的学习；第二，关注学习者的兴趣和经验，强调合作和交流；第三，学习者自行组织学习过程，学习多以小组进行，充分发挥学习者的创造性思维空间和实践空间；第四，交替使用多种教学方法，最常用的有模拟教学法、案例教学法、项目教学法和角色扮演法等；第五，教师从知识传授者的角色转为学习过程的组织者、咨询者和指导者。

由于行动导向的学习对提高人的全面素质和综合职业能力起着十分重要的作用，所以日益被世界各国职业教育界的专家所推崇。

（2）行动导向的教学组织

行动导向的教学组织既丰富多彩又有章可循：其根本目的是促进学生职业行动能力的发展；其设计原则是以学生为中心，以学生的兴趣为教学组织的起点并要求学生自始至终参与教学全过程；其参照标准是以实际工作过程为依据。在教学组织方面，学生、教师与学习（工作）环境间呈现新型的“三角双向”的教学模式，即在学生与教师之间、学习（工作）环境与学生及教师之间构建的一个良性互动的关系，以保证预期教学目标的实现。

常见的行动导向的教学组织形式有交际教学、建构主义的学习、问题导向的学习以及项目教学，如图1.6所示。

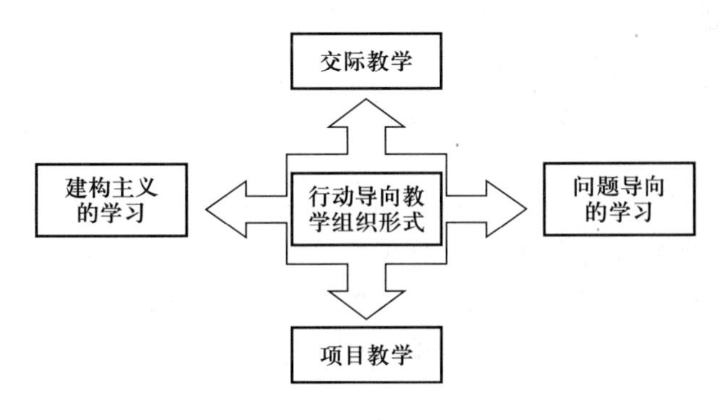

图1.6 行动导向的教学组织形式

1）交际教学。交际教学是通过对于教学过程中涉及人类交往范畴的各种干扰因素中所包含的潜在信息的分析，并把这些信息进行解码后将其纳入教学准备之中。交际教学法旨在通过促进师生互动和构建以学生为导向的教学活动,达到实现全面性和整体化的学习,满足教与学两方面的要求。

2）建构主义的学习。建构主义的学习是将学习的目的定位在一个重复发生的过程中,主体对来自被感知物体的经验真相进行建构。这不仅对教学活动中的师生关系而且也对学习内容的确定性产生了重要的影响。其中,学生的学习活动经历了一个建构—重构—解构的循环过程。

首先,学生对于新的学习内容的理解及其应用是通过对某认知对象进行自主和自觉的建构,并将其整合到自身原有的知识结构中。这里,教师的主要责任在于与学生共同创设一个适宜的环境以帮助他们实现自主的建构。其次,知识重构的过程重在学生个人的发现,重在通过自由行动和自主的决定,把重构的知识和原有知识结构相联系。在这个环节中,教师的作用是把专业知识转化为便于学生建构的可能形式。最后,知识的解构过程则是学生在与他人交流的过程中,从另外的视角对所获得的认知结构进行新的建构和重构。

在整个建构性学习过程中,行动自由和自我决定是学生建构性地学习知识的前提条件,而师生关系也由教师主导转变为师生间持续不断的协商与研讨。

3）问题导向的学习。问题导向的学习是指在学习过程中,学生通过发现问题和设计解决问题的方案,从而获得实际的应用能力和相应的知识。其目的首先在于培养学生的方法能力。它主要包括如下学习步骤:① 遭遇困难情境;② 分析困难所在;③ 把困难表述成有待解决的问题;④ 提出可能的解决方案;⑤ 着手解决问题,发现并表述解决方案的有待改进之处;⑥ 总结解决方案;⑦ 评价解决方案。

问题导向的学习鼓励学生的探索和发现。在学习过程中教师并不提出解决问题的方案或途径,只是负责掌握学习的阶段性进度,并在学生遭遇动机问题时给予鼓励和指导。

4）项目教学。项目教学是指师生以团队的形式共同实施一个完整的项目工作而进行的教学活动。行动导向教学的所有要求几乎都能在项目教学法中得到满足,其中,项目以工作任务的形式出现。通过工作任务的完成,能得到一个具体的、具有实际应用价值的产品。一般分为五个教学阶段:确定项目任务、制订计划、实施计划、检查和评估、归纳或成果应用。

(3) 行动导向的教学方法

行动导向教学作为一种肩负着承前启后使命的教学范式,它既是对传统教学范式进行的大胆扬弃,又为紧随其后出现的过程导向教学范式奠基铺路。

1）七阶段协作-反思教学法

这种形式的教学活动主要是针对职业性继续教育,特别是职业教育师资的培养和培训的需求设计的,也可用于指导设计职业学校的课堂教学活动和企业或跨企业的教育培训活动。在教学过程中,学习者通过参加协商、决策、行动和检查的整个工作过程来学习和掌握新知识和新经验,同时提高解决问题的能力和交流协作的能力,并最终实现关键职业能力的培养目标。

该教学法由七个顺序进行的阶段组成:热身准备,现状分析,目标表述,寻找解决方案,选定解决方案,表述学习结果,回归现实。

在上述以解决实际问题为目标的行动导向的教学过程的每一阶段,都包含着四个核心情境:确定任务要求,实施小组工作,展示学习成果,反思学习过程。

小组工作和学习者(或小组)的反思行为是教学组织中的两个关键环节。其中,小组工作的成功与否取决于:小组成员是否积极投入,小组成员的贡献是否具有互补性,活动规则是否有效,对待异己意见能否换位思考。

学习者(或小组)的反思行为体现在对工作成果和学习—工作过程的检查中;自我检查并修订小组准备提交的解决问题的建议方案;在小组报告中除介绍工作成果外,还应准确、全面地说明小组成员所经历的过程;教师不仅负责学习进度的监控及提供咨询,必要时还要提供小组学习所需要的信息,帮助小组成员自我约束并对信息进行深入分析,以促进小组成员工作能力的形成。

2）引导文教学法

引导文教学法是指借助引导文,通过学习者对学习性工作过程的自行控制,引导学生独立进行学习性工作的教学方法。这里所说的引导文是为配合学生的自主学习而开发,常以引导问题的形式出现,指导学生独立完成学习性工作过程的提示性文字或声像材料。该教学法有助于学生关键能力的培养,是项目教学法中最常用的方法。

引导文教学法的实施包括以下六个步骤:

第一步,获取信息:学生通过项目工作任务书或图样了解任务要求,获得有关工作目标的整体印象并借助基于工作过程而设计的提示性问题与解答提要,理解学习性工作任务的要求、组成部分以及各部分之间的关联。

第二步,制订计划:学生对于整个工作过程进行设计,通过对于系列化的有关工作设计的提示性问题,确定具体工作步骤并形成工作计划,拟订检查、评价工作成果的标准。

第三步,做出决定:学生上交工作计划和成果评价标准,师生根据相应的提示按步骤召开专业性会谈,共同找出学生设计方案的缺陷以明确其知识的欠缺,并通过教学或附加学习项目进行补充。

第四步,实施计划:由学生独立开展工作活动,而教师只是在发现错误时才为学生提供适当的指导和帮助。

第五步,检查计划:检查计划实施的过程,即在工作任务完成后,学生依据先前拟订的评价标准,自行检查工作成果是否合格,并逐项填写检查单。

第六步,评价成果:学生把工作成果交给教师进行评估,师生共同讨论评价结果并提出不足及其改进建议。

运用引导文教学法,学生得以在引导问题的指引下开展自我开发和研究式学习,通过解决学习性工作过程中的问题来构建自己的知识体系。学生独立的学习与工作是引导教学过程中的一大亮点。该教学法使学生有机会从相关技术材料中独立获取信息,并经过个性化的思维过程对其进行加工,最终获得解决新问题的能力。同时,这种教学方法也很好地调动了学生的学习积极性。

3）基于完整工作过程的教学活动设计

基于完整工作过程的教学活动,是指按照顾客订单组织学生经历完整工作过程的职业教育教学活动。它将完成顾客的订单要求作为学生职业能力发展的目标,而学习活动也是在生产顾客所需产品的职业工作过程的基础上完成的。需要强调的是:这种教学活动不是通过校企在办学层面上的合作,而是强调依据企业完成订单的真实工作过程来设计教学活动。

在现代企业管理模式下，劳动者从简单重复的流水线作业中解放出来，获得了主导和设计工作过程的主体地位。这就要求现代企业的员工必须能够了解、掌握和监控完整的工作过程，具备完整的职业行动能力。同时，对于企业而言，顾客的订单就是企业生产的出发点，而对于顾客订单要求的满足就是企业生产的终结点。这意味着，员工能力的出发点和终结点就是合乎要求地完成顾客订单，而顾客要求的不断变化又自然成为推动员工职业能力发展的动力。

从完整行动角度出发，完成顾客订单的过程包括以下关键步骤：资讯，设计，决策，执行，控制，评价。而符合教学基本要求的订单又需要满足以下条件：一是顾客订单对于教育职业来说应具有代表性，尤其要与该职业教育的企业实习密切相关。二是顾客订单具有潜在的问题情境和适度的复杂性，包括职业行动的完整过程。三是完成订单所要求的职业能力必须符合学生能力发展的需要。四是企业的实训教师或技术力量能够提供必要的指导，企业管理机制保证订单式培养的顺利开展，不违反安全操作的规定。五是完成顾客订单有助于获得相应的《职业教育条例》所规定的职业能力，并能促进学校方针和教学计划所要求的素质能力的发展。

另外，还需要从学生现有能力水平和知识结构以及教育企业所具备的教学条件出发，以培养学生的综合行动能力为宗旨，对完成顾客订单的工作过程进行适当的处理，以便在工作活动的基础上从具体目标、内容构成、工作方法和使用的工具与材料这四个方面来设计教学活动。

2. 实验教学法

实验教学法是专业教学法的基础，尤其在职业教育范畴内，实验教学法承担着培养学生独立性和创新性的使命。同时，实验方法也是获取新知识、传授前人经验的重要手段。这里所说的实验教学是一个广义的概念，是指实践教学活动的总称。

（1）实验方法的定义

实验方法自古以来就有。人类最初的知识就是通过实验方法得到的，并在亲身实验过程中得到检验而形成所谓的“经验”，然后将这些知识和经验一脉相传下来。因此，可以说实验是人类与生俱来的能力，正如刚出生的婴儿，通过感官实践、活动协调、感觉优化，不断地在原本空白的大脑里刻录下对这个新奇世界的认识。

德国职业教育专家埃克尔（Eicker）和劳耐尔（Rauner），在广义上将“实验”定义为人类的一种日常行动：从“思维实验”到“尝试”，从“练习”到通过实验解决问题直至“构建”。如图1.7所示，实验的内涵通常包含了五个方面，它们之间构成了一个有机联系。

因此，实验是一种认识行动，也是一种尝试行动；是动作协调的优化，也是解决问题、开发以及创造设计；实验是人类感觉的优化。

近代科学的兴起是同实验方法的运用紧密相关的，实验方法的运用使得科学脱离了哲学的怀抱，摆脱只依靠思辨和猜测以及单纯观察的阶段，走上独立学问的道路，成为真正的自然认识。实验方法在中世纪后期便已萌芽，而其真正的确立则是文艺复兴时期发展的结果，并在近代由伽利略和培根加以完善。伽利略被称为“经验科学之父”，他在力学和天文学上做出了宝贵的开创性贡献，为牛顿的近代科学奠定了基础，被认为是实验方法论的创始人。

（2）实验教学法步骤

与传统教学理念不同，实验教学不是用实验的方法来证明一个已知的、并且存在的理论，或者用实验的手段来加深学生对某一个理论、公式的认识，而是指师生通过共同实施一个完整的

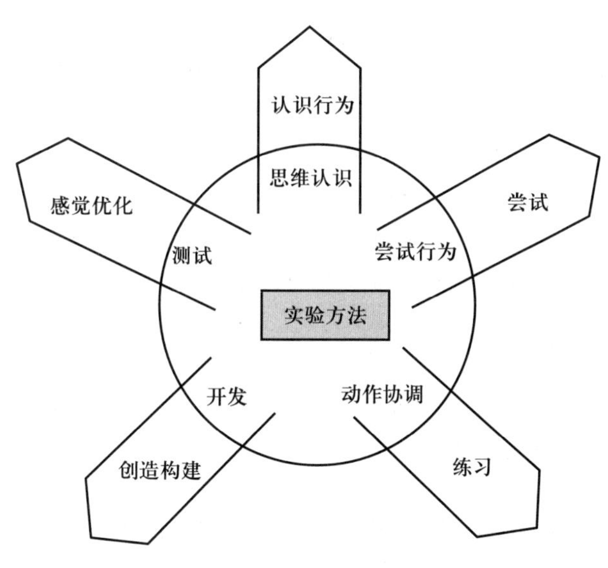

图 1.7 实验的内涵

"实验"工作而进行的教学行动,它体现了从教师为中心的线性传授向以学生为中心的网络化独立学习转变的教学思想。

实验教学法包含以下几个步骤:

1) 获取任务。教师和学生共同制订一个学习劳动任务。

2) 制订计划。学生进行问题分析;根据已知理论确定一个解决问题的模型;尝试着去确定一些不了解的、非确定的因素;做出基本假设;思考实现目标和解决方法;根据假设确定实验目标;确立采取实验的方法手段;计划实验过程;准备实验。

3) 实施计划。以小组合作形式进行试验。

4) 检查评价。用实验来检验原有的假设;分析试验数据、结果。

5) 结论。排除分析问题时的不确定因素;阐释理论。

以上实验教学的每一个步骤,主要由学生以小组工作的形式独立地完成,教师在整个过程中扮演监控和咨询的角色。

在职业教育中,实验教学的学习性工作任务,以生产一件具体的、具有实际应用价值的产品为目的,或者模拟一个实际的工作过程。因此,实验教学法不仅要培养学生分析问题、解决问题的能力,而且还要着重学生的个性培养。个性培养中蕴含着创造性培养。

在实验行动的不同阶段,需要学生具有创造性思维。即使实验失败了,在寻找错误的根源,如基本假设或实验误差等,也可获得启迪。因此,需要强调指出,实验不只是用来检验假设的正确与否,实验行动蕴含的实质在于,在一定条件下学生的实验行动,要以检验自己的假设为目标,综合应用已有的知识,通过工具、测试手段的运用,观察、判断、搜寻乃至阐释有关现象,从而培养能力。

如果仅仅采用实验的方法来证明一个已知并且存在的理论,那么每个学生事先都有了真理的标准,得到的实验结果可能是千篇一律、令人满意的,但却绕过了发现并解决问题的这个创造性思维的过程。所以说,实验教学的整个过程比单纯的实验结果重要得多。

（3）实验教学法的教学范围

按照“与实际的符合度”为指标，实验教学可以划分成为认知导向、运用导向、实验练习、客观实物和专业实践五个教学范围。认知导向的实验教学，是传统教学中用于加深掌握理论知识、重复且固定的典型的教学模式；运用导向的实验教学，是技术行业中培养学生行动能力的主要方法，需要预备的专业理论知识；实验练习不需要新的理论知识，只是对在运用导向的实验教学中获得的行动能力加以巩固，主要应用于企业型学徒培训中；在客观实物上的实验教学，是一种实际意义的实验学习，即“实践”；专业实践为职业行为中的一部分，广义上来说，人的职业行动也是一种实验。

创造性是在一定的时间和空间条件下产生的。在实验行动中必须创造性地克服存在的问题。因此，实验教学的第一步骤中制订学习性工作任务是至关重要的，它必须是一个开放的、含有未确定因素的、能够让学生充分发挥主观能动性的课题。

（4）实验教学中的教师角色

教师在整个实验过程中扮演着监控和咨询的角色，其责任在于设计一个合理、巧妙的实验项目——学习性工作任务，使得学生能够在操作中学到知识。在整个实验过程中，教师甚至很少说话或者进行指点，最后的实验评价也应由学生自己完成。

采用实验教学法的教学应当把握三点：一是教师进行合理的学习性工作任务的设计；二是学生分小组工作，应当尽可能独立完成；三是实验结束后，学生进行自我总结、自我评价、自我反思。

在实验教学法中，学生是教学的主体，虽然教师只是作为咨询者和组织者，但对教师的要求却大大提高了。因为教师再也无法照本宣科，而必须对不同学生给出的千差万别的答案加以评价；学生随时会发现并提出预料之外的问题，对教师的应变能力和知识掌握的范围也是一个考验。

还需要强调的是，实验教学方法是一个系统工程，应该贯穿于整个职业教育过程的始终，要通过一系列的学习性工作任务来实现培养目标。

（5）媒体应用

实验教学中媒体的应用是不可或缺的。一类是教学媒体，指在教育过程中承载和传递教育信息的媒体，可理解为按教学方法整理的技术材料。科学技术的高速发展，使得教学媒体的质和量都得到丰富和提高，教师可以使用的用于传递教育信息的手段越来越多，学生也能够通过更多媒体而获得更大范围的学习经验。例如，学生或教师可在教学过程中使用“柔性装配系统（FMS）”这一教学媒体。这不仅可以促进学生掌握重要的相关知识，而且还可以促使其学会实际操作。另一类是学习媒体，指被学生用于自身的学习目的，按照自己的个性需求来驾驭自己的学习过程，对知识进行相关处理并通过自己的主观意识来建构属于自己行动模式的技术材料。

教师在教学过程中使用教学媒体，目的在于向学生传递有用信息并使其更容易掌握相关知识。教师要通过教学媒体使学生成为学习小组的一部分。例如，在使用“柔性装配系统”这一教学媒体时，教师在学习小组里显示操控程序的变化及其结果，呈现出一种团队形式的学习，此时“柔性装配系统”是作为教学媒体来使用的。但当学生们独立通过设备对操纵程序的变化及其结果进行实验时，此时的“柔性装配系统”是作为学习媒体来使用的。这表明，在某些情况下教学媒介和学习媒介是可以互相转换的。

根据不同的分类原则，教学媒体有多种分类方法。按照教学媒体的发展演变和信息传播的方式,教学媒体可分为传统媒体、单向媒体和双向媒体。按照信息的传播距离,教学媒体可分为课堂教学媒体和远距离教学媒体。按照媒体的使用方式来区分,包括示范媒体和指令媒体。示范媒体指的是使抽象、复杂的教学内容变得直观、易于理解的媒体。而指令媒体作为工作和学习的手段,指的是学习过程中最重要的信息载体。按照媒体技术含量的多少,教学媒体又可分为技术媒体和非技术媒体。

技术媒体的替代品,如积木等某些教学教具的使用,可根据学习过程的框架条件来确定。对非技术媒体而言,信息特征及与其相关联的、抽象的、非现实的阐述处于重要地位。在学习程序软件、教学录像或 PC 仿真教学中,是根据教学论的规定对信息进行处理和加工的。作为软件的非技术媒体通常被描述为硬件的补充,实际上它比教学软件的意义要广泛得多。但是,并非所有的非技术媒体都能解决学习过程中的技术问题,所以其使用也受到限制。

媒体的使用也与情境有关。在特定的情况下,使用合适的媒介能发挥最佳作用。而在陌生的情况下,使用该媒体可能又存在问题。此外,还有教师使用媒体的感觉,例如他们有时会感到从市场上购买的媒体对教学过程并不合适;而学生自身的经验也对媒体的使用有选择导向作用,如果他们认为学习过程被媒体所束缚,这反而会妨碍学习。

教学媒体的作用是激起学习兴趣,提供信息,描述结构。这意味着,使用媒体的出发点不再只是改善信息传授,还应在精神运动、认知和情感领域里支持学习过程。随着计算机技术的快速发展,教学媒体的使用问题就变得越来越复杂。新的教学方法思想要求教师通过学习情境及其相关的任务与问题之间的联系,在学习过程中发展学生的能力,这一教学理念导致出现多层次的学习行动模式。因此,企图采用对一个小组中所有学生都适合的并被简化的教学媒体,以及设计比较容易解决的简单的实验任务,是与全面的能力发展不相符的。现代职业教育要求在学习过程中完成在教师指导下的学习性工作任务,这就需要包含必要信息而且可以用来交互讨论的专门学习辅助材料和支持学习过程的媒体。

职业教育过程中教学媒体的正确选择和运用,要建立在充分遵循教学原则的基础上,教师应做到了解与教学内容有关的教学媒体以及多种教学媒体组合的可能性,并对其系统地加以归纳和整理;了解各种教学媒体所能产生的有益效果;了解各种教学媒体的不同使用方式;选择使用教学媒体时要有清晰、明确的目的;掌握灵活使用教学媒体的原则;积极学习了解有关教学媒体的新信息。

3. 专业教学组织

专业教学是完成一个学习性工作任务,要遵循“完整的行动模式”。因此,专业教学组织也应符合这种模式。在专业教学中,理论教师和实验教师不再是一个提供所有信息、说明该做什么并解释一切的传授者,也不再是始终检查学生活动并进行评价的监督者。作为学生学习过程的咨询者和引导者,在专业教学中教师的组织行为如图 1.8 所示。

(1) 确定目标

学生必须独立实现一个给定的目标(根据学习性工作任务),或者独自提出一个学习性工作任务的目标,例如开发某种产品的个人版本,根据已有的材料改变给定的设计方案,提高装配技术或改进劳动工具,确定装配货物的时间等。教师规定活动的范围、使用的材料和完成的时间,并帮助学生或向其提供提示使其找到自己的目标(如果目标已经给定,教师就必须激励学生独立去实现目标)。

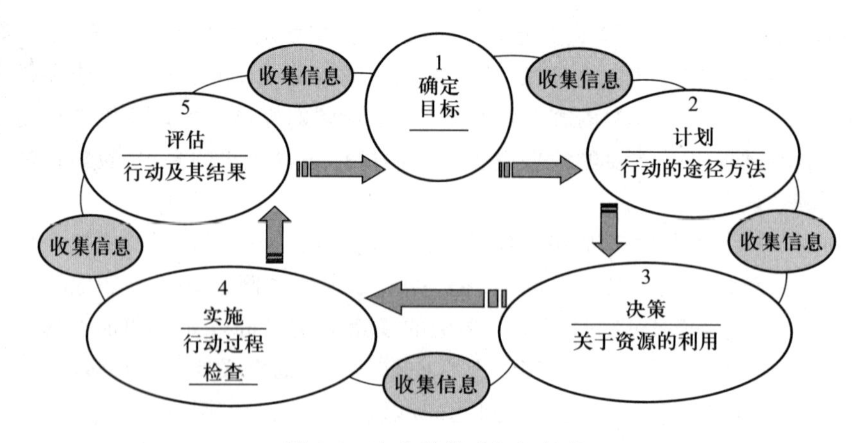

图1.8 专业教学中组织行为

(2) 计划

学生制订小组工作计划或制订独自工作的步骤,着手制作几个不同的计划方案;教师给出提示,并为他们提供信息来源;其他教师(例如基础学科)可在必要时进行授课,让学生获得相应的知识。

(3) 决策

学生在自己制订的几个计划方案中确定一个并告诉教师;教师对计划中的错误和不确切之处做出指导,并对计划的变更提出建议。

(4) 实施和检查

学生实施工作计划,并检查活动和结果,填写教师提供的检查监控表;其他教师(例如基础学科)为学生提供适合于实施和检查的信息。教师应在如下情况下予以干涉:使用机器有危险情况发生,学员未遵循健康和安全规章,产生结果偏差,或者不符合设定的目标。

(5) 评估

学生使用教师制订或与教师共同制订的评价表来初步评估完成任务的整个过程;教师复查这些评价表;学生同时做好准备,介绍自己的学习工作活动及其结果;此时教师也可以通过授课形式来做出最后的结论。

1) 专业教学中组织原则

在专业教学中,教师作为主持人和咨询者应遵循如下几个基本原则:

① 尽可能一直站在幕后;

② 不需要回答每一个问题;

③ 为学生独立的行动做出提示;

④ 激励学生寻找自己解决问题的途径;

⑤ 随时接受学生各种行动的方式;

⑥ 激发学生随时思考。

2) 专业教学中的主体与客体

专业教学活动的主体或称专业教学活动的物质载体,包括教师和学生两个要素。教师和学生这两个紧密联系的要素,在专业教学中的地位和作用又如何呢?对这个问题,总的来说存在两种观点:一是以教师为中心,即将教师作为专业教学的主体,学生被视为被动的客体。学生只有被动和反应的功能。因而,学习过程是一个黑箱,知识的传递是按照教师的控制和愿望自上而下进行的。二是以学生为中心,即将学生作为专业教学的主体,把学生从被动的反应中解放出来,具有了相当的主动性,能够与外界进行交流,可以根据自己的兴趣爱好、利用自己原有的认知结构,对外部刺激提供的信息进行主动地选择和加工,从而产生新的学习机会。

在行动导向——建构主义的学习环境下,教师和学生的地位和传统教学相比,发生了很大的变化。教学主要是学生的学习行动,学生是认知的主体,是学习行动的积极参与者,而不是被灌输的对象;教师从知识传授者的角色转为学习过程的咨询者、指导者和促进者。学生的学习不再是一个外部控制过程,而是一个自我控制的过程,如图 1.9 所示。

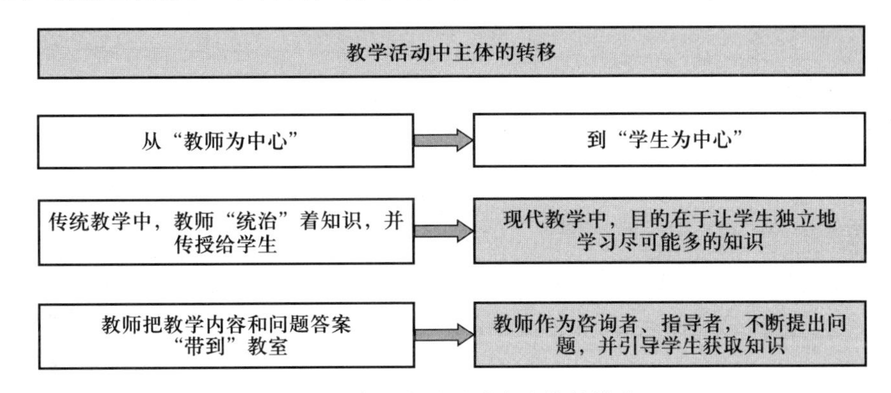

图 1.9 专业教学活动中主体的转移

以学生为中心的教学活动的特点如下:

① 教师作为学习过程的咨询者和引导者;

② 为学生选择合适的学习任务是教学的重点;

③ 教师帮助学生寻找适合自己的学习方法,进行自我控制和评价;

④ 教师为学生创造团组工作的机会。

复习思考题

1.1 你认为机械工艺技术专业的技术突出特征有哪些?

1.2 请分析机械工艺技术专业的生源结构、教学内容、就业情况的现状和发展趋势等。

1.3 请集体交流所接触的机械工艺技术专业学生的心理、行为习惯、学习兴趣等。

1.4 你认为目前的机械工艺技术专业培养目标是否符合本地区的劳动力市场实际。

1.5 你认为整个机械工艺技术专业课程体系构架与专业培养目标是否相适应。

1.6 你认为机械工艺技术专业的学习领域如何划分更为合理和科学。

1.7 你觉得专业教材建设的方向应该如何把握。在你所学习的课程中哪本教材更为实用?它的特征表现在哪些方面?

1.8 你认为什么样的课堂教学组织形式能更好地提高学生的学习兴趣和教学效率。

1.9 常用的教学媒体有哪些? 请分析它们各自的功能和应用特点。

1.10　如何利用现有的教学媒体来服务于教学活动？如何评价教学媒体服务教学活动的效果？

1.11　针对现实条件合理创设教学环境有哪些措施和方法？这些措施和方法对改进教学质量有什么作用？

1.12　什么是专业教学法？了解和掌握专业教学法有什么意义和作用？

1.13　有哪些专业教学方法和技术？各自有什么特点？

1.14　行动导向的教学对专业教学有什么意义和作用？

1.15　如何转变专业教学活动中以教师为中心的传统教学观念？

第2章　基于引导文教学法的机械设计基础课程教学

2.1　课程的地位与作用

2.1.1　课程特点

1. 机械设计基础的概念

机械设计基础是研究机械的工作状态、工作原理、机械构成原理、机械零件功用和机械零件结构及工作可靠度的工程技术科学。机械设计基础由实践和理论两部分组成。机械设计基础实践是人们掌握机械设计知识，形成工程技术能力的重要环节，是进行机械工程实践的基本技术能力。机械设计基础理论则是人们对机械与机械设计最基本、最普遍规律的认识与概括。

2. 机械设计基础课程在课程体系中的作用

机械设计基础是培养学生工程素质及综合素质的重要技术基础课程，是机械类专业教学计划中的主干课程。在基础课与专业课之间起到承上启下的重要作用，以培养学生的综合能力、创新能力以及工程实践能力作为课程的讲授目标，该目标与高等教育担负的高级人才培养任务相辅相成。

3. 机械设计基础课程的特点

机械设计基础课程是一门机械工艺技术专业学生必修的技术基础课，本课程的目的在于培养学生掌握机械设计的基本知识、基本理论和基本方法；培养学生具备机械设计中的一般通用零部件设计方法的能力，为后继专业课程学习和今后从事设计工作打下坚实的基础。该课程的特点主要体现在以下几个方面：

1）课程内容繁多、面广。该课程主要涉及齿轮传动、蜗杆传动、带传动、链传动，轴及轴系零部件，联轴器、离合器和制动器，连接，弹簧，机械零部件的密封与润滑以及零部件的强度校核等知识点，内容多且互不交叉。

2）课程中的经验数据、公式、系数等均来源于科学实验，理论推导的公式极少。比如，机械零件设计中常用的强度准则、载荷系数、应力与极限应力、疲劳极限（塑性材料、脆性材料），又如齿轮传动中的设计准则、载荷计算、齿面接触疲劳强度、齿根弯曲疲劳强度以及带传动中的主要失效形式和计算准则等，均来源于大量的科学实验并经数据分析处理后得到的。因此，机械设计基础课程中的经验数据、公式、系数等不需要重新验证，只需要查找采用即可。

3）机械设计基础课程具有很强的实践性，与工程实际和日常生活紧密联系。课程内容始终坚持理论与实践紧密结合，生产与生活实践是挖掘机械设计问题的不尽源泉。

4）机械设计基础课程是一门利用理论力学、材料力学、金属工艺、金属材料、机械制图、机械制造等各方面的知识来解决工程设计问题的、综合性很强的课程。

5）机械设计具有很强的设计性与创新性，是一个循环往复的过程。

2.1.2　在专业培养体系中的地位和作用

1. 在专业培养体系中的地位

随着机械化生产规模的日益扩大，除机械制造部门外，在动力、采矿、冶金、石油、化工、轻纺、食品等许多生产部门工作的工程技术人员，都会经常接触各种类型的通用机械和专用机械，他们必须对机械具备一定的基础知识。因此，通过对机械设计基础课程的学习和课程设计实践，使学生在设计一般机械传动装置或其他简单的机械方面得到初步训练，可使学生初步具备运用手册设计简单机械传动装置的能力，为学生进一步学习专业课程和今后从事机械设计工作打下基础。因此，本课程在机械工艺技术专业教学计划中具有承前启后的重要作用，是一门主干课程。

机械设计基础课程将为本专业的学生学习专业机械设备课程提供必要的理论基础。它将使从事工艺、运行、管理的技术人员，在了解机械的传动原理、选购设备、设备的正确使用和维护、设备的故障分析等方面获得必要的基本知识。

机械设计是多学科理论和实际知识的综合运用。本课程的主要先修课程有机械制图、工程材料及机械制造基础、金工实习、理论力学和材料力学等。

为此，机械设计基础是本专业的一门职业基础课，"机械设计基础"在专业课程设置中起着承上启下作用的重要一环，承担了本专业的职业基础能力培养的任务，为今后学生从事本专业的设备操作、设备改造、一般性的机械设计等方面的工作提供一定的基础。此课程教学质量的好坏直接影响学生后续课程的学习、毕业设计及毕业后学生从事工作的能力。

2. 在专业培养体系中的作用

机械设计基础课程将培养学生的机械部件的初步设计能力。

1）初步树立正确的设计思想。

2）掌握常用机构和通用机械零部件的设计或选用理论与方法，了解机械设计的一般规律，具有设计机械系统方案、机械传动装置和简单机械的能力。

3）具有计算能力、绘图能力和运用标准、规范、手册、图册及查阅有关技术资料的能力。

4）掌握本课程实验的基本知识，获得实验技能的基本训练。

5）对机械设计的新发展有所了解。

2.1.3　在工程实践中的地位和作用

设计是人类改造自然的基本活动之一，是一个复杂的思维过程。设计过程蕴涵着创新和发明。设计的目的是将预定的目标，经过一系列规划与分析决策，产生一定的信息（如文字、数据、图形等）而形成设计，并通过制造使设计成为产品，造福人类。机械设计的最终目的是为市场提供优质高效、价廉物美的机械产品，在市场竞争中取得优势、赢得用户，并取得较好的经济效益。

机械设计基础课程研究机械设计中的共性问题，是机械设计工作的技术基础，应用广泛。在工程技术人才培养中，以课程的实践教学来验证基本理论的正确性，可以验证工程技术的可行性；在实践中可以发现新的问题，提出解决问题的新方法。因而，新理论和新技术的实验技术和方案的制订、实施是每一个工程技术人员和科技工作者都应具备的基本能力。

机械设计的程序实际上是对专业理论基础课程所研究内容的系统应用。现有的设计类型有开发件设计、适应性设计和变型设计。① 开发件设计是在工作原理、结构等完全未知的情况下,应用成熟的科学技术或经过实验证明是可行的新技术,设计以往没有过的新型机械。这是一种完全创新的设计。② 适应性设计是在原理方案基本保持不变的前提下,对产品做局部的变更或设计一个新部件,使机械产品在质和量方面更能满足使用要求。③ 变型设计是在工作原理和功能结构都不变的情况下,变更现有产品的结构配置和尺寸,使之适应于更多的容量要求。这里的容量含义很广,如功率、转矩、加工对象的尺寸、传动比范围等。在机械产品设计中,开发性设计十分重要。即使是进行适应性设计和变型设计,也应在"创新"上下工夫。"创新"可以使开发性设计、适应性设计和变型设计别具风格,从而提高产品的工作性能。

为此,工程上进行机械设计时,首先将机构按照机械的工作原理要求组成机构;其次,分析各构件的运动情况及构件在外力作用下的平衡问题;再次,分析构件在外力作用下的承载能力问题,合理地选择材料、热处理,确定构件(零件)的形状、具体结构、几何尺寸、制造工艺;最后,绘制零件工作图,待加工。这样才能为使学生成为一名优秀的机械设计工程师奠定坚实的工程实际和理论基础。

2.2 课程学习分析

2.2.1 研究对象和内容

在日常生活、生产中可接触到许多机器,例如缝纫机、洗衣机、各种机床、汽车、拖拉机、起重机等。各种不同机器具有不同的形式、构造和用途,但它们具有下列共同特征:

1) 它们是多个运动单元的组合体,这些运动单元是由各种材料做成的制造单元装配而成的;

2) 各个运动单元之间具有确定的相对运动,机器可实现预期的机械运动;

3) 能完成有用功或转换能量。

尽管机器种类很多,但就其组成来说,它们都是由各种实物所组成的。例如图 2.1 所示的自行车,它是由链轮 1、链条 2、飞轮 3、后轮 4 和前轮 5 等组成。当人蹬链轮 1 作逆时针方向转动时,通过链条 2 带动飞轮 3 转动,飞轮 3 内的棘轮爪机构驱动后轮 4 转动,从而使得自行车沿地面向前运动。

又如图 2.2 所示的工业冲床,它由电动机 1、传动带 2、曲轴 3、滑块 4 和冲头 5 等组成。当电动机 1 启动后,通过传动带 2 带动曲轴 3 转动,曲轴 3 又通过滑块 4 带动冲头 5 作上下往复运动,靠上、下模具的配合,冲头便可以冲出所需要的零件。

由以上两个实例可以看出,机器具有下述三个特征:① 都是人为的实物组合;② 各实物间具有确定的相对运动;③ 能代替或减轻人类的劳动,去完成机械功或能量和信息的转换。一台机器不管其内部结构如何,其基本组成部分有三个:原动机部分、传动部分、执行部分。但随着机器的功能越来越多,对机器的精确度要求也就越来越高,还会不同程度地增加其他部分,例如控制系统、润滑系统和其他辅助系统等。

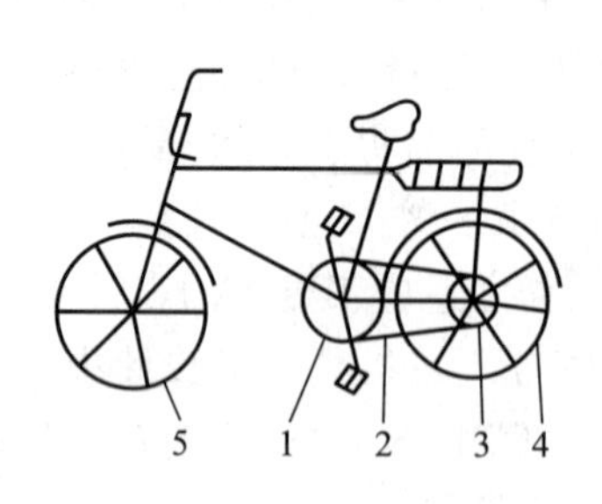

图2.1 自行车示意图
1—链轮;2—链条;3—飞轮;4—后轮;5—前轮

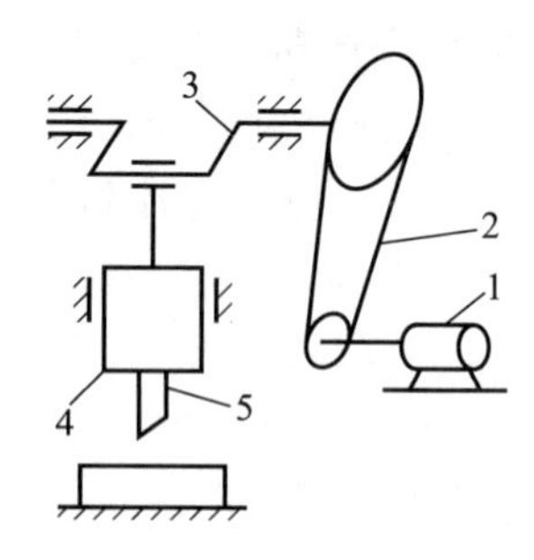

图2.2 冲床示意图
1—电动机;2—传动带;3—曲轴;4—滑块;5—冲头

与机器类似,机构也是人为的实物组合,但它不具备第三个特征,即不能够转换能量或减轻人类的劳动。工程上常见的机构有连杆机构、齿轮机构、凸轮机构、间歇运动机构等,它们都只能进行运动和动力的传递。如图2.3所示的单缸四冲程内燃机:由气缸1、活塞2、进气阀3、排气阀4、连杆5、曲柄6、凸轮7、顶杆8、大齿轮9、小齿轮10等组成。燃气推动活塞作往复移动,经连杆带动曲轴连续转动;大、小齿轮将曲轴转动传到凸轮转动;凸轮推动顶杆用来启闭进、排气阀。以上各零部件的协同工作将活塞的机械能转化为曲轴转动的机械能。由内燃机这一实例可看出机器的共同特性,同时也可看出,机器是由以下能实现预期运动的最基本的组合体组成的:活塞、连杆、曲轴、气缸体的组合可将活塞的往复运动转成曲轴的连续转动;凸轮、顶杆、气缸体的组合可将凸轮的连续转动变成顶杆的往复移动;而三个齿轮与气缸体组合后,可实现转动速度、转动方向的改变。这种能实现预期机械运动的运动单元组合体称为机构。机构中的运动单元体称为构件。

机器是由单个或多个机构组成的。机构只是一个构件系统,而机器除包括一个或多个构件系统外,还可包括电气、液压等其他装置。机构用于传递运动和力,其研究重点在结构、运动和力等方面;机器除可传递运动和力外,还具有变换或传递能量、物料和信息的功能,其研究重点是功能问题。机构和机器统称机械。

构件是运动单元体,零件则是单独加工制造的单元体。构件可以是单一的零件,也可以由多个零件刚性连接而成。图2.4所示的内燃机连杆就是由连杆体1,连杆盖2,轴瓦4、5,螺栓6,螺母7,衬套3等多个零件装配而成。

机械设计基础课程的研究内容是在简要介绍关于整台机器设计的基本知识的基础上,重点讨论机械组成的一些基本原理和规律、发展与创新;组成机械的一些常用机构、机械传动、通用零部件的工作原理、特点和应用、结构及其基本的设计计算方法;机械设计的一般原则和步骤等共性问题。

本课程具体包括平面机构的运动分析基础、平面连杆机构、凸轮机构、齿轮机构、轮系、其他常用机构、机械运转速度波动类型及其调节方法、回转件的平衡、连接、带传动、链传动、齿轮传动、蜗杆传动、轴、滑动轴承、滚动轴承、联轴器和离合器、弹簧及机械系统设计综述等内容。

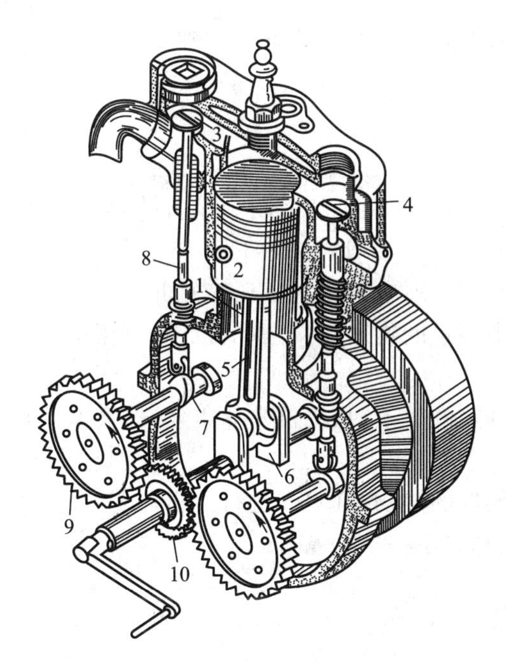

图 2.3 单缸内燃机

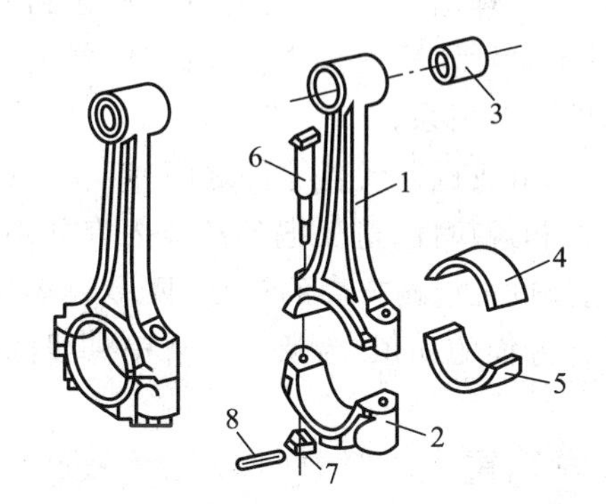

图 2.4 连杆简图

1—连杆体;2—连杆盖;3—衬套;4、5—轴瓦;6—螺栓;7—螺母;8—开口销

2.2.2 学习要求

1. 专业理论基础课程的基本内容

机械工艺技术专业的机械设计基础课程包含以下方面:

1) 机械的组成;

2) 机械设计的基本要求和一般程序;

3) 机械零件常见失效形式、计算准则和设计方法;

4) 机械制造中常用材料的性能及选用方法;

5) 机械零件的制造工艺性及标准化;

6) 机械设计的新发展;

7) 本课程的内容、性质和任务。

2. 机械设计基础课程的学习任务

1) 了解本课程研究的对象。通过学习专业理论基础课在人才培养过程中的地位与作用,理解并掌握专业理论基础课程在工程实践中的重要作用,为该专业培养人才的准确定位提供专业理论基础知识的保障。

2) 熟悉本课程的内容、性质、特点,与先修、后续课程的关系及相应的学习方法。

3) 掌握有关机械零件设计和计算的基本概念:通过学习,理解并掌握专业理论基础课程的基本工作原理、特点、应用及设计计算方法,能够借助手册、资料或计算机网络的帮助,进行各种机械的设计;同时,通过验证实验和创新训练培养学生的动手能力、工程设计能力和创新思维;初步掌握现代机械设计方法、设计流程，为机械类专业课程的学习打下良好的基础。

4）掌握机械制造中常用材料的性能及选用原则。

5）了解机械零件工艺性及标准化的意义。

3. 机械设计基础课程的学习方法

本课程需要综合应用许多先修课程的知识，如数学、机械制图、工程材料及机械制造基础、工程力学等，涉及的知识面较广，且偏重于应用。学习本课程的一般方法如下：

1）应重视理论联系实际，对日常所遇到的机器要结合所学理论进行观察分析；

2）对于设计计算的公式与数据，应着重了解其中各量的物理意义、取值范围、应用条件以及它们之间的相互关系；

3）了解组成机器的各零件之间相互联系、相互制约的关系，从机器整体出发，体会本课程内容的系统性和规律性，避免把各章节内容分割开来孤立地学习；

4）充分重视结构方面的设计，要多观察现有零部件的实物或图样，进行分析比较，提高和丰富结构设计方面的知识，为从事生产第一线的技术工作打下坚实的基础。

2.2.3　学习重点

机械工艺技术专业的机械设计基础课程是涉及机械传动、常用零部件在设计中共性问题的主干技术基础课，它在教学计划中起着承先启后的作用，为学生学习后续专业课程打下必要的基础，它不仅具有较强的理论性，同时具有较强的实践性和应用性，在培养本专业工程技术人才的全局中，具有增强学生的机械理论基础，提高学生对机械技术工作的适应性，培养其开发创新能力的作用。

以设计能力、创新能力、工程意识培养为教学目标的机械工艺技术专业理论基础课程，将着重讲述常用机构和零部件的工作原理和简单的设计方法、机构选型与强度计算、结构设计的原则、平面机构的自由度和速度分析、平面连杆机构、凸轮机构、齿轮机构及其设计、轮系及其设计、间歇运动机构、机械运转速度波动的调节、刚性回转件的平衡、机械零件设计概论、连接、齿轮传动、蜗杆传动、带传动和链传动、轴、滑动轴承、滚动轴承、联轴器和离合器。通过理论教学和实践环节的学习，使学习者掌握关于机构的结构分析、运动分析、受力分析和机器动力学方面的基本理论和基本知识，具有初步的分析和设计能力，特别是创新设计能力和培养创新意识；同时，通过本课程学习，学习者应能掌握通用机械零件的设计原理、方法，掌握典型机械零件的实验方法及技能；具有运用标准、规范、手册和查阅有关技术资料的能力，具有设计一般通用零部件和简单机械装置的能力，为后续专业课程学习和今后从事设计工作打下坚实的基础。

为此，本课程的学习重点内容如下：

1. 了解设计一个机器的流程步骤

1）你设计的机器要做什么；

2）你打算怎么实现它的功能；

3）选定一个实现功能的方案，使其结构化（确定它的尺寸和形状）并绘制出零件图、部件图和总装图；

4）编写技术文件（说明书等），了解疲劳强度是什么、怎么计算疲劳强度，了解摩擦、磨损和润滑。

2. 设计一台机器中各零部件的连接方式

1）螺纹连接　主要学习螺纹连接（一个螺纹）和螺栓组连接（好多个螺纹）的强度设计；

2）键、销连接　了解键、销的连接及铆接、焊接、胶接和过盈连接。

3. 设计一台机器的机械传动方式

1）带传动设计　学习普通V带传动的设计、V带轮设计；

2）链传动设计　了解滚子链的结构和材料，学习滚子链传动的设计；

3）齿轮传动设计　了解齿轮的失效形式、材料选择，学习直齿圆柱齿轮、锥齿轮、变位齿轮传动时的强度设计，了解齿轮的结构设计和润滑；

4）蜗杆传动设计　了解普通圆柱蜗杆和圆弧圆柱蜗杆承载能力的计算和传动的设计。

4. 轴系的零、部件设计

1）滑动轴承的选择　了解滑动轴承的主要结构形式、失效形式，常用材料、润滑剂的选用，不完全液体润滑和液体动力润滑径向滑动轴承的设计。

2）滚动轴承选型设计　了解滚动轴承的主要类型（类型、尺寸的选择）、轴承装置的设计。

3）联轴器、离合器选择与设计　了解联轴器的种类、特性、选择，了解安全联轴器、离合器及特殊功能和特殊结构的联轴器、离合器。

4）轴的结构设计。

5. 其他零部件设计与选择

① 了解弹簧的结构、设计；② 了解减速器、变速器设计过程。

2.2.4 学习难点

从机械设计基础课程内容结构及其所包含的知识点来分析，在该门课程专业理论基础部分学习过程中，应注意不同知识点的学习难度。具体内容如下：

1）平面机构中机构运动简图的绘制、机构自由度计算中虚约束的处理以及平面四杆机构最小传动角的分析等。

2）凸轮机构是在凸轮轮廓设计及分析中“反转法”原理的理解和运用。

3）间歇运动机构掌握棘轮机构、槽轮机构的组成、运动特点及应用。

4）带传动是V带传动的参数选择和设计计算中的弹性滑动的分析。

5）齿轮传动本章的内容较多。重点内容主要是渐开线齿廓的啮合特性、外啮合渐开线直齿圆柱齿轮传动的啮合原理和几何尺寸计算、齿轮的受力分析及强度计算公式的理解与应用。其难点内容是重合度的意义、斜齿轮的当量齿轮。

6）蜗杆传动本章的重点是蜗杆传动的基本参数及受力分析。

7）轮系的难点是周转轮系传动比的计算及复合轮系中基本轮系的划分。

8）滚动轴承部分的重点是滚动轴承的寿命计算方法及轴承的选择计算，其难点内容是角接触轴承轴向载荷计算。

9）轴及轴毂连接设计中的重点内容是轴的结构设计与强度计算；平键连接的选择及强度计

算方法。其难点内容是轴的结构设计。

10）螺纹连接部分的难点内容是螺纹连接的基本类型、结构特点，螺栓组连接设计时应注意的问题。

11）联轴器重点是联轴器的选用。

2.3　课程教学分析

正如在 §1.3 中论述的那样，机械工艺技术专业具有工种众多、实践性强、高投入与高消耗、安全、设备更新快等技术新特点，主要培养从事生产第一线的机械加工设备操作、工艺实施、产品质量检验、机床设备的调试与维护、保养等工作的，适应岗位变换能力强的毕业生。为此，在进行机械工艺技术专业的教学设计过程中，实施以文化基础知识为前提，以技术基础知识和专业知识为重心，加强实践环节教学，培养学生的理论基本知识和专业技能；通过该专业“干什么”“能干什么”“如何干”等环节教育，培养学生良好的学习精神和科学的学习方法，形成良好的职业情操。为此，从学情分析、教学目标、教学过程中的重难点、采用的主要教学手段等方面着手设计机械设计基础课程的教学过程，以期达到设计的教学目标。

2.3.1　教学过程分析

机械设计基础课程主要内容有两个方面：一方面是研究机械中常用机构的结构、工作原理、设计方法和应用场合等。常用机构包括平面连杆机构、凸轮机构、齿轮机构、其他常用机构等。另一方面是研究机械中常用零件的工作原理、结构特点和应用场合，并介绍有关标准和选用方法。常用零件包括：① 连接件，如螺栓、键、销等；② 传动件，如齿轮、带、链等；③ 支撑件，如轴、轴承等；④ 其他，如联轴器、离合器、制动器等。为此，机械设计基础课程由机械原理与机械零件两部分组成。

为此，在该课程的教学中应注重对课程的整体性把握，善于理论联系实际，努力掌握科学的思维方式，灵活运用各种研究方法，有效激发学生的创新思维等。这些将对学生的培养起到积极的作用。

（1）把握整体性，培养学生的探究能力

所谓整体性，是指研究过程必须把对象看作是一个整体，必须从全局的角度来考察对象。考虑整体性，不仅要关注该问题涉及的所有因素，还要根据各因素之间的关系，给定合理的操作顺序。故解决问题的关键是将过程合理划分为若干阶段，并排定各阶段的顺序。对机械设计基础课程的讲授就要充分考虑整体性，从完整的工业产品设计的角度介绍各章节内容的存在意义，使学生对课程有全面深刻的认识。如图 2.5 所示，该课程主要阐述的是工业产品设计的基础知识，各章内容对应划归到机构设计和机械零部件设计的范畴中，自然强化了章节之间的联系，便于学生全面掌握课程培养目标。

（2）强调系统性，培养学生的创新能力

所谓系统性，是由若干相互联系、相互作用的要素组成的具有特定结构与功能的有机整体。

系统论认为世界万物均是有着丰富层次的系统，且系统各要素之间存在着复杂的非线性关系，而系统科学以系统作为研究对象，着重从系统的整体、系统内部关系、系统与外部关系以及系统动态发展的角度研究其运动规律。毫无疑问，站在系统科学的角度考虑问题，既是一种科学的思维方式，也是一种科学的研究方法，对学生世界观和方法论的形成有重要的指导作用。机械设计基础课程中许多知识点都契合系统科学的思想，以双支点单向固定的轴系部件的设计为例，可以清楚明了地诠释其意义。如图 2.6 所示，在轴系部件设计中，轴的结构设计属核心内容，且与多个零件设计相互关联、彼此影响。故在设计过程中，须将其视为一个不确定的系统，用系统思维方式，进行全方位研究，综合考虑各影响的权重，才能设计出满意的方案。

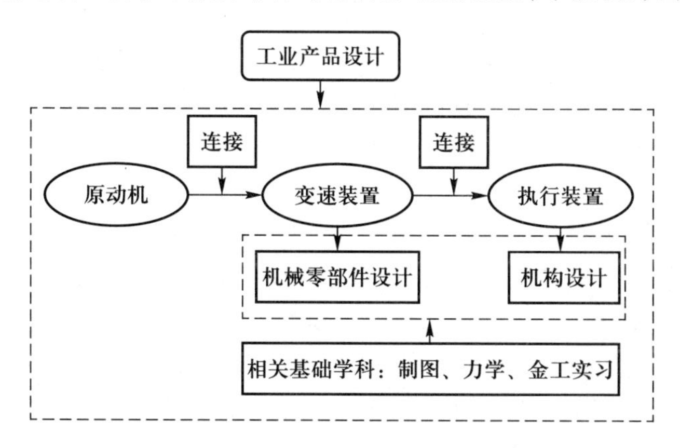

图 2.5 整体把握课程内容

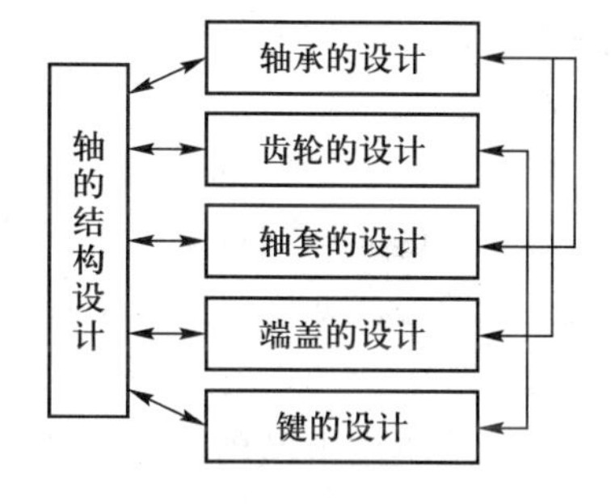

图 2.6 主要零件设计相关性的示意图

(3) 重视实践性，培养学生的实际动手能力

与理论科学以严谨性和逻辑性见长略有不同，技术科学以实践性和应用性为落脚点。实践是认识世界的一个重要的源头，只有学会在实践中运用知识，才能真正掌握好知识，最终在实践中创造知识、发展知识。而机械设计基础正是一门与实践紧密结合的课程，特别是在设计方案结构化的过程中，零件加工的工艺性、零件结构的合理性均与实践经验的积累息息相关。图 2.7 所示的设计中，不合理结构即是由于缺乏实践经验造成的。因此，该课程实践性的特点，对学生工程素质的培养极其重要，而工程素质是工科专业学生必备的科学素质之一。鉴于各院校实训中心的配置水平参差不齐，除去传统的实践能力培养方法外，教师应努力借助计算机技术的发展，通过三维软件实现零件实体模型生成、虚拟装配、运动仿真及干涉检查等模拟实验。一方面弥补实践环节不足的影响，另一方面积极引进先进的科学技术和方法，以加强对学生科学素质的培养。

(4) 立足综合性，培养学生的综合能力

高等教育的培养目标是具有综合能力和创新能力的高级人才。综合能力，即学生综合运用所学知识解决实际问题的能力。机械设计基础课程通常面向大三的学生开设，属于涉及机械制图、工程力学、工程材料、金属工艺学等多学科知识的综合性课程。该课程的特点使其拥有培养学生综合能力的得天独厚的条件。由于产品设计方案的产生及结构的具体化均需多学科的支撑，以图 2.8 简单示之。可见，机械设计基础课程借助小型产品设计的题目，能够训练学生对知识的融会贯通能力，从而提高其科学素质。

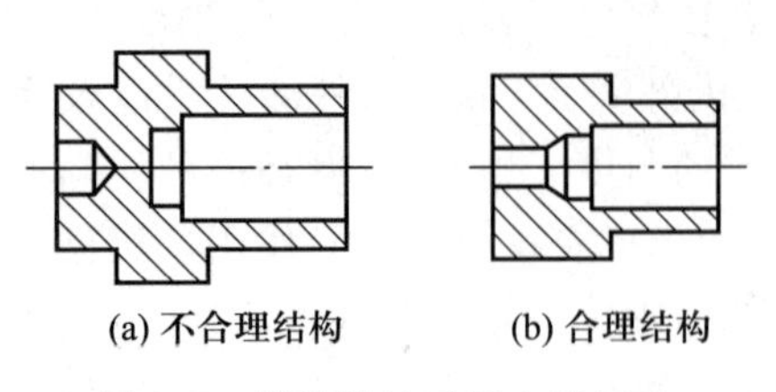

图2.7 结构设计需要实践经验

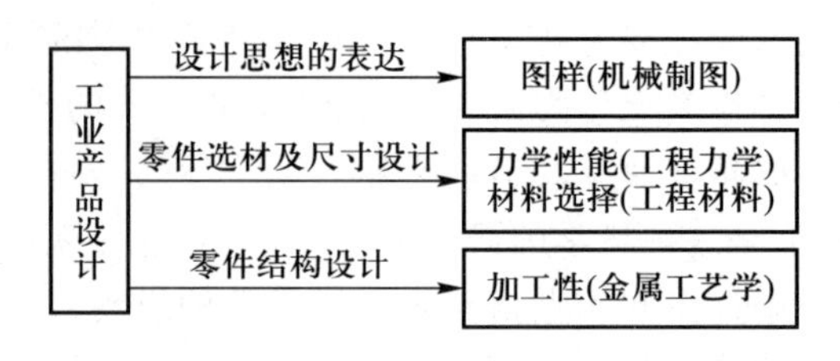

图2.8 机械设计基础的综合性

(5) 尊重客观性,培养学生踏实、勤奋的科学态度

客观公正、实事求是是认识世界、对待科学的基本态度,是获得正确科学知识的基础。众所周知,机械系统的传动方案千差万别,常见的有齿轮传动、轮系、带传动和链传动等。而不同传动方式均有各自的特点,需根据使用场合和要求进行灵活、合理的配置。因此,教学过程中,客观评价各传动方式的存在意义,对比着理解它们的功能和作用,才可达到传授的不仅仅是科学知识,还有科学态度和科学方法的目的。

(6) 落实创新性,培养学生的技能提升

教育理论强调在对学生进行基础知识和基本技能教育的同时,还要注重科学方法的教育,因为掌握科学方法要比单纯地掌握科学知识重要得多。当然这里的科学方法是指科学工作者进行研究的过程中所运用的程序或法则,而不是简单的解题方法。科学发展的历史证明,如果掌握了科学方法就能运用思辨的力量、修正、发展甚至创新科学理论。显而易见,落实创新性务必重视科学方法的教育。机械设计基础课程围绕工业产品方案设计的机构学部分,可以很好地训练学生的创新思维。例如机构运动的确定性判断及方案改进,不同杆组之间的排列组合而生成的各种机构,螺栓组连接的各种方案比较,与人机工程学相结合的创新设计等,均能充分发挥学生的主体作用,将创新能力的培养落到实处。

2.3.2 课程教学的能力目标

机械设计基础课程主要的培养目标是培养会分析机器、能设计简单机械装置、懂创新的高职人才。这门课程的学习为后续专业知识的学习及参与技术改造奠定了必要的基础。该课程对于培养学生的职业能力同样起到了较大的作用,所以要构建有利于职业能力培养的课程体系和教学模式,在课程教学中将职业能力的培养落到实处。职业能力分为专业能力、方法能力、社会能力。

专业能力是指与职业直接相关的专业知识、技能的掌握和应用能力,具有职业特殊性。方法能力是指具备从事职业活动所需要的工作方法和学习方法。社会能力是处理社会关系、理解奉献与冲突及与他人负责任地相处和相互理解的能力。方法能力和社会能力具有职业普遍性,不是某种职业所特有的能力,它能在不同职业之间广泛迁移,是学生未来职业生涯的可持续发展的关键因素。

以上三种能力,在具体的职业活动中,是交织在一起、无法分割的,因此在教学过程中,要把它们作为一个整体来培养,在课程的开发过程中不能机械地按照这三种能力去分割课程内容。在进行机械设计基础课程建设规划时,要注重将这三种能力渗透到课程体系、教学模式、考核评价等方面去,真正将职业能力的培养落到实处。

1. 构建利于专业能力培养的机械设计基础课程体系

在机械设计基础课程中，学生要能够分析通用设备，掌握常用机构、通用零件的工作原理、主要类型、特点及应用，掌握机械设计的一般方法和步骤，能够具备设计机械及传动装置的技能。按照能力本位的思想，突破以往学科体系的框架，以够用实用为度，以能力为本位，突出实践能力的培养，按企业对中职人才的具体要求确定该课程职业能力培养的目标。

首先在课程体系的构建上，注重以职业活动为导向、以能力为目标、以学生为主体、以素质为基础、以项目为载体，注重一体化教学思想的应用。在构建课程体系、实施教学活动过程中，要强化理论教学和实践教学的整合，强调理论知识对实践的指导意义，注重理论、技术和工程应用的有机统一，满足基本知识和技能训练的需要，避免在理论课方面求全责备、忽视实际应用的倾向，课程内容与就业需求相吻合，与就业岗位相匹配。所以在机械设计基础课程中，以案例分析、项目任务驱动来组织课程内容。

一方面，以包含多种机构的通用设备为案例，分析机器、机构的组成及各种机构的工作原理、特点、类型及选用，目前我们是以刨床、插床为案例进行分析。另一方面，以一种典型机械装置为项目，以机械装置的设计为任务驱动，完成机器中相关传动系统、零部件的设计及选择，目前我们仍然选择带式输送机的装运装置为项目，以减速器的设计为任务驱动，引出相关知识点及设计能力的培养。

课程组织采用理论与实践相互交叉进行的方式，大部分理论知识是结合实践进行，课程实践环节主要有机器认知、基本实验、综合实验、课程设计、市场调研等。通过这些实践环节的支撑，在知识应用的基础上，学生就能掌握本课程所需要的单项技能、综合技能，最终培养解决实际问题的综合能力。

2. 机械设计基础课程中的方法能力培养

古人说，“授人以鱼”不如“授人以渔”，说的是传授给人知识，不如传授给人学习知识的方法。这句话恰到好处地说明了方法能力在职业活动、学习活动中的重要性。方法能力是要让学生具备一定的工作方法、学习方法，以及分析与综合、逻辑与抽象思维、联想与创造、获取信息、解决问题的能力，是学生的基本发展能力。在机械设计基础课程的很多环节中，方法能力的培养对学生知识技能的掌握起到关键性的作用。

无论是在机器认知环节，还是实验、课程设计环节，首先预先布置学习任务，教师引导学生根据工作任务的要求，通过查阅资料与文献，获得与任务相关的信息，从而对下一次课有整体印象，明确下次课的学习目标，通过这种方式，培养学生获取新知识、再学习的能力。

接下来，要引导学生制订计划，确定方案，确定工作步骤。例如在机构拼装实验环节，学生除了能够按要求完成指定机构的组装以外，还要能够根据给定的机构运动规律要求、功能要求，创意组合出不同的机构。所以，学生就要在掌握基本知识技能的基础上，借助辅助信息，进行工作计划的制订，积极运用逻辑和抽象思维，充分发挥联想与创造，最后获得解决问题的方法。通过实践的开展，学生学习的主动性、积极性非常强，联想丰富，拼装的机构形式各异。再如在机械设计课程设计中，教师只是给定一个总体目标，要求根据工作要求设计一个传动装置，教师要不拘泥于形式，启发学生积极思维，拟订不同形式的传动方案。

对于学生制订的计划、方案，教师要以研讨的方式，分析方案的正确性，与学生共同找出存在的缺陷并引导学生明确改正的方向，最终使学生确定一种正确的方案并实施。这种方式可培养学生分析问题、解决问题的能力。

在工作任务完成后,还要让学生进一步评估实验、设计的结果,要能分析存在的不足并提出改进建议。这种方式可培养学生自我及对周围环境的评价能力。

3. 机械设计基础课程中社会能力的培养

作为生活在社会大集体中的一员,职业道德、社会责任感、团结协作能力、交流协商能力、环境意识、踏实做人等社会能力尤其被用人单位看重,这些能力可以在专业培养方案中通过人文素质课程得到一定的锻炼,通过具体的知识技能的学习来培养社会能力显得更为具体、直观,所以在机械设计基础的教学过程中要注重社会能力的培养。

从课堂的第一次课起,教师要通过认知机器教学环节,让学生了解我国机械发展简史以及人类所做出的贡献,激发学生的爱国热情,从而进一步激发学生的学习动力,有助于帮助学生树立正确的世界观和人生观,增强公民意识和社会责任感。

课程内容基本是以案例分析、项目任务驱动展开的,所以从第一个教学单元就将班级学生分成几个项目组,学生的每一次学习活动都是以小组形式进行的,通过小组成员之间的相互分工协作、制订计划、分步实施、评价与自我评价等,有利于团结协作能力、交流协商能力及相互宽容理解能力的培养。

同时,通过环境熏陶、言传身教的方式,培养学生良好的职业道德。在教学场所的布置上尽量与企业的职业活动环境相接近,在教学中教会学生遵守良好的职业规范。如实验实训前后,工具、仪器要摆放整齐,在工具仪器的使用过程中要求严格遵守操作规程,要使学生明确在实际的职业活动中可能会因为方法不当产生报废品,甚至会给企业带来很大的经济损失,以增强学生的责任心。在设计传动装置的过程中,不但要让学生掌握机械设计的方法,还要对所设计的产品负责,认真设计,减少返工,减小职业活动中产品的报废率等。

在教学过程中要严格作息时间,养成学生对学校、班级、同学及个人负责任的好习惯,严格遵守各项制度和纪律。

2.3.3 教学重点、难点

课程的主要任务是培养学生设计通用零件和机械传动装置的能力,掌握重要机械参数的测定以及运用标准、规范、手册、图册和查阅有关设计资料进行初步的工程设计的能力,培养学生分析问题、解决问题、动手实践和创新设计能力。机械设计基础作为机械专业一门重要的专业基础课,是学生由基础课转向专业课学习的重要桥梁和纽带,具有承前启后的重要作用,在人才培养中占有举足轻重的地位。

1. 学习要求

1)明确机械设计基础课程的研究对象及内容。

2)了解课程的性质、任务、特点和学习方法。

3)分别从运动、功能和制造方面了解机器的组成。

4)弄清机器和机构、构件和零件、通用零件和专用零件等概念。

2. 教学中的重点

教学中重点要讲授机器和机构、构件和零件、通用零件和专用零件等概念。

（1）学习指导

机械设计基础课程的研究对象、研究内容和课程性质如下。

① 研究对象：通用零（部）件。

② 研究内容：机械装置的实体设计，涉及零件材料与热处理方式的选择、受力及工作能力的分析计算和结构设计等内容，同时要考虑零件的工艺性、标准化、经济性和环境保护等要求。

③ 课程性质：机械类专业的设计性主干技术基础课。

（2）课程任务

树立正确的设计思想，突出创新意识和创新能力的培养；掌握通用零件的设计原理、方法和机械设计的一般规律，具有设计机械传动装置和简单机械的能力；具有运用标准、规范、手册、图册等有关技术资料的能力和应用计算机辅助设计的能力；掌握典型零件的实验方法，获得基本实验技能的训练；了解国家当前的有关技术经济政策，对机械设计的新发展有所了解。

（3）课程特点和学习方法

本课程研究对象和性质上的特点决定了内容本身的繁杂性，主要体现在"关系多、门类多、要求多、公式多、图形多、表格多"。学习时，应注意找出各零件间的某些共性，明确相应的设计规律，使"六多"为我所用。应把主要的精力放在零件的选材、工况和失效形式分析、设计参数的确定、受力及工作能力计算和结构设计上，而对公式的推导、曲线的来历、经验数据的取得等只做一般了解。

所以，本课程的学习重点、难点自然也是教学中的重点与难点。采用灵活多样的教学方法和教学手段提高学生的学习兴趣，激发学习的主动性和积极性，使他们在较短的时间内更好地掌握基本理论和基础知识，同时又具有一定的基本技能，是当前教师在课程教学过程中亟待解决的问题。

3. 教学方法的综合运用是教学中的难点变易的先决条件

（1）重视绪论课教学，激发学生学习兴趣

在绪论课中，需要阐述课程的重要性，重点是介绍本课程的研究内容，即机器中常用的机构和通用零部件的工作原理和设计方法。如果仅采用传统的挂图或教学模型，难以全面展现出机器和机构的特征。综合运用动画、视频、录像等现代教学手段，将具体的机械产品，如内燃机、缝纫机、起重机等的结构组成及运动过程清晰地展示给学生，在课程讲授之初即可激发学生对课程的学习兴趣，调动其积极性，后续学习的效果也将大大提高。

（2）认真备课，精心组织教学内容

机械设计基础课程具有内容多，零件类型多，公式、参数、图表多以及实践性强的特点，但课程学时数却在不断减少，这就要求教师必须认真备课，精炼教学内容，精心组织教学过程。教学内容并不是单纯地减少，而是要针对学科发展趋势，以人才培养目标和市场需求为导向，在满足课程基本教学要求的基础上恰当地精选和科学地组织教学内容，因材施教。教材各章内容看似相互独立，实则存在一定的联系，在讲授时可打破教材章节的先后次序，对教学内容合理调整，做到主次分明、逻辑严密，教学效果会更好。教师要认真备课，精心组织教学过程，重点考虑如何引出问题，怎样分析问题，如何解决问题，并得到什么结论，以问题吸引学生的注意力，注重培养学生理论联系实际并将理论知识用于解决实际问题的能力。

教师讲授时，既要做到胸有成竹、信心满满，也要注重语言简明扼要、生动活泼，语调抑扬顿挫、缓急有度,多引用生活中常见的事物或现象说明问题,同时还要恰如其分地使用肢体语言,活跃课堂气氛,这样学生自然就会觉得生动、形象、有趣,提高学习兴趣和效果。

(3) 采取启发式、互动式等教学方法,引导学生的学习兴趣与积极性

学生是教学过程的主体,教师起主导作用,传统的灌输式教学难以激发学生的主动性和积极性。启发式、互动式教学方法则能使师生之间由单向的传授关系转变为双向互动关系,教师通过设置启发性问题能够激发学生学习的积极性和主动性,变"要我学"为"我要学",从而提高学生分析和解决问题的能力,使学生的主体地位得以充分体现,真正实现教与学的互动。启发式、互动式教学方法要求教师在整个教学过程中要精心设计问题,如在讲解曲柄摇杆机构的死点特性时,可以先采用模型或动画演示,让学生有一定的感性认识,然后提问学生:踩踏缝纫机脚踏板时,为什么有时会踏死呢? 以此调动学生积极思考,找出问题的原因和本质。在讲解齿轮传动能将回转运动转变成直线运动时,可以提问其他传动形式是否也能够实现相同的传动功能。采用启发式、互动式教学方法,可拉近师生之间的距离,学生会觉得更加自然和亲切,心情更加愉悦,更容易理解和掌握课程教学内容。

(4) 合理运用多媒体辅助教学,加强学生对相关知识点的理解,增强学习主动性

多媒体教学以其信息量大、形象直观、交互性强,课堂教学轻松活泼、效率高等优点,而广泛应用于各类课程的教学过程中。多媒体教学已成为一种重要的现代教育手段,对于促进教学改革,提高教学质量具有重要作用。如在讲授平面连杆机构时,可通过多媒体课件和相关的动画,生动形象地演示杆长的变化、机架的改变与四杆机构类型的变化规律。又如在讲解机构运动简图的绘制时,通过形象逼真的动画,可将原本难以理解的机构运动状态与运动关系生动地展示出来,使学生更容易理解和接受。再如在介绍四杆机构的设计时,多媒体教学能将设计结果通过动态仿真演示所设计机构的运动情况,以验证所设计的结果是否满足设计要求,提高学生的学习兴趣。在介绍设计凸轮机构的轮廓曲线时,多媒体教学可以将设计的轮廓曲线展示成实际的凸轮机构,并演示机构的工作过程,帮助学生从理论向实践转变,不但提高学生理论联系实际的能力,而且增加学生的成就感。

采用多媒体手段进行教学时,多媒体课件作为教师与学生之间的重要信息传递载体,其质量直接影响教学效果。多媒体课件应能正确表达课程基本知识内容,突出重点和难点,具有一定的艺术性,但应避免过于花哨和凌乱,以免影响教学效果。图片素材应按照教学内容进行设计,并尽可能自己动手绘制;动画素材要使抽象复杂的问题变得形象、直观,演示效果较好。最重要的是要将多媒体教学与黑板板书有机地结合起来,教师在讲解的过程中,不能一直对着屏幕念教案,对重点和难点内容、重要的概念及公式等应用板书加以阐述和强调,同时多媒体课件应随着学科知识的发展适时增加新的内容,便于学生及时了解学科发展趋势。

(5) 做好归纳总结和合理对比,进一步调动学生对本门课程学习的兴趣

机械设计基础各章节内容比较独立,学生难以系统地理解和掌握。实践证明,对各章节内容进行简要的归纳总结,使学生对本章知识有一个宏观的理解和把握,能够大大提高学生的学习兴趣和学习效率,能够产生良好的教学效果,是一种十分有效的教学方法。如可将常见的机构归纳总结为:机构的基本组成—分类与联系—工作原理及运动规律—特点与应用场合—设计方法(图解法和解析法);而对于各种机械传动零部件,则可总结为:功能特点、类型、工作原理—失效形式—受力分析—设计准则—强度计算、结构设计等。通过归纳总结,一些原本看似凌乱无关的知

识内容变得富有逻辑和条理,不仅提高了课程内容的系统性和整体性,也有助于加深学生的理解。

机械设计基础课程每一章内容都有新的概念、公式等,而且公式繁多,学生在学习时容易产生厌倦和畏难情绪,难以有效地消化吸收,学习效果不佳。采用对比法进行教学,对照学生已熟悉的知识进行新知识的讲授,学生在学习新知识的同时,又复习巩固了已学过的知识,能够有效地帮助学生在学习过程中建立有机的知识体系。例如:在讲解蜗杆传动时,将新授知识与斜齿轮传动进行对比可发现,普通蜗杆传动可看做是斜齿轮传动—螺旋传动—蜗杆传动演变得到的,从而使学生理解斜齿轮传动与蜗杆传动的异同点,对蜗杆传动的结构参数、失效形式、选材原则有清晰的轮廓。教师进行讲解时,只需针对蜗杆传动的特点,重点讲清蜗杆传动设计应注意的事项即可,而无须过多地介绍设计公式。

(6) 改革实验教学内容,增强理论指导实践的能力

实验教学是课程体系的重要组成部分,机械设计基础课程具有很强的实践性,其实验教学既有助于学生深刻理解和掌握所学的理论教学内容,又有利于培养和提高学生的工程意识和实践能力。

传统的实验教学内容和设备比较陈旧,大多是演示性和验证性实验,学生基本是被动地做实验,缺乏积极性和主动性,对实验失去了兴趣。因此,必须积极改革实验教学方法,更新实验仪器设备,合理设计实验内容,对原有的实验项目重新优化组合,删除落后的、不合时宜的演示性和验证性实验项目,只保留一些必要的项目,同时针对人才培养目标设计一些综合性、创新性的实验项目,构建新的实验教学体系。新体系主要包括基础认知实验、验证性实验、综合性实验和创新设计性实验(表 2.1)。

表 2.1　机械设计基础实验层次与项目

实验层次	实验项目名称	实验方式
基础认知实验	① 机器组成与机构认知;② 机械零部件认知;③ 机械创新设计认知	必修
验证性实验	① 机构运动简图测绘;② 渐开线齿轮范成原理;③ 渐开线齿轮及其啮合参数测定;④ 刚性转子动平衡实验;⑤ 带传动实验;⑥ 机械传动效率测定	必修或选修
综合性实验	① 齿轮机构测试与设计;② 机械传动性能综合测试;③ 减速器拆装	必修或开放
创新设计性实验	① 平面机构任意组合设计与仿真;② 机械传动方案创新组合设计与分析;③ 轴系结构设计与仿真	必修或开放

除上述教学方法外,还有很多行之有效的教学方法。如在讲解齿轮范成法加工实验时,可以采用现场教学方法,带领学生到校内实习工厂参观齿轮的加工过程,现场解答学生的疑问,帮助学生更好地掌握这一知识点。此外,还应注重加强课程学习与工程实际的结合,多将工程实际问题作为例题进行讲解,重点讲授结构的设计及影响因素,对公式的应用简单介绍即可。开放实验室也是一种有效的方法,学生可根据实验条件及自身的兴趣爱好和知识水平,在教师指导下,自主设计实验项目,自行拟订实验方案,经指导教师审查通过后,自己选择实

验设备,搭建实验系统,完成实验操作,并进行总结。这样不但锻炼了学生的实际动手能力,而且还提高了学生分析问题、解决问题的能力,也有利于学生创新能力的培养。师生之间建立平等和谐的关系对提高教学质量具有重要意义,教师与学生之间是一种相互学习、相互启发、共同探索、共同进步的关系,建立两者之间新的、更富现代气息与人文精神的共处关系,才能真正实现教学相长。

2.4 基于引导文教学法的课程教学设计

2.4.1 引导文教学法的应用

在对传统的机械设计基础课程教学模式进行分析的基础上,应该结合专业发展的方向和趋势,并同当前实际工业生产、中职应用中的前沿知识相结合,提升专业课程教学的实践性。从企业用人的角度思考,要注意培养学生的设计能力。要从本课程在专业岗位群中的培养目标要求出发,精心设计教学任务,结合工作过程导向目标,充分发挥学生的自主学习和探究能力,把握学生的学习习惯和思维意识转变情况。工作导向任务的制订,要注意遵循由易到难的顺序,减轻因任务过重、过难而导致的学生学习兴趣下降。机械设计基础是一门融教、学、做为一体的课程,按照“行动导向”展开课程,让学生尽快进入职业角色,通过一个个工作过程,边练边学、边学边练,激发学生潜藏已久的学习兴趣,从实践中体验到学习的成功感,从而激发学习动机;同时,通过实践让学生深刻感受到理论学习的必要性,进而激发其理论学习的动机。在教学过程中以项目为主体,将相关的知识点融入项目的各个环节中,使学生掌握机械设计方面的应用技能。使学生具有项目整体意识,增强学生对实际问题的分析能力、解决机械工程难题的能力。

以能力为目标的项目与任务设计见表2.2。

2.4.2 教学方案

以教学大纲和实际应用为基准,以项目任务为教学单元,以学生为主体,以教师为主导,教与学、讲与练相结合,听、看、做、思、练五环相扣,知识体系完整,模块分明,项目契合知识模块,以实践项目为主的教学方法称为项目教学法。机械设计基础课程的教学项目与任务总体设计见表2.2。

在课程教学中,设计与教学目标、内容相适应的项目与任务是实施引导文教学法的关键和前提。所以在设计教学项目时,以岗位设置、人才需求为目标进行市场调研,以就业为导向,以能力为本位,通过行动导向分析课程结构,确定课程教学项目。并且项目的设计以必需、够用的基础理论知识为度,由浅及深、由易到难,循序渐进,适时将新技术、新工艺融入教学中,使学生在掌握基础知识中激发创新意识。再者根据课程教学内容和学校资源配置情况进行项目开发,设计了三个教学项目(表2.2)。项目一注重认知,项目二注重设计,项目三注重创新。

表 2.2 课程教学项目与任务总体设计

教学项目	项目任务	相关支撑知识	能力目标
项目 1:牛头刨床机械系统分析	1. 认识常用机构; 2. 牛头刨床中曲柄滑块机构运动简图的绘制与分析; 3. 牛头刨床中凸轮机构运动简图的绘制与分析	1. 平面机构运动简图的绘制; 2. 机构自由度的计算; 3. 平面连杆机构的类型、应用、基本特性及其设计; 4. 凸轮机构的应用、分类及设计	1. 机构运动分析能力; 2. 用运动简图表达机构的能力; 3. 查阅技术资料的能力; 4. 评估总结工作的能力; 5. 团队协作能力
项目 2:带式运输机传动装置设计	1. 认识各种减速器及常用机械零部件; 2. 测量减速器中齿轮的参数; 3. 计算轮系的传动比; 4. V 带传动的设计计算; 5. 各级齿轮传动的设计计算; 6. 减速器中轴的设计计算	1. 齿轮各部分名称和几何尺寸计算; 2. 齿轮传动分析、强度设计、结构、密封及润滑; 3. 轮系中定轴、周转及混合轮系传动比的计算; 4. 带传动的应用及设计; 5. 轴与轴承的合理选用及强度设计; 6. 键连接的应用及强度计算	1. 简单机械的基本设计能力; 2. 实际操作能力; 3. 查阅技术资料的能力; 4. 评估总结工作的能力; 5. 团队协作能力
项目 3:实训室机械创新设计	以生活中的机械为实例,进行机械设计创新	综合运用课程中的知识点	1. 独立学习能力; 2. 创新能力

2.4.3 教学实施

科学的教学手段和教学方法是实施教学的桥梁。在教学过程中以项目为载体进行任务分化,通过案例导入,采用启发式、互动式教学,因材施教。根据任务相关知识点的不同,分门别类进行备课,采取不同的措施对教材进行处理,并且针对学生的学习能力和接受能力进行编组,不同组的学生采用不同的教学方法。这样一来教学效果比较显著。

在教学过程中,教学项目的实施分成以下四个阶段:

第一阶段:让学生明确教学具体项目、项目任务、学习目标和能力目标。例如在表 2.2 项目 1 的实施中,学生要知道该项目分解为三个子任务实施。在每个子任务中,学生要知道自己该掌握的相关知识点及应达到的能力目标。

第二阶段:引导学生自主学习完成项目所必需的专业基础知识和技能。现在以项目 1 中子任务 2 牛头刨床中曲柄滑块机构运动简图的绘制与分析为例,教师要引导学生利用丰富的学习资源掌握机构的组成、运动副、平面机构运动简图及自由度的计算、平面连杆机构的基本特性和设计方法等相关内容,并使学生初步具备机构运动分析能力、用运动简图表达机构的能力及查阅技术资料的能力。

第三阶段:进行任务分配,引导学生制订项目方案,自己动手设计。在此阶段,要根据学生的学习特性对学生进行分组和任务分配,并引导学生运用自己所学知识、查阅资料、制订项目方案。

第四阶段:进行项目方案的比较、分析、修改和设计。首先,各组推荐组长介绍各组的设计理念、方案和成果,其他学生可以根据介绍提出自己的意见。在此过程中,教师可以根据学生的讨论结果做出正确评判。其次,学生根据讨论结果进行方案的修改,并根据修改后的方案进行设计。最后,教师要对学生完成项目过程及结果进行评价和总结,查漏补缺,进一步帮助学生消化和巩固所学知识并提高技能。

在机械设计基础课程的教学过程中,引入引导文教学应能充分调动学生的学习能力,培养学生的团队协作意识和创新能力,提高学生的综合素质和就业能力。实践表明,项目教学法培养的学生应该受到用人单位的好评。并且项目化教学过程是一个人人参与的过程,它要求教师具有较高的理论水平和实践经验。在科学技术飞速发展的今天,新知识和新设备不断涌现,具有终身学习能力的人才能适应社会。所以,项目教学法是一个适合职业院校采用的教学方法。

2.4.4　教学案例

1. 教学分析

(1) 课程介绍

机械设计基础课程是融理论教学和实践技能为一体的课程,它既是一门机械学科用于思维体系建立的专业基础课,又是面向生产实际,能够应用于生产实践的应用技术课。根据培养服务于生产第一线的中职层次的专门人才的定位,以建立学生机械产品的基本思维体系为理论知识要点,以掌握机构分析、故障诊断、零部件设计、设备调试、维修和高效率的操作使用为技能培养目标,对原课程体系和结构做了全面调整,进行了基于工作过程改革的探索。

在课程内容设计上,围绕解决某一项目问题所必需的知识与技能,重构课程体系。思路是以职业能力培养为主线、以岗位需求为依据、以工作过程为导向、以胜任企业工作岗位为目标,根据生产实际对机械设计知识的需求,在汲取国内传统机械设计教材知识精华的基础上,结合生产实践中的实际案例,对教学内容进行了整合,将授课内容分为三个大项目:

项目1:牛头刨床机械系统分析

项目2:带式运输机传动装置设计

项目3:实训室机械创新设计

项目1以牛头刨床为切入点,牛头刨床的传动系统是由带传动、齿轮传动、导杆机构、连杆机构、凸轮机构、螺旋机构和棘轮机构等组成的;刀架和工作台组成执行装置;电动机的运动和动力经变换和传递,一方面使滑枕和刀架作往复直线移动,进行刨削,另一方面使工作台横向移动,完成进给。刀架、工作台的速度和位置靠操纵机构来控制。牛头刨床中的机构基本上涵盖了一般机器设备中的机构,具有典型性和普遍性要求。学生通过对这些机构进行分析,掌握各种机构的特点及工作原理。项目2以带式运输机传动装置设计为切入点,通过计算带式运输机的运动和动力参数,设计带传动、齿轮传动、轴系结构、减速器结构来了解机械设计的全过程。项目3在前两个项目的基础上可进一步提高同学们的动手能力。

（2）教学内容分析

“牛头刨床连杆机构基本特性分析”是课程项目1中的内容，以牛头刨床驱动滑枕的导杆机构为载体，学习平面连杆机构的相关知识。重点了解四杆机构的特点、运动特性及演化形式，学会分析平面连杆机构压力角、死点、急回作用等基本特性，理解其传力性能，最后提交牛头刨床连杆机构分析报告。

（3）学生学情分析

学生在前阶段的学习中，已对牛头刨床进行了拆装，认识了牛头刨床的组成，但对其工作原理还不甚了解。牛头刨床机构是如何带动刨刀作往复直线运动的？牛头刨床刨刀为什么在切削时速度慢，而在返回时速度快？牛头刨床导杆机构动力特性能否满足切削力的要求？学生对探索这些问题的答案有着极高的兴趣，为学好本部分内容打下了基础。

（4）教学目标分析

1）知识目标：铰链四杆机构的类型，平面四杆机构的演化，平面四杆机构的特性。

2）技能目标：绘制牛头刨床导杆机构示意图，分析牛头刨床传力特性，撰写牛头刨床导杆机构特性分析报告。

3）态度目标：团队合作，理论联系实际，独立思考、严谨认真的工作态度。

（5）教学重点、难点分析

重点是平面四杆机构的类型与运动特性；难点是平面四杆机构的演化，分析报告的撰写。

（6）教学资源

组织学习任务单、多媒体课件、网络及图书馆资源、机械设计手册、多媒体教室、各连杆机构模型。

2. 教学过程

课程组织形式与方法按照工作过程来完成，采用合理的教学手段，采用多元的人才评价观进行教学设计。按照咨询、计划、决策、实施、检查、评价的六步法实施。

（1）咨询阶段

1）此阶段一般在课前完成，由学习委员负责发放或告知学习资料：学习工作页、评价体系及评价表。布置学生课前自学课程内容，独立思考并初步完成学习工作页引导题。小组讨论分析疑难问题，网上搜集平面连杆机构相关信息。

2）课外现场观察牛头刨床连杆机构，参观设计室各种连杆机构模型，观看电教片。

3）告知完成本次工作任务的安排，提出学习工作要求。

① 准确说出BC6050E牛头刨床连杆机构的具体名称；

② 绘出牛头刨床连杆机构运动简图，计算其自由度，分析该机构是如何演化而得到的；

③ 计算对应滑枕最大行程时的导杆夹角；

④ 绘图说明导杆夹角大小（滑枕行程）的调整方法；

⑤ 撰写BC6050E牛头刨床连杆机构基本特性分析报告。

（2）计划、决策

小组组织活动，分析任务，进行分工，提交小组工作计划，填写小组工作计划任务分工表（表2.3）。

表 2.3　小组工作计划任务分工表

工作任务	工作要求	负责人	参与人
分析、计算 陈述、报告	① 独立思考并练习回答思考题； ② 独立思考并完成学习工作页上的引导题； ③ 独立完成牛头刨床连杆机构特性分析报告		
小组讨论会	牛头刨床导杆机构是如何带动刨刀作往复直线运动的		
	刨刀运动是如何实现慢速切削、快速返回的		
	牛头刨床导杆机构动力特性能否满足切削力的要求		
成果 BC6050E 牛头 刨床连杆机构 特性分析报告	牛头刨床主机构工作原理		
	牛头刨床连杆机构运动简图（自由度计算）		
	图解法设计牛头刨床连杆机构		
	分析该机构压力角和传力性能		

（3）实施

1）预习抽查。教师上课首先抽查学生课前预习情况，通过预习学生应掌握本内容的基本知识，计入课外任务完成情况考核。主要培养学生自学能力、概括分析能力。抽查中对重点、难点内容进行引导和归纳，达到掌握知识的目的。抽查结果记录为"关键能力"的平时考核评价之一。抽查内容包括如：何谓平面连杆机构；平面四杆机构由哪几部分组成；陈述平面连杆机构的优、缺点；铰链四杆机构有几种基本类型；何谓曲柄摇杆机构；陈述其运动特点；如何判断铰链四杆机构的类型；四杆机构的演化途径有几种；含一个移动副的四杆机构有哪几种类型；牛头刨床导杆机构有无急回特性；分析牛头刨床导杆机构的压力角和传动角大小，陈述其传力特性；等等。

2）课堂技能训练。此部分内容计入练习结果的正确性进行考核。训练题如：

① 判别下列四杆机构是什么机构，为什么？

② 已知牛头刨床滑枕导轨与摆杆转动中心距离 $L=800$ mm，大斜齿轮转动中心与摆杆转动中心距离 $l=400$ mm。绘出牛头刨床连杆机构运动简图，计算其自由度，并分析它是如何演化而获得的机构。

③ 画出牛头刨床导杆机构传动示意图、极限位置图，确定其工作夹角。

④ 计算对应滑枕最大行程 $S_{max}=500$ mm 时的导杆工作摆角 ψ_{max} 和极位夹角 θ，求曲柄长度 r。绘图说明滑枕行程（导杆夹角大小）的调整方法。

以上题②、③、④针对实际牛头刨床进行计算与分析。

3）小组活动。通过小组讨论，得出结论，可以增强团队合作精神，深入理解课程内容。此部分内容计入能力控制点检查考核。如：

① 小组讨论形成整转副的条件；

② 小组讨论四杆机构的演化过程；

③ 讨论牛头刨床传力性能；

④ 讨论如何撰写 BC6050E 牛头刨床连杆机构基本特性分析报告。

4）学业水平测试。用15~20 min对本部分内容进行测试，以考查学生对学习内容的掌握程度。测完后马上让小组互换评阅试卷。结果计入知识点掌握情况进行考核。

（4）检查

检查表见表2.4。

表2.4 检 查 表

检查项目	得分		
	自我评价	小组评价	教师评价
课外情况完成情况（10分）			
练习结果正确性（30分）			
能力控制点检查（10分）			
知识点掌握情况（水平测试）（50分）			

（5）评价

由小组长统计自评分和小组分，交学习委员统计总分。

（6）作业

独立完成课后习题；小组讨论后，独立撰写牛头刨床导杆机构运动分析报告。

从以上过程可以看出，基于引导文一体化教学体系清晰，以学生为主体，专业能力和通用能力兼顾，没有顾此失彼。做到三合一：理论教学和实践教学合一，专业学习和工作实践合一，能力培养和工作岗位对接合一。“以学生为中心”的教育思想，保证教学的实践性、实用性；强调专用能力和通用能力的有效性。以就业为导向，遵循技能人才成长和职业能力发展规律，能充分体现职业特征，满足用人单位需求和学生职业生涯发展需要。

复习思考题

2.1 简述机械设计基础课程的主要内容。

2.2 为什么说机械设计基础课程在机械工艺技术专业教学计划中具有承前启后的重要作用?

2.3 简述机械设计基础课程在专业人才培养体系中的作用与地位。

2.4 为什么说机械设计基础课程在工程实践中具有重要的地位?

2.5 机械设计基础课程研究的对象是什么?

2.6 如何学好机械设计基础课程?

2.7 简述中职学生的学习特点。

2.8 简述本课程的知识模块及其对应的能力目标。

2.9 如何组织好机械设计基础课程的教学工作?

2.10 仿照牛头刨床引导文教学案例过程，分组设计“项目2:带式运输机传动装置设计”“项目3:实训室机械创新设计”的教学过程。

第3章 基于理实一体化教学法的互换性与测量技术基础课程教学

3.1 课程的地位与作用

3.1.1 课程特点

互换性与测量技术基础是机械工艺技术专业的专业技术基础课程,其所讲授的知识和技能并不局限于某个具体的专业,也适用于某些相近的专业大类,在为相关专业的专业课程教学打下重要基础的同时,也为学生就业提供充足的基础知识和专业技能。专业技术基础课程是理论性和实践性的结合,具有基础和专业双重特点。

互换性与测量技术基础课程是为了使学生获得公差配合方面的基本知识和具有一定的动手能力,为在设计过程中应用公差标准,在制造、质量检验、产品鉴定、机械设备维修等工作中准确而有效地进行测量打下基础。任何机械产品的设计总是包括运动设计、结构设计、强度设计和精度设计四个方面。前三个方面是机械设计基础、工程力学等课程解决的问题,精度设计则是互换性与测量技术基础课程研究的主要问题。它既联系机械制图、机械设计基础等设计类课程,又与金属工艺、机械制造技术、机械设备修理工艺等制造修理类课程密不可分。从课程体系上讲,公差配合有联系设计类课程与制造工艺类课程的纽带作用,有从基础课向专业课过渡的桥梁作用。

3.1.2 在专业培养体系中的地位和作用

专业技术基础课是培养学生从事相关职业所需基本素质和技能,实现宽口径专业教育的重要课程,在整个专业培养过程中占有较为重要的地位。互换性与测量技术基础是机械工艺技术专业的专业技术基础课,其在专业培养体系中的作用主要体现在以下几个方面。

1. 学习专业知识的基础

专业技术基础课是专业教育过程中设置的为专业课学习奠定必要基础的知识类课程,其内容、知识范围介于基础课和专业课之间,在基础课与专业课之间起桥梁与纽带作用。专业技术基础课是学习后期相关专业课程的基础。专业技术基础课教学质量的优劣直接关系到专业课教学能否正常延续,整个教学质量能否提高,以及学生能否获得全面发展等诸多方面。

互换性与测量技术基础课程是机械工艺技术专业的专业技术基础课,其所授内容在众多的专业基础课和专业课中都会涉及。谈到机械工艺技术专业,机械图样是必不可少的,尺寸公差、偏差、表面粗糙度、精度等概念是我们正确设计和理解图样的基础,也是从事机械加工的基础,而这些知识是互换性与测量技术基础课程所讲授的内容,可见互换性与测量技术基础课程是学习专业知识的基础。

2. 掌握职业技能的基础

职业教育的特点是职业方向明确、教学目标的针对性强,培养的学生应具备从事某一职业岗位所必需的基本理论和基本知识,并具有熟练的实践能力以及较强的创新能力。专业技术基础课是同专业知识、技能直接联系的基本课程,通过专业技术基础课的学习,使学生掌握与专业相关的基本理论和基本知识,得到基本的专业技能训练。

由机械工艺技术专业的知识结构可知,机械制图、识图、机械加工等是本专业从业人员必备的能力,而这些知识和能力的获得与互换性与测量技术基础课程的学习分不开。由此可见,互换性与测量技术基础课程是掌握职业技能的基础。

3. 提供科学研究方向和实践的基础

专业技术基础课通过设置多种教学形式的实践训练,使学生在进一步巩固基本理论、基本知识和熟练基本技能的同时,也体验到科学研究的过程和方向,培养学生科学的思维方式,增强学生发现问题、提出问题、分析问题和解决问题的能力,锻炼学生的团队精神和沟通能力,提高了学生的自学能力、动手操作能力、科学思维能力和开拓创新能力,促进了学生知识、能力、思维和素质的全方面协调发展。

互换性与测量技术基础课程设置了占总学时 1/4 的实验课,使学生在实践中巩固所学理论知识,亲身体验机械零件相关参数的检测及测量数据的处理,为今后学生从事专业工作和研究奠定了良好的基础。

4. 培养创新、创业能力的基础

专业技术基础课和专业课是创新创业的知识源泉,学生只有充分掌握专业基础课内容,才能在后期专业课的学习中游刃有余,适应创新、创业人才培养的要求。

互换性与测量技术基础课程涉及机械设计、机械制造、质量控制及生产管理等许多方面,是机械工艺技术专业人才从事创新、创业的基础。

3.1.3 在工程实践中的地位和作用

随着科学技术的迅猛发展,行业对人才的需求更加迫切,对人才的要求也更加全面。随着专业技术基础课程的不断改革,其教学内容更加贴近前沿科技,实践教学环节得到更多的重视,以适应当代社会需求,专业技术基础课程在工程实践中的地位也更加重要。

专业技术基础课程的教学内容和实践教学环节直接关系学生对后续专业课程的学习及其在工程实践中的应用。通过互换性与测量技术基础课程的学习使学生掌握如何确定机械零件的极限与配合及其几何参数的测量手段。通过对该课程的学习,培养学生具有从事与所学专业相关职业所需的基本素质和技能,实现宽口径专业教育的需要,满足社会对掌握多方面技能的全方位人才的需求,专业技术基础课可以培养学生实践动手和创新创业的能力,满足行业对应用型人才的需要。

3.2 课程学习分析

3.2.1 研究对象和内容

互换性与测量技术基础由“极限与配合”与“测量技术”两部分组成。“极限与配合”主要介绍国家有关的技术标准，在设计时，要根据使用要求和制造的经济性灵活运用，恰如其分地给出零件的尺寸公差、几何公差和表面粗糙度数值，以便将零件的制造误差限制在一定范围内，使机械产品装配后能正常工作。“测量技术”主要介绍确定被测对象的量值而进行的一系列实验方法和实验过程。测量技术是进行质量管理的手段，是贯彻质量标准的技术保证，零件的几何量合格与否，需要通过测量或检验方能确定。这两部分内容有一定的联系，又自成体系。互换性与测量技术基础将两者有机地结合在一起。该课程内容的特点：抽象概念多，术语定义多，需记忆的内容多，逻辑推理少，等等。在学习中应重视基本术语和概念的学习，深入分析它们之间的区别与联系。

3.2.2 学习要求

机械工艺技术专业的专业技术基础课程是培养学生从事机械工艺技术相关职业所需基本素质和技能，实现宽口径专业教育的重要课程。通过该类课程的学习，使学生获得相关专业方面的基本理论、基本知识和基本技能。专业技术基础课程在大一和大二相继开设。了解专业技术基础课程的内容、性质、任务以及学习方法对学好相关课程至关重要。

互换性与测量技术基础课程涉及的基础知识较多，内容抽象，实践性和应用性较强，因此在学习中不能仅重视基础知识的学习，更应将这些基础知识与实际应用联系起来，这样才能使所学的内容更易理解和接受。该课程的具体学习要求如下：

1）了解课程的先修课程及后续课程，以及这些课程之间的关系。

先修课程：机械制图及CAD、工程材料与成形。

后续课程：机械设计基础、机械制造技术。

2）了解课程的特点、基本内容、学习任务和学习方法，重视理论和实际的结合。

3）了解课程所学内容在学生培养体系和在今后工作实践中的作用，做到有目的地学习。

4）了解课程的重点和难点所在，将其作为重点学习和消化的内容。

3.2.3 学习重点

互换性与测量技术基础课程的学习重点是有关公差和测量方面的基本理论、基本知识的学习以及基本专业技能的掌握，具体如下：

1）有关尺寸、公差、偏差和配合的术语及定义，基准制，极限与配合图解，极限间隙或极限过盈的计算。

2）测量的基本概念，测量误差的概念，测量误差的主要来源，测量误差的分类与特征，测量数据的处理与结果的表达式；量块的使用方法，量块的特性与作用，测量器具和测量方法的分类，测量器具的基本度量指标，测量误差的处理原则，计量器具的选取，验收极限的计算。

3）几何公差在图样上的标注，几何公差带及其特点，公差原则的基本内容及其应用场合。

4）表面粗糙度的概念、基本术语和评定参数。

5）泰勒原则，量规的公差带，量规工作尺寸的计算。

6）滚动轴承内圈、外圈基准制的选取，滚动轴承内圈内径公差带分布的特点，滚动轴承极限与配合在图样上的标注。

7）极值法解尺寸链的基本公式和步骤。

8）圆锥公差和配合的术语及定义。

9）螺纹的中径、单一中径和作用中径的概念，螺纹中径的合格性条件，螺纹的公差等级和基本偏差，螺纹的标注。

10）平键和花键连接基准制的选取，矩形花键的定心方式，矩形花键的标注。

11）齿轮传动的使用要求，影响传递运动准确性、传动平稳性和载荷分布均匀性的误差指标，齿侧间隙作用和获得方法，齿轮公差组和齿轮精度等级选择。

3.3 课程教学分析

3.3.1 教学工作过程分析

职业教育的培养目标是为社会培养高素质的具有综合职业能力的技术型、技能型人才。然而长期以来，职业教育中存在的理论与实践相脱离、远离真实工作岗位等问题使得这一目标难以完全实现，致使企业界抱怨职业教育培养的人才不能满足企业的发展需要。针对这样尖锐的问题，职业教育提出了加强实践教学，提高学生的动手能力；倡导就业导向，加强产学合作等指导性文件要求。这些改革措施的推行在一定程度上缩小了职业教育的内容与真实工作岗位的距离。在教学过程中倡导“理实一体化”的教学方式和方法，立足实现学习情境尽可能与以后的职业情境相接近或零距离，教学内容不是以传授学科知识为目的，而是指向职业的工作任务、工作的内在联系和工作过程性知识，促进学生职业能力的培养，使职业教育更加接近企业的实际。

互换性与测量技术基础是机械工艺技术专业一门重要的专业技术基础课程，也是非常实用的一门课，该课程涉及的专业内容很多在学生一进入企业就会直接用到。机械图样应该是学生进入企业各个部门都会用到的，而真正看懂图样，不仅仅要知道三视图的对应关系，还要了解图样上设计要求的真正含义，如尺寸公差、几何公差、表面粗糙度等，而这些内容都是互换性与测量技术基础这门课要讲述的内容。在该课程中采用理实一体化的教学方法，把这些内容与实际工作中的应用联系起来，这样不仅能摆脱学生对枯燥理论知识学习的厌烦情绪，还有助于学生记忆和理解相关标准的规定。

理实一体化教学法使学生由被动学习转为主动学习。在教学过程中采取以学生为中心，按照零件的设计、加工、检测和装配过程对课堂教学内容进行序化，将学习领域细化成具体的学习情境进行教学。教学工作过程具体可分为以下几个过程：导入情境，明确任务—分析任务—实施任务—评价任务—总结任务。整个过程遵循产品设计加工过程，也就是遵循设计技术人员从设计分析、零件加工、零件检测到装配的工作过程。

1. 导入情境，明确任务

围绕课程知识目标和能力目标的要求，用理实一体化教学方法组织教学，将原课程知识点重构于若干个小型测量项目中，下面以配合与基准制确定项目为例。

首先让学生根据钻模板的装配图分析快换钻套的工作原理，确定衬套与钻模板、快换钻套与衬套以及钻头与钻套内孔之间的配合种类及基准制。

2. 分析任务

引导学生利用理论知识和金工实习的实践经验对任务进行分析讨论。衬套与钻模板之间要求连接牢靠，在轻微冲击和负荷下不用连接件也不会发生松动，拆卸次数较少，因此选用平均过盈量大的过渡配合；快换钻套与衬套之间要经常手动更换，又要求准确定心，故选用间隙量较小的间隙配合；钻套内孔要引导钻头进给，既要求导向精度，又要防止间隙过小而被卡住，故选用间隙量中等的间隙配合。对于衬套与钻模板、快换钻套与衬套之间的配合，因无特殊要求，故选用基孔制；对于钻头与钻套内孔之间的配合，因钻头属于标准刀具，可视为标准件，故选用基轴制。

3. 实施任务

以小组为单位，依据上面的分析结果，根据工艺等价原则和类比法，确定衬套与钻模板、快换钻套与衬套、钻套内孔与钻头的配合代号，并进行校验计算。

4. 评价任务

请各小组学生展示完成任务的情况，并依次进行评价。不同学生会有不同的见解，教师在评价中应避免使用诸如正确、错误等结论性语言，以防止对持不同观点者形成压制。

5. 总结任务

对各小组学生完成任务的情况进行总结。指出完成本次任务依据本课程的哪些相关知识，如上面实例涉及公差等级、配合代号、基准制、工艺等价原则等相关内容，并对这些内容进行复习，列举一些相关项目，请同学们举一反三，课后练习。

3.3.2　课程教学的能力目标

1）通过专业技术基础课程的学习使学生了解并掌握有关机械工艺技术专业的基础理论、基础知识和基本技能，并能把所学的理论知识准确地运用到工程实践中，为今后从事专业相关的工作打下良好的基础。

2）专业技术基础课的课程与教学内容应该结合专业课，适应社会对人才的需求和学生掌握专业技能的需要。

3）注重对学生实践动手能力的培养，依托实践和科研平台，强化对学生创新、创业意识与能力的培养。

4）坚持理论联系实际的方法，加深学生对理论知识的认识和理解，积累工程经验。

5）以课堂讲授为主，以现场教学和课题教学为辅，充分利用现代化的教学手段，配以大量的工程实例和文献资料。

3.3.3 教学重点分析

专业技术基础课的教学内容主要包括基本知识和基本技能、知识和技能的运用以及根据科学技术的发展所增加的新知识。其中，基本知识是培养学生扎实宽厚的专业基础的根本，要求准确和真正吃透，而基本技能是培养学生运用理论知识进行动手实践的基本能力，是以后专业实践的基础，要求熟练掌握；知识和技能的运用包括基本运用和综合运用，是运用已经学过的基本知识解决问题，以加深对基本知识的理解和掌握，形成综合运用知识的能力和基本的实践能力，也是培养学生综合素质和科学素养的基础；新增知识就是跟踪学科的发展，及时更新或增加与课程相关的新知识，培养学生的专业技能和对学科发展的适应能力。

互换性与测量技术基础作为机械工艺技术专业的一门专业技术基础课程，极限与配合的基本知识以及对相关测量的基本技能的掌握是教学重点。极限与配合的基本知识是作为学生真正设计图样和了解图样要求的必备知识，而掌握了测量的基本技能，才能使学生根据图样的要求对实际加工零件进行检测，判断零件的合格性。

3.3.4 教学难点分析

互换性与测量技术基础作为机械工艺技术专业的一门专业技术基础课程，要求授课教师不仅精通教材内容，还要了解其他专业课程与本课程的内在联系，不仅要有理论知识，而且还要有一定的实践经验，要求教师具有宽广的知识面。另外，要很好地做到理论联系实际，避免只灌输空洞的理论知识，使学生产生厌烦心理，影响教学质量。

3.4 基于理实一体化教学法的课程教学设计

3.4.1 理实一体化教学法的应用

理实一体化教学法是指在同一空间和时间同步进行的教学，理论和实践交替进行，直观和抽象交错出现，没有固定的先实后理或先理后实顺序，而是理中有实，实中有理。理实一体化教学具有三个特性：空间和时间的同一性、认识过程的同步性以及认识形式的交错性。

传统的互换性与测量技术基础课程结构的特点是以理论体系为主线，配合以实验、实习等实践环节来培养学生的实践能力。其理论教学和实践教学两条线分离，先理论，后实践。由于测量技能训练常常需要理论作为指导，所以“先理论，后实践”的传统教学方式有其合理性。但是，此教学方式造成了实践教学附属于理论教学的状况，使实践教学的地位下降，导致学生学习该课程时重理论，轻实践。又由于该课程理论教学内容多，且期末考试主要是考理论知识的笔试。这样,常常造成学生以理论学习为主、技能训练为辅,影响了实践能力的提高。

传统的课堂教学是以教师为中心,教师讲,学生听。互换性与测量技术基础课程理论分析抽象、难理解,“先理论,后实践”的传统教学模式使学生在学习理论知识时缺乏感性认识,以讲授理论知识为主的课堂教学常常使学生感到枯燥乏味,因而对该课程的学习不感兴趣。而缺乏理论指导的实验、实训又使学生感到茫然,其结果是实验、实训流于形式。另外,学生对专业基础课的学习不够重视,认为专业基础课所学的知识和技能在其专业实际工作中用得很少,因而只是为了应付课程考试而被动学习,学习积极性不高。因此,在互换性与测量技术基础课程的教学中采用理实一体化的教学方法显得尤为重要。

职业教育是以开发学生职业技能为目的的教育。在一定意义上讲,教学过程实质上是一个由教师发出教学信息,经过一定媒体传递,再由学生接受并进行处理,最后反馈的过程。传统教学中,教学信息由不同的教师在不同的时间使用不同的方式发出,弱化了信息的传递效果,给学生接受与处理带来了相当的难度,违背了技能形成的规律。理实一体化教学在这方面显示了其合理性。首先是教学信息的传递具有同步性,理论指导与技能训练同步进行,紧密结合,相互印证。其次是保证了教学信息的同一性,避免了学生在认识和实践上进入误区,为教学过程最优化提供了保障。职业教育是由教师、学生、教学设施、设备以及教学时间构成的资源系统。一体化教学不仅能很好地解决职业教育技能培养过程中方法论的问题,而且能实现教学资源的合理配置与优化组合。首先,学校可以充分利用一体化师资,统筹考虑师资配置,减少岗位设置,提高人员效率,解决师资紧缺问题。其次,一体化教学需要在教学过程中对知识和技能体系重新组合,能剔除那些交叉重复的教学内容,节约教学时间,有利于产教结合的开展。最后,一体化教学能保证实际操作训练的有效性和针对性,能提高设备、教材的利用率,杜绝物质资源的浪费,节约教学经费,提高教学工作的投入产出比。

3.4.2　教学方案

互换性与测量技术基础这门课程的特点是名词术语多、概念多、标准多、内容多。针对课程的这些特点,对各章节内容有所侧重,注重学生的情感体验和实践,突出实用性。同时在教学中要结合学生的学情,注意对学生反馈信息的回馈,从而使教学贴近学生的实际,注意学生自主学习的培养,培养学生的工程意识和执行国家标准的意识。本课程各章节教学内容、基本要求、重点、难点及学时分述如下。

绪言(1学时)

1. 学习目的和要求

了解和掌握互换性与标准化的基本概念。

2. 基本线索与基本内容

互换性概述;极限与配合标准发展简介;计量技术发展简介;优先数与优先数系。

3. 研究概况

互换性的实质及分类;标准和标准化的基本概念;优先数及优先数系。互换性与机械设计、制造、使用等方面的关系;互换性生产在国民经济发展中的作用;互换性与标准化的关系。

4. 资料简介

极限与配合标准发展简介;计量技术发展简介。

5. 教学基本要求

1) 了解互换性的实质;

2) 了解标准和标准化的基本概念;

3) 了解优先数与优先数系。

第一章 孔与轴的极限与配合(5学时)

1. 教学内容

1) 概述;

2) 极限与配合的基本词汇;

3) 极限与配合国家标准;

4) 国家标准规定的公差带与配合;

5) 极限与配合的选用;

6) 配制配合;

7) 线性尺寸的未注公差。

2. 本章重点

有关尺寸、公差、偏差和配合的术语及定义;基准制;极限与配合图解;极限间隙或极限过盈的计算。

3. 本章难点

确定基准制、公差等级与配合种类的方法。

4. 教学基本要求

1) 掌握有关尺寸、公差、偏差和配合的术语及定义,包括孔和轴的定义、公称尺寸、实际尺寸、作用尺寸、最大和最小实体尺寸、尺寸偏差、极限偏差、尺寸公差、配合的种类、配合公差;

2) 掌握基准制的概念;

3) 了解标准公差系列和基本偏差系列;

4) 掌握尺寸公差带图和配合公差带图;

5) 掌握极限间隙或极限过盈的计算;

6) 了解国家标准规定的公差带与配合;

7) 掌握极限与配合的选用;

8) 了解线性尺寸的未注公差。

第二章 长度测量基础(3学时)

1. 教学内容

1) 测量的基本概念;

2) 尺寸传递;

3) 测量仪器与测量方法的分类;

4) 测量技术的部分常用术语;

5) 常用长度测量仪器;

6) 坐标测量机中的光栅与激光测量原理;

7）探针扫描显微镜简介；

8）测量误差和数据处理；

9）计量器具的选择。

2. 本章重点

测量的基本概念；测量误差的概念；测量误差的主要来源；测量误差的分类与特征；测量数据的处理与结果的表达式；量块的使用方法；量块的特性与作用；测量器具和测量方法的分类；测量器具的基本度量指标；测量误差的处理原则；计量器具的选取；验收极限的计算。

3. 本章难点

测量数据的处理与结果的表达式；计量器具的选取。

4. 教学基本要求

1）了解测量的基本概念，了解测量对象、测量单位、测量方法和测量精度；

2）了解长度（尺寸、角度）的法定计量单位、长度基准及其传递系统；

3）了解量块的使用方法、量块的特性与作用，并正确掌握量块的使用方法；

4）了解测量器具和测量方法的分类，了解测量器具的基本度量指标；

5）了解常用长度计量仪器的工作原理，了解坐标测量机中的光栅与激光测量原理，了解探针扫描显微镜的工作原理；

6）掌握测量误差的基本概念、测量误差的分类与特征；

7）掌握随机误差的评定指标及分布规律；

8）了解测量误差的主要来源和处理原则；

9）掌握测量数据的处理与结果的表达式；

10）掌握验收极限的计算和计量器具的选取。

第三章　几何公差及检测（4学时）

1. 教学内容

1）概述；

2）几何公差在图样上的标注方法；

3）几何公差带；

4）公差原则；

5）几何公差的选择；

6）几何误差的检测。

2. 本章重点

几何公差在图样上的标注；几何公差带及其特点；公差原则的基本内容及其应用场合。

3. 本章难点

几何公差带的特征；公差原则的应用。

4. 教学基本要求

1）理解零件几何要素形状位置误差对互换性的影响；

2）理解几何公差和几何误差的基本术语及其定义；

3）了解几何公差的项目及其符号；

4）掌握几何公差在图样上的标注；

5）理解基准的定义和种类；
6）掌握几何公差带及其特点；
7）了解公差原则的基本内容及其应用场合；
8）掌握选用公差原则、几何公差项目及其公差值的原则；
9）几何误差的评定准则。

第四章　表面粗糙度及检测(1学时)

1. 教学内容
1）表面粗糙度；
2）零件表面粗糙度参数值的选择；
3）表面粗糙度的测量。

2. 本章重点
表面粗糙度的概念、基本术语和评定参数。

3. 本章难点
表面粗糙度的评定参数。

4. 教学基本要求
1）理解表面粗糙度的基本术语及定义；
2）掌握表面粗糙度的评定参数；
3）掌握表面粗糙度的符号及标注方法；
4）理解表面粗糙度对零件使用性能的影响；
5）了解表面粗糙度评定参数的数值选用原则；
6）理解表面粗糙度的选择原则。

第五章　光滑极限量规(2学时)

1. 教学内容
1）基本概念；
2）泰勒原则；
3）量规公差带；
4）量规设计。

2. 本章重点
泰勒原则；量规的公差带；量规工作尺寸的计算。

3. 本章难点
泰勒原则；量规的公差带。

4. 教学基本要求
1）理解误废与误收的概念；
2）掌握泰勒原则的内容；
3）掌握量规的种类、用途和公差带；
4）掌握量规工作尺寸的计算；
5）理解国家标准“光滑工件尺寸检验”的内容、检测规定；
6）了解量规的形式及其选用；

7）了解量规的技术要求。

第六章　滚动轴承的极限与配合(1学时)

1. 教学内容

1）概述；

2）滚动轴承的公差等级；

3）滚动轴承内径和外径的公差带及其特点；

4）滚动轴承与轴和外壳孔的配合及其选择。

2. 本章重点

滚动轴承内圈、外圈基准制的选取；滚动轴承内圈内径公差带分布的特点；滚动轴承的极限与配合在图样上的标注。

3. 本章难点

滚动轴承内径和外径的公差带。

4. 教学基本要求

1）掌握滚动轴承内圈、外圈基准制的选取；

2）掌握滚动轴承内圈内径公差带分布的特点；

3）理解选择与滚动轴承相配的轴与外壳孔公差带的主要因素；

4）理解滚动轴承的极限与配合在图样上的标注；

5）了解滚动轴承互换性的特点；

6）了解滚动轴承与轴、壳体孔配合的种类及选用的基本原则和方法；

7）了解与滚动轴承相配的孔、轴几何公差和表面粗糙度的选用。

第七章　尺寸链(2学时)

1. 教学内容

1）概述；

2）尺寸链的计算；

3）解装配尺寸链的其他方法。

2. 本章重点

极值法解尺寸链的基本公式和步骤。

3. 本章难点

极值法解尺寸链的基本公式和步骤。

4. 教学基本要求

1）掌握极值法解尺寸链的基本公式和步骤；

2）了解解尺寸链的其他方法。

第八章　圆锥的极限与配合及检测(1学时)

1. 教学内容

1）锥度与锥角；

2）圆锥公差；

3）圆锥配合；

4）锥度的测量。

2. 本章重点

圆锥极限和配合的术语及定义。

3. 本章难点

测量锥度的方法和计量器具。

4. 教学基本要求

1）了解有关锥度与锥角的常用术语及定义；

2）了解圆锥公差的术语及定义；

3）了解圆锥配合的特性、术语及定义；

4）了解常用测量锥度的方法和计量器具。

第九章　螺纹公差及检测（4学时）

1. 教学内容

1）概述；

2）普通螺纹公差及基本偏差；

3）标准推荐的公差带及其选用；

4）螺纹标记；

5）梯形螺纹简述；

6）螺纹检测。

2. 本章重点

螺纹的中径、单一中径和作用中径的概念；螺纹中径的合格性条件；螺纹的公差等级和基本偏差；螺纹的标注。

3. 本章难点

螺纹中径的合格性条件。

4. 教学基本要求

1）掌握螺纹的中径、单一中径和作用中径的概念；

2）掌握螺纹中径的合格性条件；

3）掌握普通螺纹直径公差带的构成、公差等级、基本偏差、旋合长度和螺纹精度；

4）掌握螺纹的标注；

5）了解螺纹的分类和使用要求；

6）了解螺纹接合的主要几何参数；

7）了解普通螺纹极限与配合的选用。

第十章　键和花键的极限与配合（1学时）

1. 教学内容

1）键连接；

2）花键连接。

2. 本章重点

平键和花键连接基准制的选取；矩形花键的定心方式；矩形花键的标注。

3. 本章难点

平键连接和花键连接的极限与配合。

4. 教学基本要求

1）了解键的种类和用途；

2）了解平键连接的主要几何参数；

3）掌握平键连接的极限与配合的特点、选用及其在图样上的标注；

4）了解花键的种类和用途；

5）掌握矩形花键的主要参数和定心方式；

6）掌握平键和花键连接基准制的选取；

7）理解矩形花键连接极限与配合的特点、选用及其在图样上的标注。

第十一章 渐开线圆柱齿轮精度及检验(3学时)

1. 教学内容

1）概述；

2）圆柱齿轮精度的评定指标及其检验；

3）圆柱齿轮精度标准的应用。

2. 本章重点

齿轮传动的使用要求；影响传递运动准确性、传动平稳性和载荷分布均匀性的误差指标；齿侧间隙作用和获得方法；齿轮公差组和齿轮精度等级选择。

3. 本章难点

影响传递运动准确性、传动平稳性和载荷分布均匀性的误差指标。

4. 教学基本要求

1）理解齿轮传动的使用要求和齿轮加工误差的来源；

2）掌握影响传递运动准确性、传动平稳性和载荷分布均匀性的误差指标；

3）掌握齿侧间隙作用和获得方法；

4）掌握齿轮公差组和齿轮精度等级选择；

5）掌握齿坯精度；

6）掌握齿轮精度标注；

7）了解齿轮副安装误差及评定指标；

8）理解公差组检验的选用原则和方法；

9）了解渐开线圆柱齿轮国家新标准；

10）了解齿轮公差的选用。

实践性教学内容

1. 孔轴尺寸测量(2学时)

2. 几何误差测量(2学时)

3. 表面粗糙度、螺纹及齿轮测量(2学时)

4. 综合测量(2学时)

3.4.3 教学实施

1. 教学要求

课程组全体教师应严格执行、实施上级教育行政部门、校内教学管理职能部门下发的各级教学管理文件，就所负责的课程制订详尽的教学方案、教学日历、教案等资料，包括教学媒体形式和平时作业的形式要求。讲授内容必须依据教学大纲规定，同时根据课程特点尽量与工程实际结合。

2. 教学内容处理

互换性与测量技术基础课程是一门实践性强、工程技术要求高的专业技术基础课，由于其与国家标准接轨，新内容不断添加，因此具有“三多一少”的特点，即定义多，符号多，内容多，逻辑少。定义多是由于课程中内容大部分与国际标准或国家标准密切联系，由于标准就是工程中的法律条文，造成名词术语非常繁多；符号多是由于“互换性与测量技术基础”与“机械制图”紧密相连，学生要多学多练才能掌握；内容多主要是本课程包含了与几何精度设计和几何精度测量相关的内容；逻辑少是与以上三者相关导致的必然结果。针对本课程的特点，将内容分为几何精度设计（极限与配合）与几何精度测量两大部分。

几何精度设计主要包括的内容有尺寸精度（极限与配合）、表面粗糙度、几何公差、综合精度、典型配合的精度（与轴承或键配合的轴孔精度）设计以及典型传动的精度设计（齿轮传动的公差及测量）等。

几何精度测量主要包括的内容有与几何精度检测相关的测量技术（量具、量规）、尺寸链、基准等。

在教学过程中，注重理论知识点与工程实际的联系，尤其是教材中与实际生产有关的重点内容加以着重强调，培养学生的工程实践意识，激发学生的学习热情，提高学生的工程实践能力。

3. 学习对象分析

（1）学习者的初始能力

互换性与测量技术基础课程的先修课程是机械制图和工程材料与成形等课程，通过这些先修课程的学习，学生已经具备了一定工程图样绘制和材料应用的能力。但对图样上标注的相关符号和技术要求，如尺寸公差、几何公差、表面粗糙度等并不了解它们的真正含义，对图样的理解也还仅限于图面。

（2）学习者的特征

本课程为机械工艺技术专业和相近专业的必修的专业技术基础课，是一门实践性强、工程技术要求高的课程，其内容信息量大，但逻辑性不强。学这门课的学生工程实践经验较少，他们的记忆方式偏向于逻辑记忆，若采用的教学方法不当，可能造成学生学习兴趣降低、学习效果差的后果。再加上授课学时的减少，教好这门课，使学生从这门课中真正受益，对授课教师来说具有极大的挑战。

4. 教学策略

教学策略是根据教学内容制订的各教学环节中教学方法的组合使用的策略，即根据不同的教学环节、各环节需要达成的目标、学生的学习方法指导等方面确定的一系列教学方法的组合。教师需要随时针对学生的学习情况调控教学策略，以顺利实现教学目标。为达到教学目的，本课程采用理实一体化的教学方法，重点从下面几点着手。

（1）认真钻研教材，分析学生状况，做好教学准备

互换性与测量技术基础是继机械制图和工程材料与成形之后的一门专业技术基础课，学生通过前两门课程的学习，了解了有关工程图样和材料方面的相关专业知识，为了使学生尽快了解

本门课程所学的内容与前面所学课程之间的关系,以及在今后工程实践中的作用,在授课之前应做好相关知识准备。例如:在第一节课可从下面一段简短的开场白开始。

提问:在前面的课程中学习了机械制图这门课,零件图和装配图在图样上的标注有什么不同?

请同学回答,接下来用 PPT 显示两张零件图和装配图的样图。

零件图上需要标注尺寸公差、几何公差和表面粗糙度,而装配图上需要标注配合代号。

总结:这些尺寸公差、几何公差、表面粗糙度和配合代号等内容都是互换性与测量技术基础这门课所涉及的内容。

通过这样一段简短的描述,既介绍了本课程所要讲授的内容,又使学生了解了本课程与前面所学课程之间的联系,使学生对本课程的内容不感到陌生,容易进入学习状态,从而调动起学生学习的积极性。

(2) 确定具体教学目标,设计教学过程

根据机械工艺技术专业的教学目标,需要认真理解课程标准,切实掌握课程目标的要求,并结合学生实际和教学内容,确定具体的教学目标,制订切实可行的实训计划。

本课程的教学内容虽多,但一些相关知识点是有关联的,一些标准的规定也是有规律的,在教学准备中应提前归纳总结,设计教学过程,使学生对本课程的学习具有连贯性。例如:根据以往的教学经验,在学习泰勒原则这部分内容时,学生经常不理解泰勒原则的作用,而死记它的内容。为了让学生真正理解泰勒原则的内容及作用,在介绍光滑极限量规和螺纹中径的合格性条件两部分内容时要与泰勒原则联系起来,其作用一是使学生了解只有符合泰勒原则的光滑极限量规才能正确检测工件,螺纹中径的合格性条件与泰勒原则的内容实质是一致的;其作用二是体现了泰勒原则的实际作用是检验零件是否合格。再如:在绪论一章中介绍了优先数系,好多学生并不能完全理解优先数系的应用,应在后续应用到优先数系的章节中加以强调,如表面粗糙度的数值、公差等级系数等。

另外,针对某个知识点,在教学过程的设计中不能仅局限于这一简单的点上,而要理解这一知识点的来龙去脉,理解知识背后的大背景。如:为什么只有符合泰勒原则的光滑极限量规才能正确检测工件合格与否。

(3) 撰写教案、制作课件

课前认真完成课程教案和课件的制作是教师顺利完成课堂授课的前提。教案和课件制作的好坏直接影响教师授课的效果。在教案的撰写过程中应重视教学方法的采用。为了能够有效地实施"理实一体化"项目教学,需要对课程原有理论和实践内容进行整合。在介绍一些抽象概念时也要注意"理实一体化"的应用。例如:如何用学生易于理解的方式自然巧妙地引入互换性概念,如何简单明了地讲解极限与配合中大量的术语和定义,如何帮助学生理解几何公差项目、符号以及标注。通过理论联系实际,化抽象为具体,使学生在轻松愉快地掌握所学知识并加以运用,在教学实践中取得良好的教学效果。

另外,在课件的制作上要充分利用现代多媒体技术。如在形状公差、位置公差及其评定方法、公差原则等内容的教学中,利用 CAD 技术可以方便展示各个投影面的情况,模拟加工及测量过程,并得出相应结果。另外,也可使用消隐技术,清晰地反映多条误差曲线。该方法以直观代替客观,以动态代替静态,学生易于理解、接受。教与学双方的参与调动了学生学习的积极性,不但提高了教学质量,而且提高了效率,为加大信息量提供了条件。既能充分利用好多媒体课件,又能充分发挥教师在教学中的主导作用,实现教与学的互动,可以收到良好的效果。

(4) 教学设计成果评价

为改进和完善教学过程,保证教学目标得以实现,必须对教学设计成果进行适当的评价。形成性评价是教学设计人员用来获取数据,并通过这些数据修正教学,提高教学效率效果的过程。形成性评价的重点是收集数据,分析数据,改进教学设计。形成性评价开始于分析阶段,持续于选择和设计阶段,如果计划中还有试用阶段,那么还将持续到实施过程的前期。教学设计成果的形成性评价通常包括自我评价、专家评议、一对一评价、小组评价、实地试验、进行中的评价六个阶段。本课程可在正式授课前先采用说课的形式对教学设计进行评价,在课程进行中再综合专家、同行以及学生等的反馈进行综合评价。

3.4.4 教学案例

以介绍“极限与配合的选用”这节为教学案例。

课题:极限与配合的选用

课堂类型:讲授

教学目的:讲解极限与配合的选用

教学要求:掌握基准制、公差等级与配合种类的确定

教学重点:基准制、公差等级与配合种类的确定

教学难点:基准制、公差等级与配合种类的确定

教学方法:理实一体化教学法、PPT 辅助讲解

教学过程:

1. 案例导入

在前面的章节中介绍了同名代号配合性质相同,若技术要求给定了间隙或过盈的变化范围,不管基孔制还是基轴制配合是都能实现的,有些同学会问,设计时应该采用哪种基准制呢? 请看 PPT 图,与同学一起分析图样上各零部件之间的关系。请同学根据各零件之间的关系确定三段直径为 20 mm 和一段直径为 30 mm 四段配合的配合性质,以及图 3.1 中四段具有配合要求的部分选择基孔制和基轴制两种不同基准制对产品的质量和经济成本有何不同。引入下面的教学内容,教学内容围绕上图的实例加以阐述。

2. 教学内容

(1) 基准制的选用

1) 一般情况下优先选用基孔制。

2) 在采用基轴制有明显经济效果的情况下,应采用基轴制。例如:

① 农业机械和纺织机械中,有时采用 IT9~IT11 的冷拉成形钢材直接做轴(轴的外表面不需经切削加工即可满足使用要求),此时应采用基轴制。

② 公称尺寸小于 1 mm 的精密轴比同一公差等级的孔加工要困难,因此在仪器制造、钟表生产和无线电工程中,常使用经过光轧成形的钢丝或有色金属棒料直接做轴,这时也应采用基轴制。

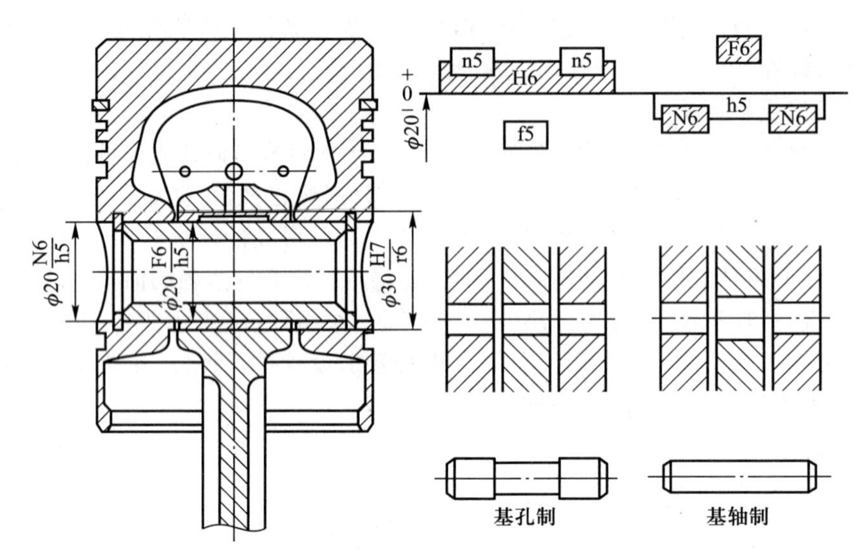

图 3.1　轴孔配合

③ 在结构上，当同一轴与公称尺寸相同的几个孔配合，并且配合性质要求不同时，可根据具体结构考虑采用基轴制。

3）当设计的零件与标准件相配合时，基准制的选择应按标准件而定。

例如，与滚动轴承内圈配合的轴颈应按基孔制配合，而与滚动轴承外圈配合的轴承座孔，则应选用基轴制。

4）为了满足配合的特殊需要，有时允许孔与轴都不用基准件（H 或 h）而采用非基准孔、轴公差带组成的配合，即非基准制配合。

（2）公差等级的选用

1）工艺等价原则

① 对≤500 mm 的公称尺寸，当公差等级在 IT8 及其以上高精度时，推荐孔比轴低一级，如 H8/f7，H7/g6，…；当公差等级为 IT8 级时，也可采用同级孔、轴配合，如 H8/f8 等；当公差等级在 IT9 及以下较低精度级时，一般采用同级孔、轴配合，如 H9/d9，H11/c11，…。

② 对>500 mm 的公称尺寸，一般采用同级孔、轴配合。

2）类比法　参考从生产实践中总结出来的经验资料，进行比较选用。

（3）配合的选用

三类配合的特性和应用如下：

1）间隙配合　孔轴间有相对运动，或没有相对运动，但要求装拆方便的场合。

2）过盈配合　靠过盈保持相对静止，或传递负荷的孔轴结合。

3）过渡配合　既要求精确定位（较好定心精度），又要求拆装方便的配合。

3. 总结

1）三段直径为 20 mm 的配合采用基轴制。因为这三段公称尺寸相同而配合的松紧程度不同，若采用基孔制，轴要做成阶梯轴，加工成本高，经济性不好，而按基轴制设计，轴可以设计成光轴，经济性好。

一段直径为 30 mm 的配合采用基孔制。因无特殊要求,所以采用基孔制。

2）为了保证正常装配,三段直径为 20 mm 的配合是中间松,两头略紧,所以中间选择间隙配合,两头选择过渡配合。

3）根据工艺等价原则和类比法对公差等级进行选用。

复习思考题

3.1 简述互换性与测量技术基础课程的特点。

3.2 简述互换性与测量技术基础课程在专业培养体系中的地位和作用。

3.3 简述互换性与测量技术基础课程的学习要求和学习重点。

3.4 简述互换性与测量技术基础课程的教学重点和难点。

3.5 试以互换性与测量技术基础课程某一知识点为例,列举如何在教学中进行多种教学方法的融合。

3.6 理实一体化教学的要点是什么?

第4章　基于头脑风暴教学法的机械制造工艺技术课程教学

4.1　课程的地位与作用

4.1.1　课程特点

机械制造工艺技术是研究机械制造过程中的基本规律和基本理论及其应用的机械类专业的一门重要专业技术课程,涉及机械制造中的多种加工技术,主要以机械制造中的工艺技术问题为研究对象,具有极强的实践性和应用性。

近年来,随着技术的高速发展,新工艺、新材料、新技术、新设备不断出现。制造工艺技术正朝着高速化、精密化、系统化、复合化、高效能的趋势发展。因此,制造工艺技术课程也有了新的特点,分析如下。

1. 内容广泛

该课程包括了热加工(铸造、锻压、焊接等)工艺,又包括了冷加工(车、钳、刨、铣、钻、镗、磨、滚、插、拉等)工艺,还包括了特种加工(电火花加工、电子束加工、激光加工、超声加工等)工艺,因此教学内容广泛,知识面宽。

2. 实践性强

要掌握制造工艺技术,就必须在实践中学习,只有在机床上亲手实际操作,才能学会各工种的工作。要把制造工艺技术有效地传授给学生,实践教学起着无可替代的作用,它也是学生获得基本技能的训练手段,是形成专业实践能力的重要教学环节。该课程所涉及的教学内容,与生产实践活动有紧密的联系,是从事专业技能工作的基础,因此课程的教学必须与实训、实习紧密结合。

3. 灵活性大

制造工艺理论与工艺方法的应用具有很大的灵活性,在不同条件下都可以有不同的处理方法,因此必须根据具体情况进行辩证分析。

4.1.2　在专业培养体系中的地位和作用

机械制造工艺技术课程是一门以金属及刀具技术、工装夹具技术、工艺过程编制为课程精髓的机械制造类专业的核心课程。

设计制造类专业培养的合格学生,必须是具备基础理论知识、专门知识和较强的从事本专业领域实际工作的能力,适应生产建设、管理、服务第一线需要,德、智、体、美等方面全面发展的技能人才。经调查分析,此类专业对应的职业岗位能力要求包括:

1）机械产品设计和机械加工工艺编制的能力；

2）机械加工设备的操作及维护能力；

3）机械加工零件的质量检测能力；

4）机械加工设备的安装调试及维修能力。

在这几个能力要求中，前3项都与本课程的内容相关，由此可以看出本课程在专业培养过程中的重要性。

4.1.3 在工程实践中的地位和作用

工艺是制造技术的灵魂，也是核心力量。制造工艺是制造技术的重要组成部分，也是其最有活力的部分。一件产品从设计变为现实必须通过生产加工才能完成，故而工艺是设计、制造的桥梁，设计的可行性一般会受到工艺水平的制约，由此工艺也就很容易成为设计的“瓶颈”。所以，不是所有被设计师设计出来的产品都能被加工出来，也不是所有设计出来的产品都能通过加工达到预定的技术要求。“设计”和“工艺”非常重要，缺一不可。很多人把二者割裂或对立起来，这显然不正确，应用广义的“制造”概念把它们统一起来。

现在，人们常比较看重设计师在产品创意上的作用，却未能正确评价工艺制造师的作用。事实上，很多例子都能生动说明制造技术的成功离不开较高的工艺水平。

机械制造是一门历史悠久的学科，在人类文明的发展进程中占据了重要地位。而机械制造工艺是专门研究产品设计、生产、加工制造、销售使用、维修服务，乃至回收再生的整个过程的工程学科。随着社会的发展，人类在进入21世纪后对产品的要求也发生了极大的变化，品种多样、更新快捷、使用方便、物美价廉成为产品必须具备的品质，如果产品还包含自动化程序，则进一步要求售后服务必须到位。综上所述，为适应时代要求，必须采用现代机械制造技术。

4.2 课程学习分析

4.2.1 研究对象和内容

任何机械产品都是由合格的零部件组装而成的，各种机械零件（如轴、盘、套、箱体、齿轮等）都要经过毛坯制造、机械加工来达到图样设计的结构形状和质量，然后经过组件、部件和整机装配来满足产品的性能。因此，机械制造工艺技术课程主要的研究对象是机械零件加工和产品装配工艺中具有共性的问题。其主要研究内容包括机械零件加工工艺规程、机械产品装配工艺规程两方面。

机械零件加工工艺规程制订主要是设计一个零件的加工工艺，机械产品装配工艺是根据产品质量要求设计一个装配工艺。虽然机械产品的结构各不相同，但其制造工艺所遵循的原理、方法和步骤有很多相似之处。因此，机械制造工艺技术课程就是要通过有关的教学环节，使学生对机械制造工艺的基本原理和概念、基本理论和方法以及基本规律有系统而全面的了解和掌握。机械制造工艺技术课程的一个重要任务就是培养学生对工艺的分析能力,使他们能在高效率、低成本的目标下,设计出优化的工艺过程方案,同时对实际生产过程中出现的问题进行正确分析和处理。

在实际生产中经常会发现同一零件可以用不同的工艺方案来完成。工艺方案不同,加工质量、难易程度、生产率及成本也有很大差异。

4.2.2 学习要求

掌握机械加工的一些基本概念的定义,对零件进行工艺分析,选择加工时的定位基准,安排加工路线,确定各工序余量、尺寸及公差,确定时间定额。掌握影响加工精度的各种原始误差及其各自的影响规律,掌握如何采取相应措施控制加工误差,掌握对加工误差进行统计分析的方法。掌握机械加工表面质量的含义及对零件使用性能的影响规律,掌握影响零件表面粗糙度的工艺因素及其改善措施,掌握影响零件表面层物理力学性能的因素及改善措施,掌握工艺系统振动的类型与控制振动的方法。掌握轴类零件、箱体零件的加工工艺过程安排及各种加工方法的选择。掌握保证装配精度的方法及相应装配尺寸链的解算方法,掌握装配工艺规程的制订及产品结构工艺性分析。了解现代制造技术的新成就及发展趋向。

4.2.3 学习重点

机械制造工艺技术课程的学习重点是有关零件的制造和产品装配方面的基本理论、基本知识以及基本专业技能的掌握。具体如下:

1) 各种加工精度的获得方法,工艺系统几何误差及原理误差,工艺系统受力变形对加工精度的影响,工艺系统的热变形,测量误差,提高加工精度的措施。

2) 切削后工件的表面粗糙度,磨削后工件的表面粗糙度;表面粗糙度的形成及影响因素,提高表面质量的方法,自激振动理论。

3) 工艺规程的基本概念,工艺规程的制订步骤,基准选择,路线拟订,工序内容确定,工艺经济性分析。

4) 尺寸标准和精度标准的具体确定,装配工艺性。

5) 封闭环的具体分析,封闭环的确定,装配尺寸链的建立,装配尺寸链封闭环的确定,装配尺寸链的计算。

6) 轴类加工,齿轮加工,箱体加工。

7) 工件定位,定位方式与定位元件,定位误差分析计算,工件夹具与夹紧结构设计,典型夹具结构和夹具设计方法与步骤。

8) 成组技术,数控制造系统,柔性制造系统,快速成形技术。

4.3 课程教学分析

4.3.1 教学工作过程分析

高职教育是以能力、素质培养为中心,以输出实用型高技能人才为目标的教育体系,因此高职院校中的机械制造工艺技术课程教学不能简单地照搬本科院校或技术学校的教学方法,而必须将两者结合,采用合适的教学方法,并根据教学条件和学生的实际情况进行讲授。

在教学过程中采用头脑风暴教学方法,根据专业职业能力培养的需要,密切联系产业发展实际需求,将机械制造工艺技术教学内容设计成具体项目课题,根据课题组织实施教学与考核,使专业人才培养的能力目标得以实现。头脑风暴教学法是一种教学模式,是师生通过共同实施一个完整的"课题"工作而进行的教学活动。该教学过程中采用小组工作法,在学习运用专业知识的同时,有利于培养学生的团队精神和合作能力。课程项目化的教学目标是职业技能的综合培养;课程教学内容是密切联系的企业项目与任务,课题需要什么知识就学什么,是根据企业需求工作任务的完整性和相关性来构建课程内容的;改变了以往"教师讲,学生听"的被动的教学模式,创造了学生主动参与、自主协作探索创新的新型教学模式。头脑风暴教学法打破了传统教学法以章节为主线,教师将章节中包含的知识点逐一传授给学生,学生被动地接受知识的教学模式,而是将教学内容设计成一个个的课题任务。学生通过完成教师布置的各个课题工作,在完成工作过程中主动地获取知识。学生成了学习工作的主体,教师成为主导,以课题作为激发学生学习的动力和引导学生把握学习内容,学生在教师的指导下,以课题为基础,以工作任务为依托,以自学、讨论、探究为主体开展的教学活动,对提高教学质量和学生的综合素质,具有明显的作用。教学方法强调学生自主性、师生互动性与成果应用性紧密结合。课程课题化是传统的课堂教学模式的重大变革,它不仅使课堂教学气氛变得更加活跃,而且使学生得到专业化训练,使职业技能的综合培养找到了一条切实可行的途径。

教学工作过程具体可分为以下几个过程。

1. 确定课题,明确任务

围绕课程知识目标和能力目标的要求,用头脑风暴教学方法组织教学,将原课程知识点重构于若干个课题项目中,下面以孔加工为例进行分析。

选定一个有多种不同类型孔的零件(如箱体类零件),首先让学生根据孔的形状和技术要求,认识孔的特征和分类,了解孔加工的技术要求。

2. 分析任务

引导学生对孔加工进行任务讨论:孔有哪些加工方法,查阅工具手册,了解不同加工方法加工后所能达到的加工精度,结合给定的具体零件,选择合适的加工方法。如直径小的孔可以钻孔,直径大的孔可以镗孔,进一步让学生明白粗加工和精加工的概念,精度要求高的孔需采用铰孔加工,直径大的孔要精镗或磨孔;如果表面粗糙度值很小,磨削不能满足,还可以采用光整加工。

3. 实施任务

以小组为单位,依据上面的分析结果,根据零件要求制订孔加工过程,并引入切削参数的概念,引导学生根据不同的加工方法选择相应的切削参数,让学生明白切削参数对加工精度和表面质量的影响。

4. 评价任务

请各小组学生展示完成任务的情况,并依次进行评价,同时引入工艺规程经济评价方法。不同学生会有不同的见解,教师在评价中应避免使用诸如正确、错误等结论性语言以防止对持不同观点者形成压制。

5. 总结任务

对各小组学生完成任务的情况进行总结。指出完成本次任务应依据本课程的哪些相关知识,如上面实例涉及加工方法,粗、精加工,光整加工,切削参数,工艺规程经济评价等相关内容,并对这些内容进行复习,列举一些相关项目,请同学们举一反三,课后练习。

4.3.2 课程教学的能力目标

通过本课程的学习,能使学生达到如下能力目标:

1)掌握机械制造的基本理论和工艺规程的编制,对工艺问题能进行分析和提出改进措施。

2)掌握零件加工和机器装配结构工艺性的原则,设计的产品具有良好的结构工艺性。

3)掌握保证机器装配精度的方法。

4)掌握机床夹具的设计原理和方法,具有设计机床夹具的初步能力。

5)具有综合分析和解决实际工艺问题的能力,提出保证质量,提高劳动效率,降低成本的工艺途径。

4.3.3 教学重点分析

机械制造工艺技术课程的教学重点主要有机械加工精度、机械表面质量、工艺规程设计、产品装配及夹具设计、机械制造的基本理论和工艺规程的编制。重点培养机械设计与制造专业的学生三方面的能力,即综合理解和运用机械工程基本知识的能力、机械加工技术应用能力、工艺实施应用能力。

机械加工精度重点讲解加工精度的影响因素和提高加工精度的措施,让学生了解加工精度的重要性;表面质量重点讲解表面粗糙度对产品质量的影响,让学生了解不同加工方式所能达到的表面粗糙度;工艺规程设计重点讲解如何设计一个符合生产实际的零件加工工艺规程,通过课程设计提高学生在生产实践中的理解水平,让学生明确工艺规程对零件加工的重要性,要求学生能熟练掌握;产品装配重点讲解装配对产品质量的重要性,用产品质量的实例来说明装配对产品质量的重要性,要求学生了解多种不同的装配方法;夹具设计主要通过课程设计的方法来培养学生的独立设计能力,可以以生产中的零件为研究对象,让学生进行夹具设计,使学生获得实际设计经验。

4.3.4 教学难点分析

机械制造工艺技术课程是机械类专业的一门重要的专业基础课，涉及面广，概念性强。与生产实践关系密切，学生在学习过程中普遍感觉不易掌握，缺乏兴趣。为激发学生学习该课程的积极性、主动性，针对该课程目前存在的问题，可从以下几个方面解决该课程的教学难点：

1）改革教学方法和教学手段。由浅入深给学生介绍课程体系，包括毛坯制造工艺、零件切削加工工艺和机械加工工艺规程制订三部分内容，可以使学生获得机械制造的常用工艺方法和零件加工工艺过程及装配的基础知识，对机械制造工艺过程形成一个完整的认识，从而增强学生在实际工作中的适应性，以达到一专多能，打好必要的理论基础。同时采用启发式教学以引导、帮助和促进学生对知识的领悟，激发学生独立思考和创新的意识。通过启发式教学，不仅可以巩固所学过的知识，而且可以帮助学生学会从多方位、多角度去思考，有利于调动学生的学习积极性，培养学生的创造性。变灌输式教学为方法论教学，将传统教学中的教学模式变为师生共同活动的教学方式。在教学的过程中，多开展师生互动，采用“教师引在前、讲在后，学生想在前、听在后”的方法，引导学生自己思考解决问题；让学生多开展讨论，使学生积极思考，打开思路，同时教师参加讨论，对重点、难点做讲解，最后进行总结；也可以安排学生动手实践，这样就能取得意想不到的效果。

2）重视实践教学，加强能力培养。实践教学是培养学生综合能力的重要环节，把理论教学与实践教学相结合，是专业知识向实践能力转化的重要手段。培养既懂专业又会操作的“双师型”教师是开展实践教学的前提。这样的教师才能将理论教学与实践教学融为一体，得心应手地将各方面知识融会贯通，最终达到较好的教学效果。在本课程的学习中一般安排两周左右的实践教学，实践教学包括参观、实习。根据授课内容，将学生带到实习工厂，组织学生参观，参观前应布置预习，使学生做到心中有数，参观时教师引导学生注意观察机床主体结构、主要部件及作用、传统系统、刀具、夹具等，并边操作边讲解，提高感性认识，解决学生的问题。参观后进行总结。实习的内容有车、铣、刨、磨、钻等工种，着力培养学生的动手操作能力。要求学生根据零件图，读懂图样、制订加工工艺规程、加工零件。训练学生将已学知识应用到实际生产中，让他们真正感觉到学有所用，从而提高学生学习理论课的自觉性，使学生获得一个完整的机加工过程概念，这样不仅可以巩固已学的知识，强化学生的专业思想，也能够为后续课程的学习打下良好的基础。

3）因材施教，教师传授知识的同时，应注重能力培养。课堂上着重讲清基本概念和基本理论，分析重点和难点。简单的让学生自学，使学生表达能力和逻辑思维能力得到一定的锻炼。在自己解决了一些实际问题后，学生有了成就感，进而激发了学习的兴趣。对于学习兴趣更浓、能力较强的学生，每个章节均应推荐学习参考书及相应的制造工艺手册，并介绍手册的使用方法，这对他们以后从事工程技术应用工作非常有益。

4.4 基于头脑风暴教学法的课程教学设计

机械制造工艺技术是机械工程专业的一门重要的，涉及面宽、实践性强的主干学科基础课程。课程设置的目的是使学生在制造技术方面获得最基本的专业知识和技能,为达到能够独立分析和解决工程实践问题,开展新工艺、新技术创新的目的打下基础。

4.4.1 头脑风暴教学法的应用

1. 头脑风暴教学法的内涵

头脑风暴教学法是教师引导学生就某一课题自由地发表意见,在发表意见时,教师不对其正确性或准确性进行任何评价,以求得到尽量多的解决问题方案的教学方法。

头脑风暴最早是精神病理学上的用语,指精神病患者的精神错乱状态,美国创造学家奥斯本借用这个概念来比喻思维高度活跃,打破常规的思维方式而产生大量创造性设想的状况。如今头脑风暴意味着无限制的自由联想和讨论,其目的在于产生新观念或激发新设想。此法经各国创造学研究者的实践和发展,如今已经形成了一个创造发明的技法群,如奥斯本智力激励法、默写式智力激励法、卡片式智力激励法等。

2. 头脑风暴教学法的基本规则

1）不对任何设想做出评价;

2）鼓励狂妄的和夸张的想象;

3）重量不重质;

4）寻求思想的联想和配合,允许在他人提出的观点之上建立新的观点;

5）所有构想平等,每个想法都有同等的价值。

3. 头脑风暴教学法的具体操作方法

头脑风暴教学法可以将列举法、二元坐标连对法和焦点法进行综合运用。

（1）列举法

列举法是将认为有必要的东西,经充分想象后,全部列举出来。这是头脑风暴教学法的第一步骤。列举过程中可以有意识地进行简单的分类,以免造成太凌乱的感觉。

（2）二元坐标连对法

将列举出来的事物分别标在坐标系的横坐标和纵坐标上,然后将其一一扫描配对,看结合起来会产生什么新构想。思路越广越好,构想多多益善。

通过二元坐标连对法得出的新构想不一定都能产生实际的效果,但这些构想对激发灵感有巨大的作用。另外,判断一个新构想要从可行性、经济性、时间性等多个角度综合调查,既不能轻易否定,也不能轻易采纳。

运用头脑风暴教学法进行二元坐标连对时会产生一个明显的特点,即要对特定的东西加以研究,很难得出一个固定的研究主题。而焦点法可解决这一问题,它使头脑风暴教学法更具有实用性,更趋完善。

（3）焦点法

列举法在构思创造新事物时,因所考虑的项目太过复杂,没有一个固定的研究主题,而且所依据的只是物与物的组合而已,因此在思考上很难发挥出应有的联想。

焦点法和列举法的不同之处在于开始思考前,就必须决定要创新的目标,即焦点,然后根据这个目标来进行思考。也就是说,要把思考的焦点定位在一个已经决定好的目标上。焦点法使参与者的想象力既自由发挥又具有针对性，使丰富而强大的联想力与设计或创造的终极目标相结合。

4. 实施头脑风暴教学法的意义

传统的学校教育注重于书本知识的传授，采用的是以教师为中心讲授知识的教学方法，很少考虑培养学生把合理的幻想、想象与现实相结合的能力以及发散思维能力。这在很大程度上束缚了学生创造能力的发展。头脑风暴教学法可以促进学生创造力的发展，通过同学之间的相互激励，获得大量构思，从而达到创造性解决问题的目的。头脑风暴教学法的意义主要体现在以下几个方面：

1）可以激发学生的创造力。在不受任何限制的情况下，集体讨论问题能激发人的热情，人人自由发言，相互影响，相互感染，形成热潮，突破固有观念的束缚，最大限度地发挥创造性的思维能力。

2）可以创造性地解决问题。在集体讨论问题的过程中，每提出一个新的观念，都能引发他人的联想，相继产生一连串的新观念，产生连锁反应，形成新观念堆，为创造性地解决问题提供了更多的可能性。

3）可以增强学生的竞争意识。在集体讨论问题的过程中，人人争先恐后，竞相发言，不断地开动思维机器，力求有独到见解，新奇观念，促进了学生的竞争意识。

5. 头脑风暴教学法组织程序

头脑风暴教学法力图通过一定的讨论程序与规则来保证创造性讨论的有效性，因此讨论的程序构成了头脑风暴教学法能否有效实施的关键因素，从组织程序来说，组织头脑风暴教学法关键在于以下几个环节：

（1）选择合适课题

一次好的头脑风暴教学课程要从对问题的准确阐明开始，因此必须在课前确定一个学习目标，使学习者明确这次课堂学习需要解决什么问题，同时不要限制可能的解决方案的范围。一般而言，比较具体的课题能使学习者较快产生设想，主持人也容易掌握。比较抽象和宏观的议题引发设想花费的时间较长，设想的创造性也要求较强，且不容易把握，效果不突出。

（2）课前准备

为了使头脑风暴教学法学习的效率较高，效果较好，教师可在课前做一些准备工作。如在课后布置一下预习的任务，预先收集一些资料给学生参考，以便学生了解与课题有关的背景材料。就学生而言，在上课之前，对于要解决的问题一定要有所了解，做到有的放矢。教室也可作适当布置，座位排成圆环形的环境往往比常规教室式的环境对营造教学氛围更为有利。此外，在头脑风暴教学活动正式开始前还可以出一些测验题供学生思考，如益智性的脑筋急转弯题目，以便活跃气氛，促进积极思维的展开。

（3）确定人选

头脑风暴教学法的参与者一般以8～12人为宜，可略有增减（5～15人），也可把班级的学生分成两个对照组，组间轮流发言。参与者人数太少不利于交流信息，激发思维；而人数太多则不容易掌控，并且每个人发言的机会相对减少，也会影响课堂学习气氛。

（4）明确分工

头脑风暴教学法的主持工作，一般由熟悉课题背景的以及能够准确把握头脑风暴教学法的处理程序和处理方法的教师与组织能力强的优秀学生担任。主持者发言应能激起参加者的思维灵感,促使参加者感到急需回答提出的问题。通常在头脑风暴教学活动开始时,主持者需要采取询问的做法,因为主持者很少有可能在活动开始 5~10 min 内创造一个自由交换意见的气氛,并激起参加者踊跃发言。主持者的主持活动也只局限于活动开始之时,一旦参加者被鼓励起来以后,新的设想就会源源不断地涌现出来。

教师的角色不再是传统的讲授者,而是活动的主持人,同时可选定 1 或 2 名语言文字能力较好的学生作记录员。教师的作用是在头脑风暴教学活动开始时重申讨论的课题和纪律,在教学进程中启发引导,掌握进程。主持人要根据课题和实际情况需要,引导大家掀起一次又一次脑力激荡的"激波"。

(5) 规定纪律

根据头脑风暴教学法的原则,可规定几条纪律,要求参与者严格遵守,如要集中注意力,积极投入,不消极旁观;不要私下议论,以免影响他人的思考;发言要针对目标,开门见山,不要客套,也不必做过多的解释;参与者之间相互尊重,平等相待,切忌相互褒贬等。

(6) 掌握时间

时间由教师根据课题内容难易程度掌握,不宜在课前定死。一般来说,以一堂课的时间为宜。时间太短难以畅所欲言,太长则容易产生疲劳感,影响教学效果。经验表明,创造性较强的设想一般在课程开始 10~15 min 后逐渐产生。

4.4.2 教学方案

机械制造工艺技术课程教学使学生初步具有制订工艺规程的能力,掌握机械加工工艺方面的基本理论知识,对于改进机械加工工艺过程、保证加工质量方面的知识和技能应受到初步训练,了解现代制造技术的新成就及发展趋向。本课程各章节教学内容、基本要求、重点、难点及学时分述如下。

绪论(1 学时)

1. 教学目的和要求

了解制造业在国民经济中的地位,针对我国的机械制造业现状,指出我国机械制造业与世界发达国家的差距。

2. 教学内容

机械制造工艺的概念、学习的目的、特点、内容、发展方向。

第一章 加工精度分析(9 学时)

1. 教学目的和要求

使学生了解加工精度包括尺寸精度、形状精度、相互位置精度,掌握各种精度的获得方法,更清晰地明白在机械制造中存在的构件受力变形的实际问题,在以后的机械制造分析中能够从力学受力变形的角度来思考问题。系统地掌握工艺系统的热变形的相关知识和内容,同时能够熟练地掌握误差测量及其计算。

2. 教学内容

1) 加工精度包括尺寸精度、形状精度、相互位置精度,各种精度的获得方法;

2) 工艺系统几何误差及原理误差;

3）工艺系统的刚度，受力变形对加工精度的影响，机床刚度的测定，接触刚度，减少受力变形的措施；

4）工艺系统的热变形，工艺系统的热源，工艺系统的温升及其计算公式，机床的热变形对工件的影响，工件遇刀具的热变形，工艺系统热变形的对策；

5）残余应力引起的变形；

6）测量误差；

7）加工误差的统计分析法，加工误差的性质，分布曲线分析法，点图分析法；

8）提高加工精度的措施。

3. 本章重点

各种加工精度的获得方法，工艺系统几何误差及原理误差，工艺系统受力变形对加工精度的影响，工艺系统的热变形，测量误差，提高加工精度的措施。

4. 本章难点

误差测量及其计算。

第二章　表面质量(7 学时)

1. 教学目的和要求

使学生了解掌握各原理的基本模式概念和特征，能举例说明各原理；通过实际问题的讲解，使学生形成对机械制造表面质量和表面粗糙度的个体认识，培养学生独立思考、归纳的学习习惯；了解掌握机械加工振动的具体概念和分类；掌握提高表面质量的具体的方法，引导学生能够对机械的相关性能有更深的了解和掌握。

2. 教学内容

1）表面质量的含义以及对零件使用的影响；

2）表面粗糙度的形成及影响因素，刀具切削后的表面粗糙度，磨削后的表面粗糙度，表面加工硬化；

3）机械加工振动分析，受迫振动，自激振动；

4）提高表面质量的方法。

3. 本章重点

刀具切削后的表面粗糙度，磨削后的表面粗糙度；表面粗糙度的形成及影响因素，提高表面质量的方法，自激振动。

4. 本章难点

刀具切削后的表面粗糙度，磨削后的表面粗糙度，自激振动。

第三章　工艺规程制订(8 学时)

1. 教学目的和要求

使学生熟练掌握工艺规程的概念，在设计中能应用工艺规程的步骤和方法，掌握基准的选择和路线的拟订，熟悉工序的具体内容，能进行具体的经济分析。

2. 教学内容

1）工艺规程的基本概念，工艺规程的制订步骤；

2）毛坯选择；

3）基准选择；

4）工艺路线拟订；

5）工序内容确定；

6）工艺经济性分析。

3. 本章重点

工艺规程的基本概念，工艺规程的制订步骤，基准选择，路线拟订，工序内容确定，工艺经济性分析。

4. 本章难点

基准选择，工艺经济性分析。

第四章 结构工艺设计(5学时)

1. 教学目的和要求

掌握各种标准的具体概念，掌握机械加工中的毛坯结构的工艺设计原则，以便于加工和装配，同时又满足精度要求和尺寸要求。

2. 教学内容

1）尺寸标准；

2）精度标准；

3）便于加工；

4）装配工艺性。

3. 本章重点

尺寸标准和精度标准的具体确定，装配工艺性。

4. 本章难点

尺寸标准和精度标准的具体确定，装配工艺性。

第五章 尺寸链的应用(10学时)

1. 教学目的和要求

掌握尺寸链的基本概念以及怎样画出尺寸链的具体方法，正确确定尺寸链封闭环，熟练计算尺寸链，熟悉掌握和运用相关尺寸链进行具体设计，掌握装配尺寸链的基本概念及计算。

2. 教学内容

1）尺寸链的概述，封闭环的具体分析；

2）尺寸链的解法，找封闭环；

3）工艺过程尺寸链的概念，工艺过程尺寸链的其他知识；

4）装配尺寸链的概念，装配尺寸链封闭环，装配尺寸链的其他相关知识。

3. 本章重点

封闭环的具体分析，封闭环的确定，装配尺寸链的建立，装配尺寸链封闭环的确定，装配尺寸链的计算。

4. 本章难点

封闭环的具体分析，封闭环有确定，装配尺寸链的计算。

第六章 典型零件加工(5学时)

1. 教学目的和要求

重点掌握轴类加工，熟悉套筒加工，熟悉齿轮加工的一些具体方法，重点掌握箱体加工的具体原则和工艺要求。

2. 教学内容

轴类加工,套筒加工,齿轮加工,箱体加工。

3. 本章重点

轴类加工,齿轮加工,箱体加工。

4. 本章难点

齿轮加工,箱体加工。

第七章 机床夹具设计(10 学时)

1. 教学目的和要求

了解机床夹具设计的具体概念,使学生在设计中熟练掌握工件定位的相关知识,重点掌握定位方式和定位元件,为课程设计打下扎实的基础;重点掌握典型夹具的具体应用,提高学生的机械设计的水平,掌握夹具设计方法与步骤。

2. 教学内容

1) 夹具概念;

2) 工件定位,定位方式与定位元件;

3) 定位误差分析计算;

4) 工件夹具,夹紧结构;

5) 典型夹具;

6) 夹具设计方法,夹具设计步骤。

3. 本章重点

工件定位,定位方式与定位元件,定位误差分析计算,工件夹具与夹紧结构,典型夹具,夹具设计方法与步骤。

4. 本章难点

工件定位,定位误差分析计算,典型夹具,夹具设计方法与步骤。

第八章 先进制造技术(7 学时)

1. 教学目的和要求

重点掌握成组技术,熟悉数控制造系统的相关内容,为工厂实习奠定知识基础,重点掌握柔性制造系统的内容,为工业工程思想的具体深化和机械制造的具体应用做准备,并了解集成制造系统,熟悉计算机辅助工艺过程设计 CAPP 和快速成形的具体内容。

2. 教学内容

成组技术概述,数控制造系统,柔性制造系统,集成制造系统,计算机辅助工艺过程设计(CAPP),快速成形。

3. 本章重点

成组技术,数控制造系统,柔性制造系统,快速成形。

4. 本章难点

柔性制造系统,快速成形。

4.4.3 教学实施

头脑风暴教学法应用于机械制造工艺技术课程教学活动中，教师和学生可以通过头脑风暴教学法讨论和收集解决实际问题的意见和建议，如齿轮如何加工，孔如何加工，加工怎样达到精度要求，表面粗糙度，工件加工时位置确定，等等。每次课程要根据教学对象、教学目标、教学内容等方面的不同，设立不同的实际问题，启发学生思考，因此在教学媒体、工具、设备、文件手册、实施过程和步骤以及教学效果评价等方面的取舍也要有所区别。在此，以机械制造工艺技术课程的教学实践活动过程作为主要分析对象，说明头脑风暴教学法的工作过程。

1. 教学对象

不分对象的选择是盲目的，因此决定实施头脑风暴教学法时，教师要对学生即参与者的整体情况有一个比较深入的了解，包括学生所掌握的专业基础知识面、学生的学习态度、参与创新实践活动的积极性、综合能力水平等。若参与者没有一定的知识背景作支撑，没有参与活动的积极性以及一定的想象力和创造力，只会使教学效果大打折扣。

2. 教学目标

头脑风暴教学活动的首要目标是获取尽量多的关于教学主题的设想等，每一次头脑风暴教学活动的教学目标应该是明确而具体的，有一定现实意义；抽象且不切实际的主题往往会使活动难以激起参与者的共鸣，丧失参与的积极性，活动也就难以展开，更不容易达到收获大量关于教学主题设想的目标。

3. 教学内容

把丰富的教学内容融入教学活动中是一种美好的愿望，但头脑风暴教学活动的时间安排一般不能太长，否则会令人疲劳，每一次的教学内容不宜太多太难，以便将参与者的注意力集中到主要任务上。另外，要注意头脑风暴教学法不是一个适用性极强的方法，所选的教学内容要有可以发挥参与者丰富想象力、能动性的特征，方可运用头脑风暴教学法来组织教学，若教学内容局限于一点，参与者难以发挥想象，则不宜采用。

针对机械制造工艺技术课程的特点，将内容分为加工精度、表面质量、加工工艺和夹具四大部分。加工精度重点讲述各种精度的获得方法，以高精度的轴承为例，分析高精度对产品质量的影响。表面质量重点讲述机械零件表面质量的作用，以配合精度高的液压阀阀芯的表面为例引导学生进一步了解表面质量对性能的影响。加工工艺以典型零件为例，讲解其加工工艺过程，如箱体加工、轴加工等。夹具设计以钻夹具、铣夹具为例，用典型夹具引入夹具设计的概念、步骤。

4. 教学媒体工具

教师作为头脑风暴教学活动的主持人，可以借助媒体辅助工具来展开教学活动，可以用事先准备好的或者收集到的一些声像、图片资料等来引入教学主题，这样不但可以尽快切入讨论的主题，提高教学活动的效率，也可以加深参与者对活动主题的理解和印象。

5. 教学场所和设备

由于机械加工技术专业实践活动具有不同于其他专业的特征，在头脑风暴教学活动中可以考虑选用一些合适的教学设备或用具作为活动开展的辅助手段；教学场所也不仅仅局限在教室，可以安排在实习车间、理实一体化实践基地、实训中心等。

6. 撰写教案、制作课件

为了提高教学效率，特别是在学生人数较多的班组开展头脑风暴教学活动，教师要提前准备好相关的教案和课件，如教学工作页、教学主题描述、教学目标定义、活动规则、数据分析表格、坐标记录纸等，活动中所需要的基本资料、标准等则制成课件，方便查阅，这样可以在有限的时间单元里完成较多的任务，取得更好的教学效果。

7. 实施过程和步骤

头脑风暴教学法的实施过程应该按照合理的组织程序展开，可以有一定的灵活性，但不能违背畅所欲言、各抒己见、不褒不贬等原则，否则影响最终的效果。按照教学主题的总体目标和分目标任务，逐步推动头脑风暴的形成。

8. 后期工作

头脑风暴教学法的后期工作是在教师的引导下，全体参与者对第一阶段收集到的所有设想进行分析、筛选、评判，从而求出优化的问题解决方案，并在条件具备的情况下进一步对方案实施的可行性进行检验，用客观的结果或现象对本次教学效果进行评价。

4.4.4　教学案例

孔加工是金属零件加工过程中常见的加工任务，对于不同类型的孔加工任务，其工艺路线的拟订过程各有不同，正确拟订其加工工艺路线是机械加工技术专业人员应掌握的专业技能之一。

1. 教学对象

具有普通机械切削加工工艺基础知识和技能的中等职业学校机械加工技术专业学生，有参与头脑风暴教学活动的积极性，了解活动的规则、秩序以及目标要求等。

2. 教学目标

1）认识孔的结构特征和分类；

2）了解孔加工的一般技术要求；

3）了解孔加工的特点；

4）明确制订孔加工的基本工艺路线方法。

3. 教学内容（4学时）

分析图4.1、图4.2所示减速箱的相关孔的特征并拟订其加工路线。

由于本教学内容涉及多个侧面，故可以按照分目标有所侧重地进行头脑风暴教学活动，见表4.1。

4. 教学条件

文本资料：零件图样，编制加工工艺的规范、图表、手册，刀具选用图表，通用夹具选用说明书，专用夹具使用说明书，机床操作手册，课件等。

实体工具：机床设备、刀具、夹具等工艺装备，通用计算机、投影仪、黑板等。

5. 实施过程和步骤

步骤1　预备知识提示

利用辅助的引导文本资料、工具手册等，对孔加工的基础知识以及相关的刀具、设备作简单介绍，见表4.2。

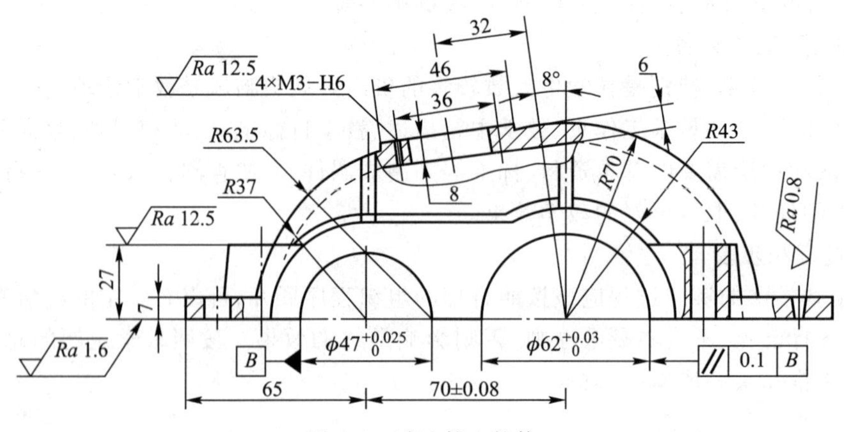

图 4.1　减速箱上箱体

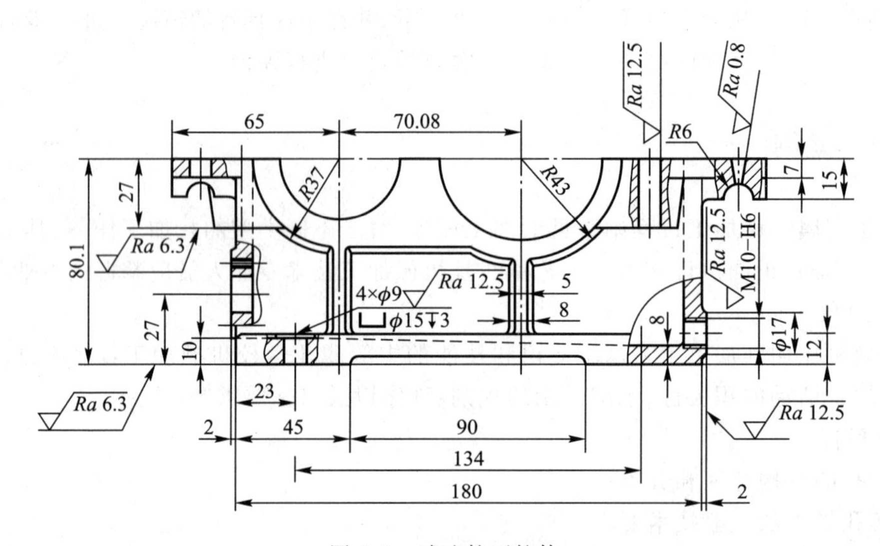

图 4.2　减速箱下箱体

表 4.1　教学内容

分目标	教学内容侧重点	操作方法
孔的结构类型认识	孔有哪些不同形状、结构？孔系的特点是什么	列举法
	有哪些不同类型的孔与孔系	
内圆表面的一般技术要求	孔有哪些不同用途、不同技术要求	二元坐标连对法
	针对不同技术要求有哪些加工方式	
内圆表面加工工艺路线拟订	安排孔加工的工艺路线应综合考虑哪些方面的影响	焦点法
	各种孔加工手段的特征及其要注意的工艺问题有哪些	

表 4.2 预备知识提示

知识点	内容
孔的结构类型	不同种类零件上孔的形状、位置尺寸大小、精度等
内圆表面的常用技术指标	1. 尺寸精度;2. 位置精度;3. 表面质量
孔加工工艺措施	车、钻、扩、铰、镗、拉、推、磨

步骤 2 教学实施过程

教学实施过程见表 4.3。在实施过程中,运用 PP 文本、图片、EXCEL 表格等媒体工具来明确任务,整理激发出并收集到的全部设想,及时在黑板或在电子演示课件中列举出来,让参与者对课题探讨的内容有整体认识,并由此获得相互激发而进一步产生丰富的联想。

表 4.3 教学实施过程

教学实施工作过程	工作任务	教学组织	学时分配
资讯准备	分析零件加工要求,理解孔加工重点;了解工具基本条件和技术参数、工艺及其他信息	教师公布工作任务,提出活动建议,提供获取资讯的方法与途径	预备
计划决策	拟订活动过程,确定活动场所、人员构成、运作方式等	关注参与者的基础知识面,对活动方案进行可行性思考,确定一个难易程度适中的目标	课前
活动实施	按照工作计划、依照分目标的实施程序,由问题引导实施头脑风暴教学过程等	关注参与者的想象力、智力激荡等拓展能力,关注各种媒介的使用,控制活动进程	2
评价处理	分析全部方案设想,提出改进措施等,优化出可行的问题解决方案	评估设想的质量,关注团队合作、相互激励等评价	2

步骤 3 教学组织形式

将一个教学班级分成两个对照组或从教学班级中挑选出部分基础知识较为全面的学生组成一个决策团队;若因参与者较多分成两组,每组推选出一名有较强的文字概括能力的学生作为记录员,协助教师完成各自班组的设想记录与整理工作;记录的同时可以将各种设想有意识地按照不同范畴以坐标系的形式列举,然后用焦点法来分析,也可以考虑用列举法展示所搜集的较为凌乱的原始信息。

步骤 4 教学内容辅助材料

教师为了较好地达到教学目标,取得明显的教学效果,加深学生对所学知识的认识,课前需要做大量的准备工作。首先要制订教学任务书,教师自己使用。孔(内圆表面)加工工艺路线拟订教学任务书见表 4.4。

表4.4　孔(内圆表面)加工工艺路线拟订教学任务书(教师用)

学习情境	孔(内圆表面)加工工艺路线拟订		学时:4
学习目标	1. 认识孔的结构特征和分类 2. 了解孔加工的一般技术要求 3. 了解孔加工的特点 4. 明确制订孔加工的基本工艺路线方法		
教学重点	1. 孔的结构类型 2. 内圆表面的常用技术指标 3. 孔加工工艺措施		
教学方法	头脑风暴教学法		
参与对象	具有一定的普通机械加工技术常识的,有一定参与头脑风暴教学活动积极性的,熟悉活动规则、意义、目的的学生班组		
工具准备	文本资料: 零件图样,编制加工工艺的规范、图表、手册,刀具选用图表,通用夹具选用说明书,专用夹具使用说明书,机床操作手册,课件等 实体工具: 机床设备、刀具、夹具等工艺装备,通用计算机、投影仪、黑板等		
教学实施工作过程	工作任务	教学组织	学时分配
资讯准备	分析零件加工要求,理解孔加工重点;了解工具基本条件和技术参数、工艺及其他信息	教师公布工作任务,提出活动建议,提供获取资讯的方法与途径	预备
计划决策	拟订活动过程,确定活动场所、人员构成、运作方式等	关注参与者的基础知识面,对活动方案进行可行性思考,确定一个难易程度适中的目标	课前
活动实施	按照工作计划、依照分目标的实施程序,由问题引导实施头脑风暴教学过程等	关注参与者的想象力、智力激荡等拓展能力,关注各种媒介的使用,控制活动进程	2
评价处理	分析全部方案设想,提出改进措施等,优化出可行的问题解决方案	评估设想的质量,关注团队合作、相互激励等评价	2

其次,因为参与者通过头脑风暴激发出的加工工艺路线和方案带有较大的不确定性,需要教师及时做好组织、引导、归类等工作。对可能涉及的装夹工具、刀具、机床设备、工艺规范等都要做好一定的准备资料,课前可以将相关资讯作为教学主题的引导性文本资料提供给学生,或者布置一些自学任务给学生。

步骤5　教学活动评价

教学活动评价包括两部分:第一部分是孔的加工工艺路线拟订项目评分标准,见表4.5;第二部分是头脑风暴教学活动完成情况评价,见表 4.6。

表 4.5 孔的加工工艺路线拟订项目评分标准

<table>
<tr><th>项目</th><th>序号</th><th colspan="2">检测内容</th><th>配分</th><th colspan="2">评分标准</th><th>得分</th></tr>
<tr><td rowspan="2">项目任务</td><td>1</td><td colspan="2">项目目标任务</td><td>5</td><td colspan="2">明确本项目的最终目标</td><td></td></tr>
<tr><td>2</td><td colspan="2">小组分工</td><td>5</td><td colspan="2">小组人员分工具体、细致、合理,计划周密</td><td></td></tr>
<tr><td>项目准备</td><td>3</td><td colspan="2">项目资料准备</td><td>10</td><td colspan="2">技术资料准备充分,归类保管规范</td><td></td></tr>
<tr><td>孔的结构特征分类</td><td>4</td><td colspan="2">该零件中孔的种类划分及其加工方式选择</td><td>10</td><td colspan="2">能准确界定零件中孔的种类,合理选择加工方法</td><td></td></tr>
<tr><td>孔的加工技术要求</td><td>5</td><td colspan="2">分析减速箱的图样,明确孔的作用、加工要求</td><td>10</td><td colspan="2">准确掌握零件的结构特征和各个加工对象的作用</td><td></td></tr>
<tr><td rowspan="3">孔的加工工艺特点</td><td>6</td><td colspan="2">加工工序划分</td><td>20</td><td colspan="2">工序划分合理,加工质量、效率高</td><td></td></tr>
<tr><td>7</td><td colspan="2">工步内容确定</td><td>10</td><td colspan="2">工步划分适应加工质量要求</td><td></td></tr>
<tr><td>8</td><td colspan="2">切削参数选择</td><td>10</td><td colspan="2">切削速度、进给量、背吃刀量、走刀次数等选择合理</td><td></td></tr>
<tr><td rowspan="2">孔的加工工艺路线</td><td>9</td><td colspan="2">工艺过程卡、工序卡等工艺文件的编制</td><td>10</td><td colspan="2">技术文件内容完善,分析报告清晰,支撑资料齐全</td><td></td></tr>
<tr><td>10</td><td colspan="2">零件整体加工与孔加工工艺方案的经济性</td><td>10</td><td colspan="2">加工工艺路线符合生产实际条件,有较高的经济性</td><td></td></tr>
<tr><td colspan="2">合计</td><td colspan="2"></td><td></td><td colspan="2"></td><td></td></tr>
<tr><td>组别</td><td></td><td>操作时间</td><td>始 时 分
止 时 分</td><td>日期</td><td></td><td>考评教师</td><td></td></tr>
</table>

表 4.6 头脑风暴教学活动完成情况评价

序号	评分项目及其评分标准得分系数(优秀—1、良—0.8、中—0.5、差—0.2)					小组得分(全班分 2 组)	
	项目	优	良	中	差	第 1 组	第 2 组
	问题表述清楚、准确(10 分)						
	思维敏捷、思路开阔(10 分)						
	活动组织程序合理(10 分)						
	活动时间控制准确(10 分)						
	组员相互合作能力(10 分)						

续表

序号	评分项目及其评分标准得分系数(优秀—1、良—0.8、中—0.5、差—0.2)					小组得分(全班分2组)	
	项目	优	良	中	差	第1组	第2组
	组员积极参与态度(10分)						
	问题分析准确透彻(10分)						
	解决问题途径有效(10分)						
	基础知识得到复习巩固(10分)						
	新知识技能拓展(10分)						
	合计						

6. 教学效果评价

头脑风暴教学法的实施最大限度地调动了学生的积极性,通过明确任务,激发学生探讨孔加工的兴趣,由此获得相互激发而进一步产生丰富的联想。通过教学活动的整个过程,学生不仅明确了制订孔加工工艺路线的基本方法及要注意的一些问题,而且通过集体的智慧激励出了多种孔加工工艺路线,提高了学生将合理的幻想、想象与现实相结合的能力以及发散思维能力,激发了学生的创新思维。培养了学生探究式的学习和创新能力,独立学习和获取新知识、新技能的能力,较强的语言表达能力、沟通能力和组织实施能力,这对他们今后的学习和工作十分有利。

复习思考题

4.1 机械制造工艺技术课程的主要特点有哪些?

4.2 机械制造工艺技术课程的教学任务与要求有哪些?

4.3 结合中等职业技术教育的特点与要求,说明如何选择机械制造工艺技术课程的教学方式与方法。

4.4 根据中等职业技术教育存在的困难与难点,提出你在教学的组织与实施过程中采取的措施与方法,并说明如何取得好的教学效果。

4.5 实施头脑风暴教学法的具体组织程序是什么?

4.6 选择机械制造工艺技术课程的某一教学内容,设计实施头脑风暴教学法的教学方案。

第5章 基于情境教学法的机床电气控制与PLC课程教学

5.1 课程的地位与作用

5.1.1 课程特点

机电控制是现代工业的基础,其核心思想是将机械、电子、信息、控制有机结合,以实现工业产品和生产过程整体最优化与智能化。随着我国经济持续发展,工业自动化水平迅速提高,为适应工业发展对具有实践性、创造性等综合能力且素质高的技术人才的迫切需要,机电类课程教育改革不断深入。机电控制类专业课涉及“机”和“电”两个方面,机电一体化也体现在学生知识体系的融合上,“机”与“电”共同支撑了机械设计与制造及其自动化专业,随着传感检测技术、现代信息处理技术、计算机应用技术、微电子技术和半导体制作工艺的不断进步,“电”对于该专业的重要性正在逐步提升,促使机电控制类专业课在内涵与外延上发生了意义深远的变革。

机床电气控制与PLC作为机电类专业主要课程是现代机械工程技术不可或缺的有机组成部分,相关控制技术知识及其应用于机械对象或系统,对于现代机械工程技术人才培养十分重要。随着计算机技术的不断发展,以可编程序控制器、变频器调速为主体的新型电气控制系统得到迅速发展,并广泛应用于各行业,尤其是机床行业中。机床是典型的机电一体化设备,其控制综合应用了继电器-接触器控制技术、可编程控制技术、计算机控制技术及自动控制技术等。机床控制包含的内容非常广,其知识和技术将随计算机技术及数控技术的发展而不断地更新。因此,机床电气控制与PLC课程主要是让学生了解机床电气控制的原理和控制方法,掌握机床电气控制的基本知识,并能结合实际去分析典型机床电气的控制电路,看懂机床电气说明书及有关图样,为机床的故障诊断及维修打下基础。该课程的主要特点是集机、电、液于一体,理论性和实践性都很强。有过企业工作经历的人都知道,如果能较好地掌握机床电气控制与PLC的相关知识和技能,则对于胜任自动化设备乃至大型自动化生产线的控制系统,无论是安装调试,还是基本设计,都将起到十分重要的作用。特别是PLC的应用,在当今的自动化生产过程中已无处不在。另外,该课程也是取得国家职业资格等级证书(维修电工、高低压电气元件装配工)的核心课程,是提高学生自动化设备及生产线控制系统安装、调试、维修、维护、设计能力的最为重要的课程。学好此门课程对于学生将来的就业与发展都将起到至关重要的作用。

5.1.2 在专业培养体系中的地位和作用

本课程是机械制造工程及自动化、机械电子工程、数控技术应用、模具设计与制造等专业的重要技术专业课,是培养机械类自动控制方面技能的核心课程。通过本课程的学习,可以让学生熟悉和掌握机床控制电路的基本环节及PLC控制系统设计，培养学生对典型机床的控制电路进行维修、改造和设计的能力。

机床电气控制与PLC课程作为机械专业培养体系的核心课程，主要是培养学生运用电工及控制技术的知识和技能对机械加工设备进行维护与保养的综合应用能力。在教学体系中，它不仅为电机控制技术、数控机床、机床课程设计等后续课程、集中实训和毕业设计打下基础，而且为相关专业学生考初、中级电工资格证书做准备。课程一方面对学生职业能力培养起主要支撑作用，对学生完成生产设备中的电气线路安装、运行与维护等工作任务起到主要的作用；另一方面对学生职业素养的培养起明显的促进作用，注重培养学生的用电安全意识、时间效益意识、交流合作意识、团队协作意识、相互沟通意识、自主学习意识等。另外，本课程还担负着帮助毕业生胜任机床设备机械装调工、电气装调工、机械维修工、电气维修工等就业岗位的重任。

因此，机床电气控制与PLC课程在中等职业教育的人才培养方案中占有非常重要的地位，这些课程决定着技能人才的职业能力。

5.1.3　在工程实践中的地位和作用

以继电器-接触器逻辑控制和可编程序控制器(PLC)为主要组成部分的电气控制技术，在现代工业领域特别是机电设备控制技术中发挥着不可替代的作用。在传统的机床电气控制系统中，继电器-接触器逻辑控制是主要的控制方式。随着技术的进步和生产过程的日益复杂，PLC技术得到迅速发展，其应用范围也日益广泛，PLC、机器人、CAD/CAM技术已成为现代工业自动化的三大支柱。由于PLC技术是在继电器-接触器逻辑控制技术的基础上发展起来的，学习继电器-接触器逻辑控制技术对学习PLC技术具有支撑与促进作用。因此，本课程在专业领域内对提高学生工程实践和增强专业分析问题、解决问题的能力具有重要作用。

5.2　课程学习分析

5.2.1　研究对象和内容

机床电气控制与PLC课程主要以三相异步电机的基本控制、典型机床的电气控制、典型机床的PLC控制、机床主轴的变频器调速及数控铣床的电气控制等为研究对象，通过以企业常用机床为实例，知识由浅入深、技能由简到繁，最终以能看懂机床电气说明书、看懂电气图样为目标，使学生学习本门课程后获得机床电气控制维护、PLC使用维护与程序设计等职业岗位基本技能。

课程的基本内容主要有理论与实践两个方面。在理论方面主要介绍常用的低压电气元件，基本控制电路分析，典型的机床控制线路的分析，PLC的特点、结构及工作原理，S7-200PLC的基本指令、功能指令，顺序控制继电器指令及它们的应用，PLC程序设计方法等。在实践方面主要介绍典型控制电路的装接、调试及排故，典型机床控制线路的排故，PLC硬件配置，PLC程序设计,V4.0 版编程软件的使用,组态仿真软件的使用。同时,本课程把理论知识融合到实际应用中,强调实用性和应用性。

5.2.2 学习要求

通过本课程的学习,使学生掌握基本理论、基本分析方法和实际系统,培养学生具有交、直流电机与机床电气控制系统的使用与维护,以及设计具体的应用系统的能力,为毕业后参与机床电气控制系统的调试和维护及改造打下初步基础。

在本课程的学习过程中,要求学生注重培养自身的专业知识和专业能力,加强自身全面素质和职业道德观的提升。具体的课程学习要求如下:

1）能正确使用常用的电工及测量工具;

2）具有逻辑思考能力、理解分析能力和创新意识;

3）会低压电气元件在电气控制电路中的接法,了解电气控制电路图的表示方法,会常用低压电气元件的选择,会简单、常用的电气控制线路的设计;

4）能对典型的机床控制电路、数控机床电气控制电路进行分析;

5）会电动机各种启动、调速、制动的外接线;

6）能读懂及正确绘制机床低压电气控制原理图及接线图;

7）能对典型机床控制电路进行故障检查及排除;

8）具备 PLC 基本控制系统的分析、设计、编程、调试能力,具有创新能力;

9）具有搜集、分类资源及组织管理能力;

10）具有分析讨论能力、逻辑判断能力及自学能力;

11）具有团队意识和合作能力、集体荣辱意识、良性竞争意识;

12）有容忍、沟通和协调人际关系的能力;

13）具有敢于批评与自我批评,善于吸取他人经验教训的能力;

14）具有组织观念、劳动纪律、主人翁意识、节约意识、环保意识;

15）具有诚信品质、敬业精神、责任意识、遵纪守法意识;

16）文明礼貌。

5.2.3 学习重点

本课程的学习重点主要体现在以下几方面:

1）常用低压电气元件的图形符号和文字符号;

2）电气控制原理图的基本知识和绘图方法,三相异步电机各种启动的控制方法,正反转控制、变速控制和电气制动控制方法,电动机的各种保护环节和连锁环节,控制系统中常用的控制原则等;

3）阅读和分析常用机床电气控制原理图的方法和步骤,摇臂钻床、万能铣床和卧式镗床的电气控制原理分析与故障排除;

4）桥式起重机的电气控制原理分析;

5）可编程控制器(PLC)的定义和特点；

6）PLC的各种内部软继电器的功能及编号；

7）基本逻辑指令的功能、名称、符号、操作元件范围及其使用要求，计数器/定时器设定值的设定方法；

8）步进顺控指令的功能、符号及使用方法；

9）常用功能指令的助记符，各种功能指令的特点、编程格式、编程代码及编程方法；

10）PLC控制系统设计的内容、步骤和设计方法；

11）PLC模拟量控制模块的功能、特性及应用；

12）PLC控制器与计算机通信和网络的有关知识。

5.3　课程教学分析

5.3.1　教学工作过程分析

机床电气控制与PLC课程的教学必须坚持“必需、够用”的原则，同时培养学生自身发展的优良素质。在对中等职业教育教学计划和大纲的研究基础上，结合机电控制技术的特点，制订与专业培养目标、学制、专业素质培养要求、技能训练要求、取得资格证书和就业岗位相适应的课程教学大纲。本课程要与相关实习课有机融合，教学环节中坚持面向企业生产实际的课题化设立思想，课题设计要适应现代工业控制技术特点，在此基础上构建适应现代企业职业岗位需求的一体化教学模式。

1. 在教学指导思想方面，应突出“实践为导向，适度够用为原则”

目前，我国中等职业教育培养的毕业生与企业人才需求的矛盾日益突出。近年来出现了一种非常奇怪的现象：一方面是中职学校的招生人数和毕业生人数迅猛增长，而另一方面却是企业为高薪难聘高素质技术工人而苦恼。究其原因，是由于中职学校的教育与企业生产实际严重脱节。因此，根据“实践为导向，适度够用为原则”的教学指导思想，本课程应突出中职教育“实践性”与“适度够用”的原则。一方面，一些对学生未来就业作用不大的理论知识应加以删减，尽量选取一些“实践性”的内容，但也不能过分强调技能操作，忽视专业理论的讲解，应对教学内容加以适当的精简，突出知识的“适度够用”。另一方面，应进一步探索工学结合的人才培养模式，深化校企合作，推行工学结合，把企业对人才培养的需求，最大限度地体现在其课程教学方案的设计与教师的教学实践当中，将培养学生的技能具体细化到每个具体的教学环境中。对于学生而言，则可以在工学结合中，提前接触到未来的工作岗位，增强其职业技能。

2. 在教学理念方面，应尽力将一些现代的教育理念融入课程当中

具体而言，就是要充分地尊重本课程的教育教学规律，以人为本，尊重学生的学习地位，引导学生参与到学习中来，增强其学习的积极性。同时，应注意将知识的传授与学生综合能力的培养融为一体，在教学环节的设计方面，力图提高学生的综合能力。当今知识更新的速度非常快，就业的竞争也日益激烈，学生在学校中学到的知识，未必就够用，以后也未必就一定从事本专业的工作。因此,教师在传授给学生知识的同时,更多的应该是引导学生去学会一些方法,使学生学会学习,学会自学,培养学生一种分析问题、解决问题的思维能力。应结合课程特点探索项目教学的新方法。任课教师应加强与企业的合作,在有条件的情况下,可让学生参与到教师的项目中来,指导学生在学中做,做中学,学会如何去分析问题、查阅相关的文献,进而解决问题。同时,应加强与项目教学相关的实验室建设,编写相应的项目教材,积极进行相应的特色课程建设,以进一步突出课程教学的特色。

3. 课程的教学思路

(1) 专业理论教学和实习教学并行,并以实习为重

专业理论学习应以"实用、够用、管用"为原则,进行模块化、综合化整合,着重通过实践环节培养学生实际工作能力,增加学生自我动手的时间,提高学生创新技能和综合素质,增强学生的岗位适应能力。

(2) 理论教学内容应突出应用性、先进性、前沿性

培养学生应用现代工业控制理论的能力,突出机电控制理论的应用性、实用性,使学生能通过"实践认识—针对实践的理论学习—再实践"的顺序,掌握一定的机电控制技术的安装、操作和维修技能。

(3) 实习教学与生产实际、与新科技应用推广紧密结合起来

加强实践性教学环节是体现以能力为重点,培养学生的熟练职业技能和综合职业能力,实现理论与实际、教学与生产有机结合的有效途径。机电控制的实习教学特别要注意其先进性、前沿性,通过教学内容上渗透新技术、新工艺,教学过程由教室向生产延伸等,可以培养出一批能熟练运用新技术、新工艺,能适应社会和市场需求的高素质现代工业控制技术操作人才。

5.3.2 课程教学的能力目标

课程总体目标:通过本课程的学习,使学生熟悉和掌握常用低压电气元件的结构、工作原理和图形符号及文字符号;掌握常规电气控制线路基本控制原则和基本控制环节;学会分析典型生产机械的常规电气控制电路;初步掌握机床电气控制线路的设计方法和原则;具备识读和绘制机床电气原理图、电气接线图的能力;具有简单工业过程、一般机床电路的设计能力;具有一定的电气故障诊断与维修的能力;具备一定的电气控制系统机电联调的能力。

1. 知识目标

需要学生掌握识读电气控制系统图样、根据控制系统要求采购低压电气元件、判断低压电气元件的质量、理解电气元件制造工艺技术、根据电气与 PLC 控制系统的电气图正确安装元件与接线、电气与 PLC 控制系统的调试、电气与 PLC 控制系统的运行维护、电气与 PLC 控制系统的故障检修等基本知识;掌握控制电路的基本环节和常用机床的控制电路,掌握绘图规则和实施安装、维护工艺技术规程;掌握可编程控制器的工作原理及结构特点,熟练掌握基本逻辑指令的应用;掌握 PLC 编程、操作、调试要点,了解常用编程软件的使用。

2. 能力目标

(1) 职业能力(专业能力)

能正确选用和拆装常用低压电气元件;具有电气线路的分析和排除故障能力;具有生产机械

电气线路及器件的安装、调试、运行管理与维护能力；能对不太复杂的机床控制电路进行改造和设计；能根据生产工艺过程和控制要求正确选用PLC和编制用户程序，经调试应用于生产过程控制，并能够进行对一般电气控制设备的PLC改造；具有一定的工艺设计、工程应用的能力；初步具有电气设备的工艺开发与应用创新的能力。在技能训练中，注意培养爱护工具和设备、安全文明生产的好习惯，严格执行电工安全操作规程。具有根据完成的工作进行资料收集、整理和存档等技术资料整理能力；通过强化训练，可以考取中级维修电工职业资格证书。

（2）通用能力

具有自主学习能力和自我发展能力；具有一定的质疑能力，信息收集和处理能力，分析、解决问题能力和交流、合作能力；能自觉评价学习效果，找到适合自己的学习方法和策略；具有开拓创新的思维能力。

3. 态度目标

通过工程案例分析、项目驱动教学、现场体验等实践教学培养学生；遵守有关法律、法规和有关规定；爱岗敬业，具有高度的责任心；严格执行工作程序、工作规范、工艺文件和安全操作规程；工作认真负责，团结协作；爱护设备及工具；着装整洁，符合规定；保持工作环境清洁有序，文明生产；关心国内外科技发展现状与趋势，有振兴中华的使命感与责任感，有将科学服务于人类的意识。

针对上述情况，该课程在教学内容的选取上与实际工作所需知识、能力和素质要求的对应关系如图5.1所示。

5.3.3　教学重点分析

本课程是一门实用性很强的专业课。通过本课程的学习使学生获得电气控制及PLC的基本理论知识，对基本分析方法的应用有一个较为系统的知识储备。本课程的主要任务是培养学生实际动手、应用的能力。因此，本课程的教学重点如下：

1）熟悉常用控制电气元件的基本结构、原理、用途，了解其型号规格并能够正确使用。

2）熟练掌握继电接触器控制线路的基本环节，能够独立分析电气控制线路的工作原理。

3）熟悉典型机床电气控制系统，具有典型机床控制线路的分析，电气设备的安装调试、维修管理等知识。

4）掌握PLC的基本原理、编程方法及PLC指令应用，能够根据工艺过程和控制要求进行简单的系统设计和编制应用程序。

5）具有设计和改进一般机械设备电气控制线路的基本能力。

5.3.4　教学难点分析

本课程的教学难点主要体现在如下几方面：

1）常用低压电气元件的结构和工作原理；

2）电气控制原理图的基本知识和绘图方法；

3）常用机床电气控制的原理分析与故障排除；

4）桥式起重机的凸轮控制器和主令控制器的工作原理分析；

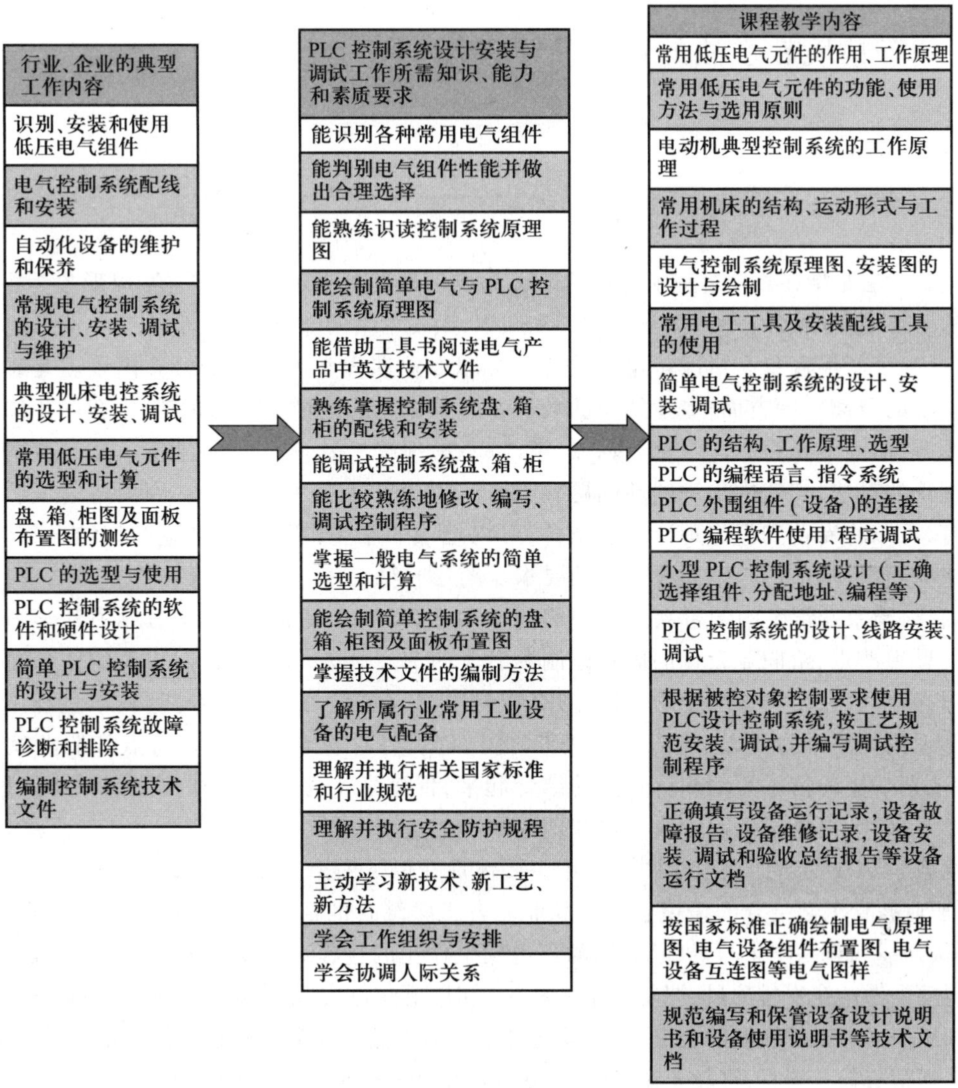

行业、企业的典型工作内容

- 识别、安装和使用低压电气组件
- 电气控制系统配线和安装
- 自动化设备的维护和保养
- 常规电气控制系统的设计、安装、调试与维护
- 典型机床电控系统的设计、安装、调试
- 常用低压电气元件的选型和计算
- 盘、箱、柜图及面板布置图的测绘
- PLC的选型与使用
- PLC控制系统的软件和硬件设计
- 简单PLC控制系统的设计与安装
- PLC控制系统故障诊断和排除
- 编制控制系统技术文件

PLC控制系统设计安装与调试工作所需知识、能力和素质要求

- 能识别各种常用电气组件
- 能判别电气组件性能并做出合理选择
- 能熟练识读控制系统原理图
- 能绘制简单电气与PLC控制系统原理图
- 能借助工具书阅读电气产品中英文技术文件
- 熟练掌握控制系统盘、箱、柜的配线和安装
- 能调试控制系统盘、箱、柜
- 能比较熟练地修改、编写、调试控制程序
- 掌握一般电气系统的简单选型和计算
- 能绘制简单控制系统的盘、箱、柜图及面板布置图
- 掌握技术文件的编制方法
- 了解所属行业常用工业设备的电气配备
- 理解并执行相关国家标准和行业规范
- 理解并执行安全防护规程
- 主动学习新技术、新工艺、新方法
- 学会工作组织与安排
- 学会协调人际关系

课程教学内容

- 常用低压电气元件的作用、工作原理
- 常用低压电气元件的功能、使用方法与选用原则
- 电动机典型控制系统的工作原理
- 常用机床的结构、运动形式与工作过程
- 电气控制系统原理图、安装图的设计与绘制
- 常用电工工具及安装配线工具的使用
- 简单电气控制系统的设计、安装、调试
- PLC的结构、工作原理、选型
- PLC的编程语言、指令系统
- PLC外围组件(设备)的连接
- PLC编程软件使用、程序调试
- 小型PLC控制系统设计(正确选择组件、分配地址、编程等)
- PLC控制系统的设计、线路安装、调试
- 根据被控对象控制要求使用PLC设计控制系统,按工艺规范安装、调试,并编写调试控制程序
- 正确填写设备运行记录,设备故障报告,设备维修记录,设备安装、调试和验收总结报告等设备运行文档
- 按国家标准正确绘制电气原理图、电气设备组件布置图、电气设备互连图等电气图样
- 规范编写和保管设备设计说明书和设备使用说明书等技术文档

图5.1 教学内容与工作所需知识、能力和素质要求的对应关系

5)可编程控制器(PLC)的工作原理、基本结构、软硬件组成;

6)I/O接线图设计,基本逻辑指令的应用,梯形图的编程规划与技巧;

7)步进顺控指令状态转移图的设计方法,单流程功能图、选择性分支与汇合功能图和并行分支与汇合功能图的特点及编程方法;

8)功能指令的应用;

9)PLC在常用控制系统中的应用;

10)PLC的点位控制脉冲输出单元和可编程凸轮控制器的功能及用途;

11)PLC与计算机联网的有关知识。

5.4　基于情境教学法的课程教学设计

5.4.1　情境教学法的应用

情境教学法是指在教学过程中有目的地引入或创设具有一定情绪色彩的、以形象为主体的生动具体的场景，从而帮助学生理解课程内容和知识，激发学生的学习情感。其主要专业表现为：

1）有利于学生将专业知识转化为技能。中职专业课程学习面临的最大困境就是理论知识与职业情境的分离。一方面，专业知识的教学着眼于概念的记忆、背诵、理解，中职学生缺乏职业劳动的理解，对专业知识的学习感到枯燥、艰涩、不易理解。另一方面，职业劳动中产生的认识又得不到理论的升华，实践中出现的新问题、新情况，理论知识又无法解答。因而将情境教学引入中职教育，可以将专业知识与理论知识结合，可以把中职学生的情感与理论知识结合，帮助中职学生养成职业素质，适应未来职业劳动的要求。

2）有利于激发学生的学习兴趣。中职的学生生源较差，良莠不齐，学习能力和学习兴趣较低。厌学思想严重，给职业教育的固有体制和教学带来了困难。当前我们主要的任务是解决学生的学习兴趣问题，要发挥学生的主体作用，引导学生自主学习，主动参与到教学过程中来。而情境教学理论以思维为核心，以情感为纽带，通过创设各种符合学生心理特点和职业实际的情境，巧妙地把学生的情感活动和认知活动结合起来，促进学生思维能力和技能的同步发展，激发学生的学习兴趣，提高学生的专业知识和理论水平。

情境教学法在专业课程教学中的应用主要体现在以下两个方面：

1）职业教育工学结合的情境教学。职业教育工学结合的情境教学课程设计要做到"工学结合，教学做合一"，就是学生与老师、周围的环境发生作用的过程。它要求老师更注重实践，安排课题给学生动手做。在安排项目、课题给学生动手做时，要注重实践能力和动手能力的培养，既要通过专业知识的学习了解实验的全过程，又要通过亲自动手做实验掌握实践操作和培养动手能力，这就需要老师精心设计课程，寓教于做，让学生在实践中积累经验，在学习中巩固专业知识。

2）基于工作导向的情境教学。工作系统化课程应该让学生在学校就能感受到职业岗位工作的全过程。它既体现在课程体系的开发过程中，也体现在课程体系的学习情境中。基于工作导向的情境教学活动在有效的教学过程中，提高学生自主地解决问题和反思问题的能力，将学习的过程与真实工作的过程结合在一起，持续地解决问题和反复完成任务的过程，就会通过有效的反馈转变为策略性的学习，培养自主学习能力和实际操作能力，全面提高学生的专业技能和知识水平。

5.4.2　教学方案

1. 课程教学内容的组织、安排

该课程教学内容的组织、安排的基本思路是遵循学生职业能力培养的基本规律，以真实工作任务及其工作过程系统化为依据整合、序化教学内容，精心设计了7个由浅入深、由简到繁、循序渐进的学习主情境，每个学习情境都是以具体的工程项目为载体，教学过程体现“工作过程”，以六步法（资讯、计划、决策、实施、检查、评估）对每一个学习情境进行教学实施，让学生“学中做、做中学、学会做、学做合一”，不仅培养学生的专业能力，还培养了学生的动手能力、自学能力、创新能力和可持续发展能力。课程教学内容和各学习情境的总体组织与安排如图5.2所示。

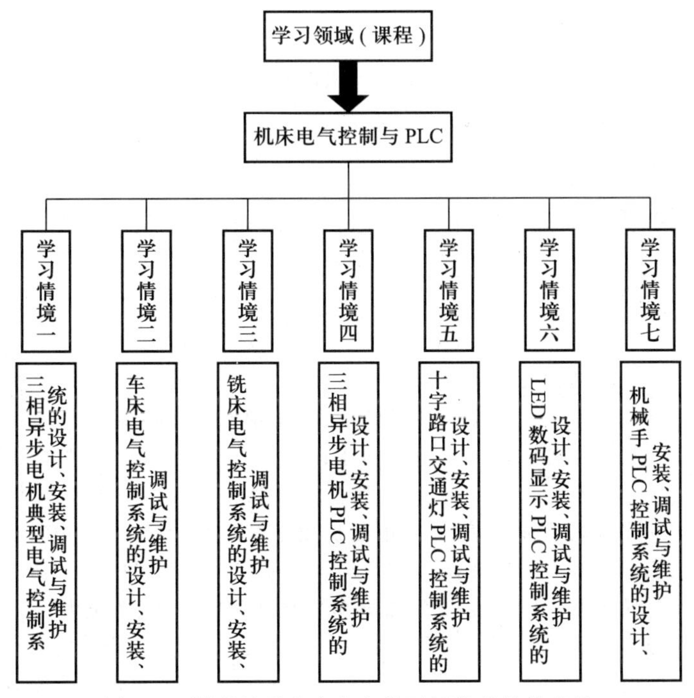

图5.2 课程教学内容和各学习情境的总体安排

2. 课程学习情境内容组织与安排

课程教、学、做一体化学习情境内容组织及安排如表5.1所示。

表5.1 学习情境内容组织及安排表

序号	学习情境	教学内容	主要教学知识点	学习目标
1	三相异步电机典型电气控制系统的设计、安装、调试与维护	常用低压电气元件的认识和选用； 电动机正反转电气控制线路分析和应用； 三相异步电机运行分析和应用	1. 常用低压电气元件的结构、工作原理； 2. 常用低压电气元件的型号、规格和选用； 3. 电动机直接启动手动控制； 4. 电动机直接启动接触器控制； 5. 自动正反转控制	1. 了解常用低压电气元件的结构、工作原理； 2. 熟悉常用低压电气元件的型号、规格和选用； 3. 掌握电动机直接启动手动控制； 4. 掌握电动机直接启动接触器控制； 5. 掌握正反转控制线路； 6. 会根据生产工艺要求选用低压电气元件，会根据所学器件及基本环节进行电气控制线路分析和简单设计

续表

序号	学习情境	教学内容	主要教学知识点	学习目标
2	车床电气控制系统的设计、安装、调试与维护	车床结构及运动形式； 车床控制要求； 电动机降压启动控制； 车床电气控制线路分析	1. 车床结构及运动形式； 2. 车床电气控制要求； 3. 电动机降压启动电气控制； 4. 三相异步电机制动电气控制线路； 5. 车床电气控制线路	1. 掌握三相异步电机降压启动的形式及电气控制线路； 2. 掌握三相异步电机制动形式及电气控制线路； 3. 掌握车床的结构、电力拖动要求及控制特点，会分析其控制线路，会查找并排除一般的现场故障； 4. 会利用所学控制环节设计简单的电气控制系统
3	铣床电气控制系统的设计、安装、调试与维护	铣床结构及运动形式； 铣床控制要求； 多地控制； 多台电动机顺序启停控制； 铣床电气控制线路分析	1. 铣床结构、运动形式及控制要求； 2. 多地控制线路； 3. 电动机顺序启停控制线路； 4. 铣床电气控制线路	1. 掌握三相异步电机多地控制方法； 2. 掌握电动机顺序启停控制线路； 3. 掌握铣床的结构及运动形式、控制要求； 4. 会分析铣床控制线路，会查找并排除一般现场故障； 5. 掌握电气控制设备的使用及维修，培养自学能力、独立工作能力和团结协作能力； 6. 会利用所学控制环节、根据生产工艺要求设计电气控制线路，并会安装与调试
4	三相异步电机PLC控制系统的设计、安装、调试与维护	学习三相异步电机PLC控制系统硬件设计、软件程序设计以及系统的安装调试	1. 用基本指令编写正反转程序； 2. 用基本指令编写两端延时自动往返控制程序； 3. 电气系统图的绘制； 4. 使用编程器或用编程软件编写程序； 5. 程序模拟调试，程序仿真调试； 6. 程序下载及运行； 7. 系统安装、调试； 8. 系统功能操作演示； 9. 电工安全操作技术及操作规程	1. 掌握PLC控制系统的总体构建； 2. 掌握PLC软元件及基本指令的应用； 3. 根据PLC工作原理分析程序； 4. 强化基本指令程序的编写能力； 5. 具有使用编程器、编程软件输入程序，并进行模拟调试、仿真调试的能力； 6. 掌握PLC电气系统图的识图及绘制； 7. 熟悉PLC系统的电源技术指标； 8. 掌握PLC电气系统设备及器件选择； 9. 掌握电动机基本环节PLC控制系统的安装工艺； 10. 掌握电动机基本环节PLC控制系统的安装调试技能

续表

序号	学习情境	教学内容	主要教学知识点	学习目标
5	十字路口交通灯PLC控制系统的设计、安装、调试与维护	利用顺序控制程序完成十字路口交通灯PLC控制系统的安装维护和调试	1. 十字路口交通灯的控制要求； 2. 并行分支与汇合状态转移图的编程思路； 3. 状态转移图和梯形图、语句表的转换； 4. 状态转移图程序的设计步骤	1. 熟悉十字路口交通灯的控制要求； 2. 掌握并行分支与汇合的状态转移图程序的设计； 3. 掌握交通灯程序模拟调试和系统调试
6	LED数码显示PLC控制系统的设计、安装、调试与维护	利用功能指令完成LED数码显示PLC控制系统的软硬件设计及系统调试	1. LED数码显示PLC控制系统； 2. 功能指令的表示形式； 3. 常用功能指令代码、助记符及应用； 4. LED数码显示PLC程序设计	1. 熟悉LED数码显示PLC控制系统的控制要求； 2. 掌握移位指令的形式及作用； 3. 能分析数据传送类指令编写的程序； 4. 能用数据传送类指令完成LED数码显示PLC控制系统的设计
7	机械手PLC控制系统的设计、安装、调试与维护	利用功能指令完成机械手PLC控制系统软硬件设计调试	1. 使用数据类软件的编程； 2. 功能指令的程序输入； 3. 应用数据处理类指令设计程序	1. 熟悉机械手的控制要求； 2. 熟悉步进电动机的驱动及控制方式； 3. 掌握数据处理类指令的形式及作用； 4. 能分析数据处理类指令编写的程序； 5. 能用数据处理类指令完成机械手控制系统的设计

3. 课堂学习中的情境教学设计

课堂学习中的情境教学设计是基于行动导向的学习情境设计。有目的地把工作过程中出现的问题与教学内容联系起来，促进对知识的理解、技能的提高，加深对工作过程的认识，建立知识、技能、学习情境的有机结合。在学习情境设计中，要考虑工作任务的过程性、关联性、类别性。学习情境由低级到高级，由简单到复杂，由单一到综合排列。学习情境设计要遵循可操作性、职业性、典型性原则。在创设情境时，选择载体要坚持简洁性、有效性。

4. 校园实习中的情境教学设计

为了保持学习过程与工作情境相关联，可以将学校的学习环境虚拟成工作环境和就业环境。建立一体化学习、工作基地，使学习、工作与课程教学相配合，建立模块式的学习基地，通过模块化使学生灵活学习、工作和培养动手操作能力。校园实习情境中的教学设计应该突出职业教育的职业性，实习情境应该以工作过程中涉及的知识为主，以实际经验的习得为主。比如在学校进行专业课相关方面的实验时,要有专门的实习基地,学生通过实践经验理解和掌握理论知识,做到工学合一。职业教育工学结合的课程,强调工作系统化课程设计,保证工作过程结构的完整性。校园实习是为了保证工学合一,促进学生整体素质的提高。

5.4.3　教学实施

本课程组在课内外创新地运用多种先进的教学方法,有效地调动学生的学习积极性,很好地激发学生的热情,挖掘学生学习的潜能。具体实施要求如下:

第一,教学方法符合"教、学、做合一"的原则,根据课程特点,采用了以项目为中心灵活多样的教学方法。

该课程全程采用教、学、做相结合的教学方式,课堂上讲解与演示相结合,"我教"与"你做"相结合,课程的大部分内容安排到实训室进行,实现仿真生产环境下的教、学、做三合一教学,在指定的校内和企业教师的共同指导下,实现课堂与实训地点一体化教学模式。根据课程特点,采用了项目教学、现场教学、案例教学、"讲练结合,层层递进"教学、"启发式+互动式"教学、"软硬结合,分析排障"等多种行之有效的教学方法,努力实现"以学生为中心"和"以项目为中心"。

第二,以案例或真实的任务为实习实训项目,将实习实训与产品开发和技术服务紧密结合起来。

该课程选择中小规模的实际工程项目案例作为设计任务,按照工程项目设计流程驱动教学,在共同完成设计任务的过程中,学生对课程体系有一个更加全面的认识,分析问题、解决问题的能力将得到有效的锻炼,并积累工程项目方案设计经验。并将方案在实训中进行模拟运行,并模拟企业的生产过程制作产品,在此过程中,使学生熟悉产品制作工艺和施工、验收技术规范与标准,掌握操作技能,积累工程施工经验,并为当地企业提供技术服务。

第三,能积极引导学生自主学习,并将所学知识和技能应用于实践。

在教学中积极引导学生自主学习,并将所学知识和技能应用于实践,突出"自主学习能力的培养"。在教学中注重深入浅出,有意识地留下一些内容给学生在课堂上或课后自主学习,刚开始可以先留问题,让同学带着问题去学习,然后检查学生的自主学习情况,针对问题加以引导。

第四,课程教学中合理有效地应用了多媒体等现代教育技术。

课程将信息技术和传统教学有机结合,可采用多媒体课件、实物投影、多媒体教学软件、动画演示、工程现场录像、实物演示、教师示范等方式。每位主讲教师均有自己制作的多媒体电子课件,可灵活应用适当的教学手段进行形象直观的教学,充分调动学生的脑、眼、耳、手,教学不枯燥,教学效果直观,激发学习的兴趣和动机,提高教学效果。

1) 采用多种教学方式,注重师生交流,总结与锤炼行之有效的授课技巧,如由若干问题启动课堂教学,经过启发式的推理,最后归纳总结,引导学生循问题而思考,提高对知识的领悟力,加强对关键内容的理解;适当加强师生互动环节,活跃课堂气氛,促进学生自主思考提出问题,解答问题,激发学生潜能。

2）引入电子教案，向学生提供更多的图表、图片以及大量的专题背景资料，一方面大大增加课堂信息量，有助于激发学生的学习兴趣，调动学生的学习积极性，从而提高教学效率；另一方面发挥计算机辅助教学的优势，用于知识难点的直观演示与讲解，可使课堂教学取得事半功倍的效果。

该课程强调基础性，更应突出应用操作性，所以一切从后续学习和未来岗位能力要求出发，教学方法以知识与技能相融合为主线，强调实践教学和综合性考核，以多种方法综合运用来提高教学效果和教学质量，形成全方位的教学方法。

编者结合多年的授课经验，对中职机床电气控制与PLC课程进行了教学优化设计。课前，教师需要认真填写表5.2、表5.3、表5.4，并对表5.2~表5.4中内容进行分析，实施教学的效果将会有大幅度提高。

表5.2 学习情境教学方案设计

<table>
<tr><td>学习情境名称</td><td></td><td>授课教师类型</td><td>□ 专职教师/□ 兼职教师</td></tr>
<tr><td>学时</td><td></td><td>授课教师</td><td></td></tr>
<tr><td colspan="4">职业行动能力：</td></tr>
<tr><td colspan="2">教学内容：</td><td colspan="2">教学方法：</td></tr>
<tr><td colspan="2">教学载体：</td><td colspan="2">教学资源：</td></tr>
<tr><td colspan="2">学生基础：</td><td colspan="2">教师能力要求：</td></tr>
<tr><td colspan="4">考核与评价：</td></tr>
</table>

表5.3 课堂设计

<table>
<tr><td>课程名称</td><td></td><td>任务1.3</td><td></td></tr>
<tr><td>工作任务</td><td></td><td>教学时间(学时)</td><td>4</td></tr>
<tr><td>单元教学目标</td><td colspan="3"></td></tr>
<tr><td>单元重点难点</td><td colspan="3"></td></tr>
<tr><td>单元教学方法</td><td colspan="3"></td></tr>
</table>

续表

	阶段教学目标		内容	教学方法	期望	媒介	训练项目	时间学时
教学设计	资讯			讲授法、示范法	学生参与记忆			
					教师:引导提示、帮助			
	决策			讨论法	学生参与关注			
					教师:引导、提示、帮助			
	计划			任务驱动、讨论	学生:参与、讨论			
					教师:引导、提示、帮助			
	实施			案例教学法、任务驱动	学生:参与			
					教师:引导、提示、帮助			
	检查			示范法、讨论法、仿真验证法	学生:参与、记忆			
					教师:引导、提示、帮助			
	评价			讨论法	学生:参与、记忆			
					教师:引导、提示、帮助			
多元性的评价方式								
参考资料学习资源			教材、课件、教案、电子资料、编程说明书等					

按照教学标准的要求,认真上好每一节课,课前充分准备,并完成下表。

表5.4　教学实施计划

教学实施计划
名称:

续表

1. 基本信息	
教师姓名：	
班级/学习小组：	
授课地点：	

2. 主题与目标设定	
课时的主题：	
总目标描述：	

3. 依照实际情况与时间划分的安排	
准备阶段教授下达主题：	
结束阶段教授下达主题：	

4. 课时的构建与计划流程(45分钟)

时间[分]	教学阶段	学习内容	教学方法	媒介/材料	说明

5. 预先制订的学习计划/学习目标	
追求的学习目标有哪些	
学生追求的分层目标有哪些	
学生追求的总目标有哪些	
追求哪些认知的精细目标	
追求哪些心理运动的精细目标	
追求哪些感受的精细目标	

续表

6. 出发条件的分析	
班级条件状况/学习小组	
• 男同学数量	
• 女同学数量	
• 学生们已有的专业知识	
• 成绩好的学生、成绩中等的学生以及成绩差的学生的数量	
• 学生的健康,社会与文化的特殊性	
• 班级的社会结构	
• 班级的兴趣	
• 老师—学生—行为方式	
老师条件状况	
• 老师的专业背景	
• 专业上的教师经验	
外部条件的分析	
• 课程在日程中的时间点	
• 必备的教学材料与机器	
• 在课堂上是什么起到推动作用	
• 在课堂上是什么起到消极作用	

7. 教学法的推导与创立	
以下的教学法模块会被使用:	
为什么在看到出发条件分析的同时应用这些模块呢	

8. 学 习 组 织	
为什么要应用第4点中的教学方法呢	
为什么要用第4点提及的教学方法完成教学阶段的设置	
为什么要使用第4点列出的媒介/材料呢	

续表

9. 建立对学习成果的控制	
为什么要如第 4 点给出的一样完成学习成果的控制	
如何完成具体的学习成果控制(例如评价表)	

10. 文 献 材 料
•

5.4.4 教学案例

授课内容名称:PLC 入门案例:点动控制

【目的要求】

通过 PLC 点动案例的教、学、做,要达到以下 2 个教学目标:

1) 初步掌握:通过 PLC 实现点动控制的技术、PLC 的工作原理。

2) 培养:PLC 点动电路的接线、编程、操作调试的动手能力。

【主要教学内容】

教与学:

(一) "PLC 点动控制"预备知识

(二) 控制要求

(三) 控制原理解剖分析

(四) 实训步骤及内容

(五) 提问与小结

学与做:

1) 写出 PLC 点动控制案例的实训内容(3 图 1 表)及实训步骤;若你另有方案,请提供方案的梯形图程序。

2) 按照实训步骤在设备上接线、编程、操作调试。

【教学重点】

1) PLC 是"循环工作制":1 个循环工作周期分 5 个阶段;重点是"采样→运算→刷新"。

2) PLC 点动控制:按钮为初因,PLC 程序为桥梁,"灯/电机"为终果。

3) 实训步骤:1 接线→2 编程→3 调试。

实训依据:3 图(接线图、梯形图、因果图);1 表(指令表)

【教学难点】

PLC 是"循环工作制";1 个循环工作周期分 5 个阶段;重点是"采样→运算→刷新"。

【教学方法】案例教学法

【教学手段】"多媒体+PLC 实训设备"现场教学

【教学环节及组织】

PLC入门案例:电动机点动控制

其意义如下:

点动控制作为学习PLC应用技术的入门案例,具有重要的技术基础作用。

点动控制的用途非常广泛。如调试、运行、维修生产设备时,经常要用到点动控制,具有重要的实践应用意义。

目的:

通过PLC点动案例的教、学、做,要达到以下2个教学目标:

1) 初步掌握:通过PLC实现点动控制的技术、PLC的工作原理。

2) 培养:PLC点动电路的接线、编程、操作调试的动手能力。

教与学:

(一) 预备知识

电磁继电器(如KA1)→看PLC虚拟继电器(如Y1)的分析过程如图5.3所示。

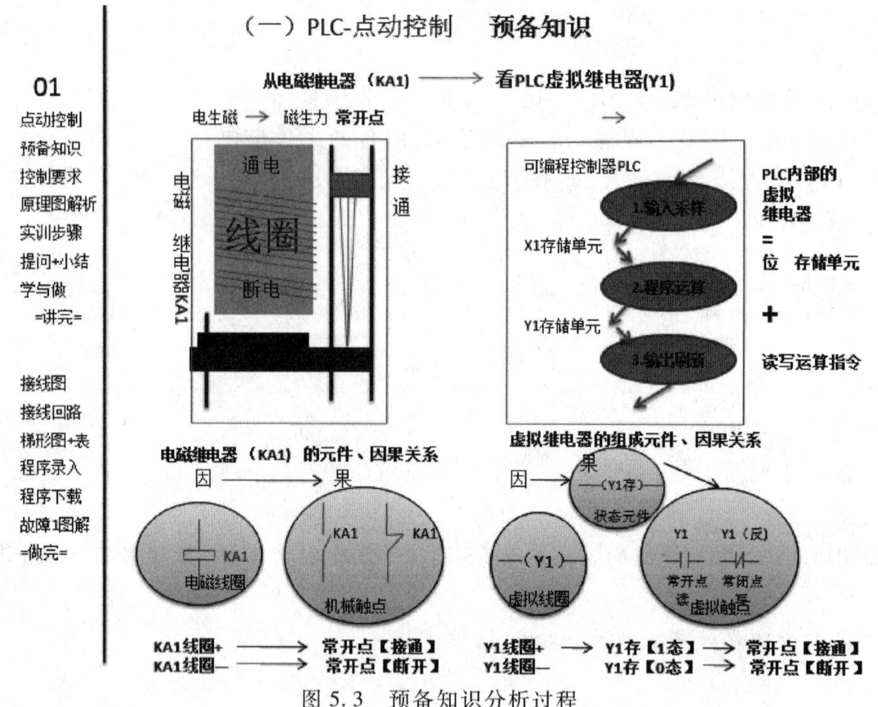

图5.3　预备知识分析过程

通过PPT播放,理清电如何生磁?磁如何生力?进而理解电磁继电器KA1的元件、因果关系。再由可编程控制器PLC的外形及存储单元的介绍,理解PLC内部的继电器=位存储元件+读写运算指令,进而理解虚拟继电器Y1的组成元件、因果关系。

教学时:应注意从真实的电磁继电器出发,引出虚拟的PLC继电器;两者的运算功能类同、图形表示形式相似。

(二) 控制要求(图5.4)

教学时:先以示意图的形式展示控制要求,再以因果图的形式明确控制要求。

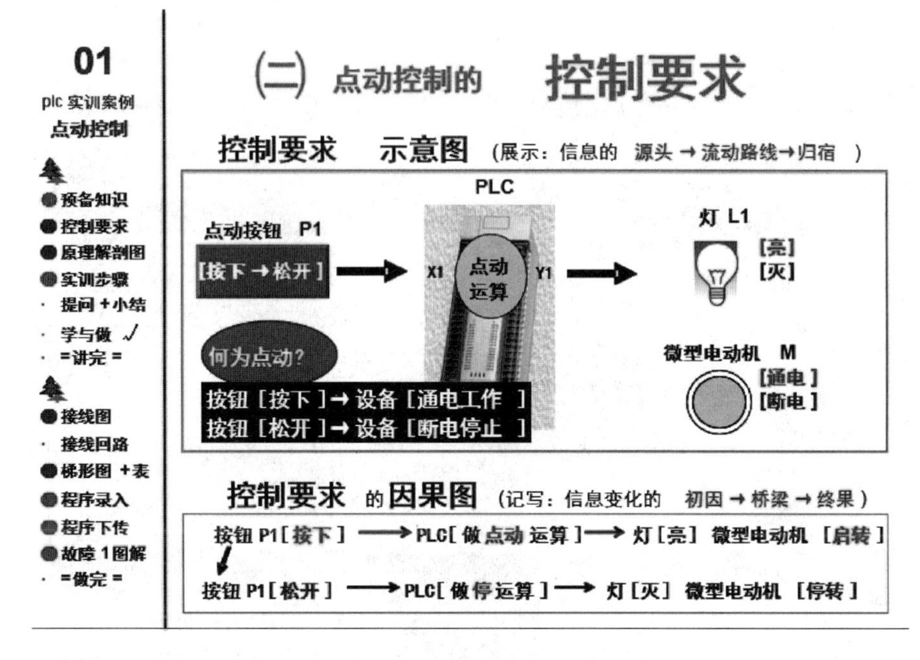

图 5.4 点动控制的要求

因果图要素：① 设备代号或名称[设备状态]；② 表示动作顺序、指明前因后果的箭头。

(三) 控制原理解剖分析

教学时：抓住"采样→运算→刷新"3 个阶段来分析程序的因果关系，并把动作关系用示意图的形式记载下来。

(四) 实训步骤及内容

教学时：抓住"接线→编程→调试"3 个步骤进行实训操作。发现故障时，要正确地做出判断并及时修改，养成这样的习惯对学生走向社会实践有很大的帮助作用。

- 接线图及接线顺序

教学时：根据控制要求能正确地接线，按照接线顺序采用不同颜色的线分开，也便于今后检查维修与调试。

- 接线回路(见故障图解分析)
- 梯形图程序译为指令表

教学时：学生应能正确地把梯形图录入到计算机中，并转化为指令表。

- 梯形图程序的录入步骤

教学时：应严格按照梯形图在 FXGP 软件上完成录入，录入完毕后强制转化为指令表序列，并能正确地进行保存。

- 程序从计算机通过编程电缆写到 PLC

教学时：保存后，将梯形图上的指令表通过编程电缆写入到 PLC 内部，在范围设置时，终止步一定大于或等于梯形图上的指令条数，否则程序错误。

• 故障图解分析(图5.5)

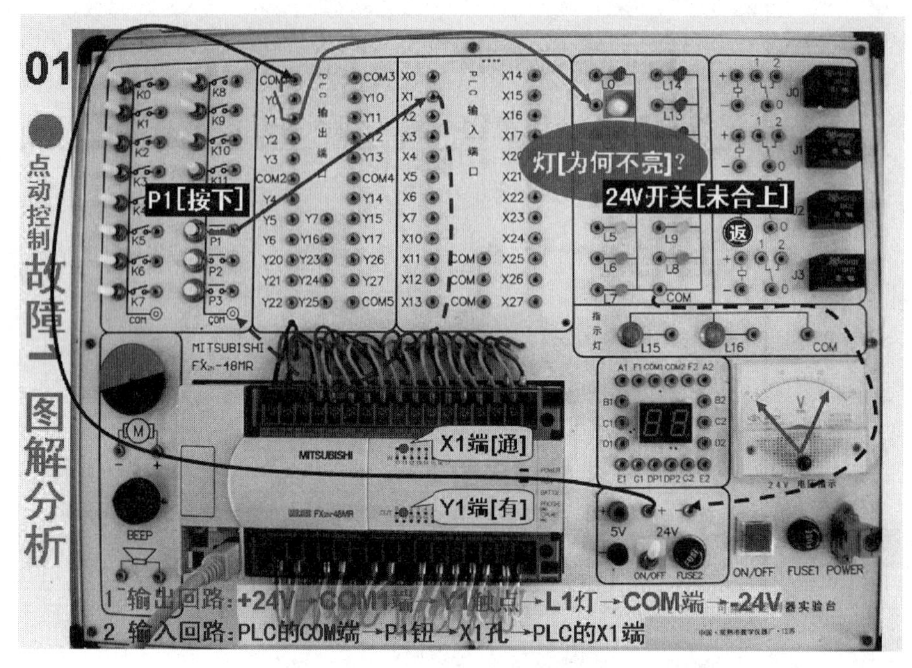

图5.5 故障图解分析

教学时:结合我校PLC实训车间的PLC面板,在上面能正确地完成接线与调试。

(五)提问

在本(PLC)点动控制案例中:

① X1端[接通]→X1态[何时变1]?

答:在PLC的“输入采样”阶段。

② X1态[1]→X1虚常开[何时通]→Y1线圈[何时得电]→Y1态[何时变1]?

答:在PLC的“程序运算”阶段。

③ Y1态[1]→Y1端[何时接通]?

答:在PLC的“输出刷新”阶段。

(六)小结

① PLC是“循环工作制”:1个循环工作周期分5个阶段;重点是“采样→运算→刷新”。

② (PLC)点动控制:按钮为初因,PLC程序为桥梁,“灯/电机”为终果。

③ 实训步骤:1接线→2编程→3调试。

实训依据:3图(接线图、梯形图、因果图)1表(指令表)。

学与做:

1. 写出PLC点动控制案例的实训内容(3图1表)及实训步骤;若另有方案,请提供方案的梯形图程序。

2. 按照实训步骤在设备上接线、编程、操作调试。

复习思考题

5.1 简述机床电气控制与PLC课程的特点。

5.2 简述机床电气控制与PLC课程在专业培养体系中的地位和作用。

5.3 简述对机械工艺技术专业的机床电气控制与PLC课程的具体学习要求。

5.4 简述对机床电气控制与PLC课程的教学要求。

5.5 试以机床电气控制与PLC课程某一章节内容为例，列举如何在教学中进行多种教学方法的融合。

5.6 结合机床电气控制与PLC课程某一章节内容，阐述如何进行教学准备。

5.7 如何将机电控制技术原理与实践相结合应用到课程教学中去？

第6章　基于实验教学法的机械制造工艺装备实验课程教学

6.1　实验课程的地位与作用

6.1.1　实验课程特点

实验课程的基本特征是直观、形象。实验课程教学不同于理论课程的教学,也不同于实习课程的教学。理论课程教学的任务是给学生传授理论知识。实习课程的教学任务是培养学生的操作技能,重点是对学生进行技能的训练。

实验课程教学既要给学生传授理论知识,又要培养学生的动手能力。其任务是教会和引导学生如何将理论知识与实践相结合,如何利用所学到的理论知识去解决生产实际技术问题;教会学生分析实际技术问题的思路以及解决实际技术问题的方法;同时还要给学生传授实验的基本原理、仪器设备的工作原理和操作方法。因此,实验课程教学除了具有与理论课程教学和实习课程教学的共同特点外,还具有另一重要特点:理论与实践的结合。

6.1.2　在专业培养体系中的地位和作用

机械工艺技术专业课的理论知识主要来源于工程实践以及对工程实际问题的研究结果。在校学生没有实践知识,更没有实践经验。在课堂上学习理论知识时往往是似懂非懂,即使听懂了,这些知识在他们头脑中的印象也不会很深,很容易淡忘。而对于一些较复杂的机械结构方面的知识,仅仅按照课本在课堂上教学,学生有时根本不能理解。

必须把在课堂上所学的理论知识,拿到实践中去验证;或者运用所学到的理论知识,去解决实际技术问题,这样才能深刻理解和掌握理论知识。对于结构方面的知识,也必须在实验过程中,通过实际观察,才能真正理解和掌握。

通过实验,给学生提供一个理论联系实际的机会,可以使学生验证理论知识的结论,帮助学生理解课堂知识。更重要的是,可以培养学生分析、解决生产实际技术问题的能力。通过对实验数据和结果的处理,还能培养学生发现问题和提出问题的能力;同时,还能给学生提供学习、掌握仪器设备的工作原理和操作方法的机会。

因此,实验课程可以培养学生科学探究的能力,使学生养成科学思维的方式。在职业教育体系中,实验教学课程具有无可替代的重要地位。

6.1.3　在工程实践中的地位和作用

随着新技术在机械制造业中得到越来越广泛的应用,特别是数控机床等高技术设备的应用和普及,使产品的更新换代加快,产品生产类型趋向于小批量、单件生产。

高新技术的应用使加工功能复合化,在一台机床上可以实现多工种、多工序的加工。如在加工中心上可以完成钻、镗、铣、扩、铰、攻螺纹等多种加工工序。

这样使机械制造工艺也不断地发生变化,零件制造过程中工序的集中成为一种明显的趋势;工艺过程的制订趋于粗线条化、简单化;工艺过程中的很多具体技术问题,都趋向于由操作工人在加工过程中根据实际情况自行解决。尤其是在中小型企业,对于操作人员的要求越来越高,不仅要求具有熟练的操作技能,同时还要具有分析、解决生产实际技术问题的能力。技能型人才与技术型人才的界限变得越来越不明显,这些岗位对人才的要求兼有技能型和技术型的特征。要求操作人员是具有工程师能力的技术工人,即现代技师。

学生的实际能力是通过工程实践,即通过实习和实验进行培养的。操作技能的培养可以通过实习训练掌握和提高,而解决实际技术问题的能力,只能通过实验课程进行培养和训练。在工程实践中许多技术问题是没有现成答案的,只能通过对问题进行分析,并通过实验才能得到解决。对于应用型技术人才,掌握科学的实验方法是非常重要的。

6.2 实验课程学习分析

6.2.1 研究对象和内容

实验是以一个技术或自然科学现象为出发点,在被监控和受限的条件下重现或模拟实验的对象,并对其进行分析,得出相关知识。它不仅是对一个技术或自然科学现象的实验验证,也是一种探究性的科学实验,参与者在实验过程中提出问题或假设,树立研究目标,提出实验方案,观察实验现象并根据实验数据和实验现象来解释和验证其问题或假说。实验课程主要是借助于与专业课程教学内容相关的专业设备和一定的技术手段,在一定的实验条件下,验证或探求专业课程知识的真伪,使学生加深对专业课程知识的理解和掌握,学会并掌握实验技术,树立分析、思考意识,培养实际操作能力。

6.2.2 学习要求

实验之前应对实验内容进行预习,了解实验的目的和要求,初步理解实验的基本原理以及实验仪器、设备的工作原理。通过实验,掌握实验仪器、设备的操作方法和实验的操作步骤。按照课程要求制订实验方案,进行实验操作;观察实验过程中的各种现象,记录实验数据。现场操作结束后,对实验数据进行整理,对实验中发现的问题进行分析,提出合理的解决方案,并撰写实验报告。

6.2.3 学习重点

实验课程学习的重点是,正确理解实验基本原理、实验方案的制订依据。掌握实验仪器设备的操作规程、实验的基本方法和操作步骤、实验数据的整理、技术问题的分析。

实验课程是一门既有理论又要联系实际的课程,如何综合应用所学过的理论知识研究制订实验方案,确定合理的实验步骤,正确解释实验中出现的各种现象,对实验数据进行处理,对实验中出现的各种技术问题进行分析,并提出解决问题方案,是实验课程学习中的难点。

在研究制订实验方案时要做到开阔视野,充分发挥想象力。在数据处理和问题分析中,要做到严谨细致、一丝不苟。

6.3 实验课程教学分析

6.3.1 教学工作过程分析

实验课程教学工作不同于理论课教学工作的单一性,其教学工作的种类较多,从实验的准备工作(实验材料的准备,实验仪器、设备的准备,实验工具的准备),到实验的讲解以及实验的指导等。一般地,一个完整的实验教学工作过程主要有以下六个环节。

1. 实验问题的定位和阐述

实验问题的定位主要是依据对专业课程教学知识点的理解和掌握,阐述实验的对象或由学生自己提出想要验证的问题和现象。必须说清楚实验的目的、所需设备与工具、实验条件和实验过程。一般来说,实验教学的效果很大程度上取决于对实验问题的基础定位。

2. 提出假设

通过分析问题和现象,让存在的知识、问题变得清晰明了。通过列出可能存在或需要解决的问题,把期待的结果描述成准备检验的假设。

3. 制订实验计划

通过制订实验方案,探讨应用哪些检测或实验方法能够对假设进行验证。同时,要制订计划和工作步骤,解释并介绍实验装置,绘制结构草图。

4. 完成实验

按照计划准备实验设备、工具、材料等。在每个实验开课之前,需要提前对实验仪器、设备进行试运行,以检查设备是否正常、是否存在故障隐患,如果发现问题,应对仪器、设备进行调整或维修,以保证实验能按时正常开始。每次实验之前,还要检查实验材料是否齐全、实验工具是否缺损等。在此基础上完成实验并书写实验报告或者描述测量和检测的顺序。

5. 验证假设

在确定测量顺序并绘制出数据图表的基础上评估测量结果,获取有质有量的结论,得出实验结果。

6. 归纳整理实验报告文本

将实验的范例转化为基本结论,对相关结论内容进行解释和说明。更进一步地将所获取的各种知识和关系归纳为更高层次的理论。

需要说明的是,以上各个实验教学过程环节并不是一条简单的直线过程,而是不同层次间相互交织、不断反复的过程,是一个动态的流程,而且不同过程之间的联系众多并且事前无法确定。同时,行动与情境有关,并在问题中得到具体化,在行动过程中处理行动目标,在实施过程中要进一步改进或重新制订行动目标。

6.3.2 教学的能力目标

实验教学是指导学生灵活运用所学理论知识,解决实验过程中的技术问题。通过实验训练,使学生掌握必要的基本操作技能。培养学生自我获取知识的能力,提高学生的观察事物的能力,培养学生提出问题、分析问题、解决问题的工作能力,并培养学生的创新意识与创新能力,使学生养成严谨的科学态度、认真细致的工作作风。

1. 专业能力

通过实验教学,使学生全方位地参与到课程实验的设计中来,教会学生如何做实验,如何分析、领会、掌握相关专业课程的知识、技术原理,形成一种科学的思维方式,从中吸取精华,真正做到学为己用。此外,通过实验教学,培养学生科学严谨的实验作风,要求学生以实事求是的态度对待实验结果,不能篡改数据或者伪造数据,不允许更改实验条件,客观公正地对待实验过程和实验结果。

2. 方法能力

实验教学中通过启发学生思路,带领学生仔细分析实验原理、实验步骤以及每一步是如何设计出来的,探讨其优、缺点,思考如何改进,让学生了解与实验相关的一系列同类技术,使学生的思路不仅仅局限于一种方法,而是扩展到解决这个问题的多种途径。

3. 社会能力

在实验过程中,学生必须在组长的组织与带领下,团结一致,相互帮助,相互合作,才能顺利完成实验。即使是单个人进行实验,面对陌生的实验仪器、全新的实验方法,也要在其他人的协助下才能完成。所以,团结协作,学会与他人相处是实验教学中培养社会能力的具体体现。

6.3.3 教学重点分析

实验教学是通过实验的手段,得到规律与定律,使学生掌握本专业的有关理论、实验方法和实验技术,在职业教育教学活动中具有非常重要的意义。因此,在实验教学中要重点把握以下几个方面:

1)合理地选择实验项目。在选择实验项目时,必须要考虑中等职业学校学生的文化层次。中职生的理论文化知识层次相对较低,因而不宜选择理论过于深奥的实验项目,应该选择技能性强、直观性强、实用性强的实验项目。以便对学生进行实际动手能力和技术技能的训练和提高。

2)确定合理的实验任务。中职生虽然理论知识层次较低,但是普遍对实际操作有较为浓厚的兴趣,在制订实验任务时应充分考虑学生的这一特长,实验任务应侧重于提高实际操作能力的环节。

3)制订合理的实验方法。研究制订实验方法时,应切合实际实验条件,同时还应考虑学生知识能力,不能脱离实际,凭空想象。

6.3.4 教学难点分析

实验教学是对存在着较多的客观可能性的复杂现象进行探究性学习的过程。在实验教学中要将理论知识学习与操作技能训练结合起来,实验内容是结合具体的学习知识来设计的,教学活动要以学生为中心,体现其主体性,教学内容更具实用性。实验教学中的难点主要有以下四个方面:

1)如何使学生了解实验原理。实验教师在讲解实验原理时,要综合运用学生已经掌握的各科理论知识,深入浅出地进行讲解,并用启发式的方式引导学生进行分析思考,使学生弄清实验的基本原理。

2)实验仪器结构及操作的讲解。学生在实验之前,对实验仪器的结构还不了解,更不知道如何操作仪器设备。实验教师在介绍实验仪器结构及操作方法时,如果只是泛泛而讲,学生往往是丈二和尚,摸不着头脑。实验教师在介绍实验仪器结构以及操作方法时,应该尽量结合实物或者多媒体影像进行。这样学生会比较容易明白仪器的机构和操作方法。在此后的实验操作中出错的情况就会大大减少。

3)引导学生分析问题和解决问题的思路。如何启发引导学生分析实验过程中出现的现象,解决实验过程中出现的问题,这也是实验教学的难点之一。实验教师要引导学生灵活运用各课程理论知识,带领学生一起进行举一反三的分析,以开阔学生的思维方法。同时还可以培养学生独立思考、独立解决问题的能力。

4)如何激发学生对实验课程的兴趣。实验老师应该针对学生的思维能力,站在学生的角度去考虑一些问题,以便激发学生对实验的兴趣。

6.4 基于实验教学法的实验课程教学设计

6.4.1 实验教学法的应用

1. 实验项目的选取以及实验计划的制订

中等职业学校学生的现状是:理论知识基础差,学习的自觉性和自主学习的能力差。由学生选择实验任务、制订实验计划的可行性很小。因此,实验任务的选取和实验计划的制订通常应在实验之前,由实验老师针对学生掌握的理论知识结构,选择实验项目和任务,并且制订出实验计划。实验的性质应以实用性、技能性为主。其目的主要是训练学生的动手能力和技术技能。为开拓学生的视野,激发学生自主学习的兴趣,提高学生的思维能力和综合运用各课理论知识的能力,应适量选取一些研究性、综合性的实验项目。

2. 实验计划的实施

在实验教学中,学生是实验的主体,教师只起辅助作用。为使学生能够明确实验任务和实验方法,教师也必须做适当的理论讲授。教师讲授的内容主要应包括实验原理、实验仪器的结构、实验方法。在讲授过程中，应针对现有条件，充分利用实物示范、多媒体影像示范等直观形象的教学手段。

为培养学生的协作精神以及相互学习的习惯，应对学生分组进行实验。每组人数应视具体的实验项目和现有实验条件而定。最少可为2人一组，最多不宜超过10人一组。

在学生实验操作过程中，教师应巡视观察，及时解答学生提出的问题，发现学生出现错误时，应以提问启发的方法，使学生自己发现错误，并予以纠正。

3. 实验报告

实验结束后，应要求学生书写实验报告，对实验过程进行总结，对实验数据进行处理，分析实验过程中出现的现象，解释实验过程中出现的问题。以便加深对现有知识的理解，并且获取新的知识。

4. 实验评价

应以学生实验实施的顺利程度和实验报告的完成质量为标准对教学效果进行评价。主要从以下两方面进行评价：

1）学生的实验操作　学生在实验过程中的操作熟练程度可以反映学生对实验原理的理解程度，同时也反映学生对实验方法、实验仪器的结构、实验操作方法的掌握程度以及相关课程知识的灵活运用能力。

在实验教学中，如果教师对实验原理、实验方法、实验仪器的结构和操作，相关课程知识讲解透彻，学生能够理解深刻，在实验过程中的操作往往就会比较顺利，能比较容易地发现实验过程中出现的问题。反之，学生在实验过程中，在操作上会出现较多的错误，也很少能够发现实验过程中出现的问题。

2）学生实验报告内容的完整性和正确性　实验报告的内容通常有实验原理、仪器结构、实验操作方法、实验数据的处理、实验现象的分析等。从学生书写的实验报告可以看出，学生对实验原理是否理解透彻，是否掌握仪器设备的结构，是否掌握实验操作方法，能否综合运用相关课程知识分析、解决实验中出现的各种现象以及各种问题。

具体的评价标准应根据具体实验性质和内容，结合实际实验条件、教学环境而制订。

6.4.2 教学方案

实验教学方案内容包括实验任务及目的讲解，实验原理的讲解，实验方案的分析与制订，实验仪器工作原理的讲解，实验仪器操作方法的讲解，实验操作规程及安全注意事项的讲解，实验数据、实验结果分析思路的讲解，各种技术问题原因的分析，解决方案的讨论等。下面重点就实验目的和任务的讲解、实验原理及实验方法的讲解、实验注意事项的讲解方法做一些介绍。

1. 实验目的和任务的讲解

对于实验目的和任务的讲授，不同的实验要用不同的方法去讲解，讲授的顺序也应视具体实验而定，不能千篇一律。有的实验，其实验目的和任务的讲授内容需要单独列出，首先讲解；有的实验，其实验目的和任务需要结合实验结果的分析进行讲解。

在讲解实验目的和任务时，教师要采用适当的技巧，以激发学生对实验的兴趣。学生考虑问题的方法跟老师考虑问题的方法是有较大区别的。老师通常考虑如何使学生通过实验，把理论知识与实践相结合,掌握一定的操作技能,培养学生解决实际问题的能力,为将来从事机械制造工作打好基础。而学生考虑问题没有老师那么远,那么深。他们考虑的往往是考试,如何考出好成绩。因此,老师在讲解实验目的和任务时,要切合学生的需求。

比如在指导学生做"车刀几何角度测量"实验时,实验目的应该先讲解,可以采用下面的讲授方法:根据历年来的情况,对于刀具几何角度这部分概念,学生在课堂上听课的时候,往往是似懂非懂。而有关刀具几何角度部分的概念,每一年都会在考试题目中出现。我们今天这个实验的目的,就是想通过对一把外圆车刀和一把切断刀几何角度的测量,使同学们能够真正理解刀具几何角度的有关概念。这样讲解后,就会引起学生对该实验的重视。在接下来的实验过程中,学生就会很认真地去操作,遇到不懂的地方,学生也会力求去弄清楚、搞明白。这显然比用"通过实验,把理论知识与实践相结合,掌握一定的操作技能,提高解决实际问题的能力,为将来从事机械制造工作打好基础"的讲解方法效果好得多。

再如,在指导学生做"加工误差统计分析法"实验时,实验目的应该安排在实验方法讲解后进行,可以采用下面的讲授方法:听完我刚才有关该实验方法的讲解后,有的同学可能认为:这个实验就是测量一组样本零件的尺寸,太简单了。我们做过互换性与技术测量实验,量具的使用我们已经很熟练了。

这个实验的现场操作确实太简单了。但是做实验的最终目的不是测量零件的尺寸。测量零件的尺寸只是数据的采集,实验的真正目的是对结果的分析。

同学们在测量完样本尺寸后,要完成下面一些工作:

第一步,要对数据进行统计分组,作出零件尺寸分布直方图,并作出近似的分布曲线。

第二步,确定该零件加工方法的工艺能力是否足够,也就是,加工这个零件的工艺能不能满足零件的精度要求。

工艺能力系数的计算公式是

$$C_p = \frac{T}{6\sigma}$$

式中:C_p——工艺能力系数;T——零件的公差;6σ——均方根偏差。

6σ 的大小是由偶然误差决定的,对于工艺过程中的偶然误差,通常找不出原因,无法加以消除。因此,如果 $C_p<1$,说明该零件的加工方法的工艺能力不足,无法保证零件的精度要求,不能继续采用该种方法进行零件的加工;如果 $C_p \geqslant 1$,说明该种加工方法的工艺能力足够。

第三步,分析加工过程中的系统性误差以及引起该系统性误差的原因,并提出合理的工艺措施以消除加工中存在的系统性误差。

工艺能力足够了,不一定能够加工出符合图样尺寸要求的零件。假如我们作出的分布曲线如图6.1所示。它符合正态分布曲线的性质,工艺能力也足够。从图中曲线与公差带的相对位置我们可以知道,这里面一大部分零件是废品,既然工艺能力足够,又为什么会出现这么大的废品率呢?

在确定工艺能力时,只考虑了偶然误差。而在加工过程中还存在另一种性质的误差——系统性误差。

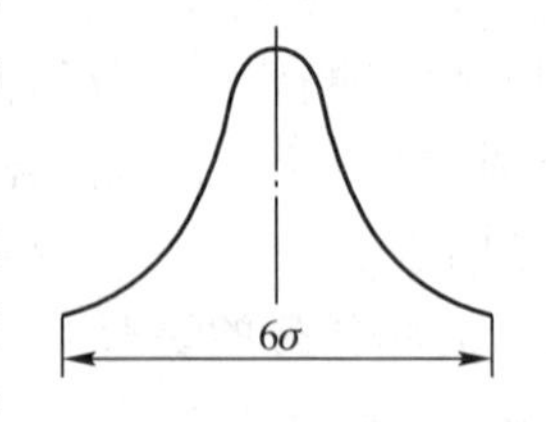

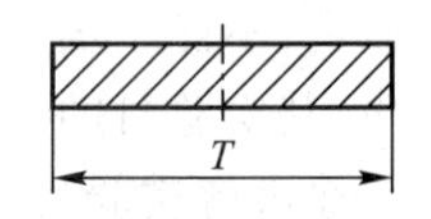

图6.1　零件尺寸分布曲线

从图 6.1 中我们看出,曲线的分布中心与零件公差带的中心不重合。这里还存在什么性质的误差呢?在课堂上我们已经学过,这里面存在着一种常值系统性误差。

是怎么造成这种误差的呢?回想一下我们讲过的加工方法。我们说的加工误差统计分析法通常只对采用调整法进行零件加工的加工工艺进行统计分析。

调整法是事先调整好刀具在机床上相对于工件的位置,而在一批零件加工过程中,不再改变其相对位置。显然曲线的分布中心与零件公差带的中心不重合,是因为刀具与工件的相对位置不正确,它是由于加工之前的调整造成的。我们通常称为调整误差。消除这种误差的方法是,重新调整刀具与工件的相对位置,提高调整精度。

再如我们作出图 6.2a 所示的曲线,这是一个平顶曲线,这样的分布曲线,我们怎么确定工艺能力呢?要计算均方根偏差,我们必须剔除系统性误差。把平顶部分去掉,得到一个正态分布曲线,如图 6.2b 所示。按照这个曲线去计算 6σ。就算计算结果判断工艺能力足够,但从图 6.2a 中我们可以看出,这里也存在很大的废品率。

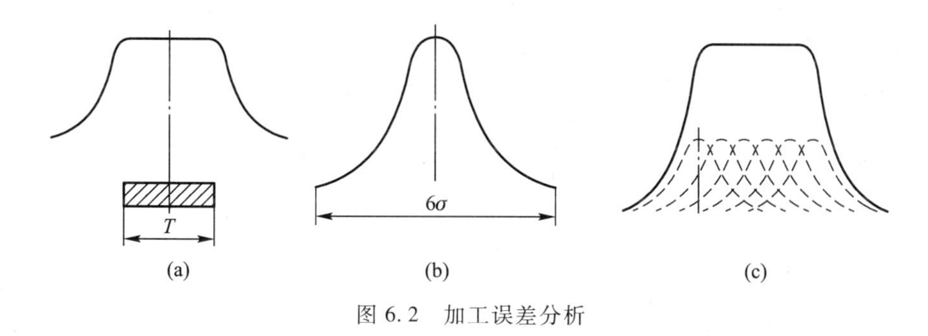

图 6.2　加工误差分析

继续分析其他性质的误差。我们可以近似地把这个曲线分解成许多小曲线,如图 6.2c 所示。分解后的小曲线是符合正态分布规律的,只是小曲线的分布中心相对于公差带的中心在变化,也就是误差的大小和方向是变化的,是一种变值系统性误差。这说明在加工过程中,刀具与工件的相对位置在不断发生变化。而所有小曲线的高度相等,也就是每个尺寸分段内零件的数量相等,所以刀具与工件相对位置变化的速度是相等的。

这是什么原因造成的呢?显然是由于刀具的均匀磨损造成的。这是在制订工艺过程中,刀具材料选择得不合理。消除这种误差的方法是重新选取合适的刀具材料。

又如我们作出图 6.3a 所示的曲线,这也是一个非正态分布曲线。要计算 6σ 确定工艺能力,也必须剔除系统性误差。方法是将曲线较陡的一侧镜像,得到一个正态分布曲线如图 6.3b 所示。按照这样一个曲线去计算均方根误差,确定工艺能力。假定计算结果为工艺能力是满足要求的,从图 6.3a 中我们也可以看出,仍存在着很大的废品率。我们也需进一步确定系统性误差的性质和引起误差的原因,以便提出工艺措施消除误差。

我们也可以近似地把曲线分解成许多符合正态分布的小曲线,如图 6.3c 所示。从分解后的曲线可以发现,小曲线的分布中心相对于公差带中心在不断地变化,这是一种变值系统性误差。说明在加工过程中,刀具与工件的位置也在不断地发生变化。而曲线的高度逐渐增高,也就是相同尺寸分段范围的零件数量在增加。曲线高度逐渐下降的部分说明刀具与工件位置的变化速度在逐渐减慢,到了一定时间后就基本不再变化了。

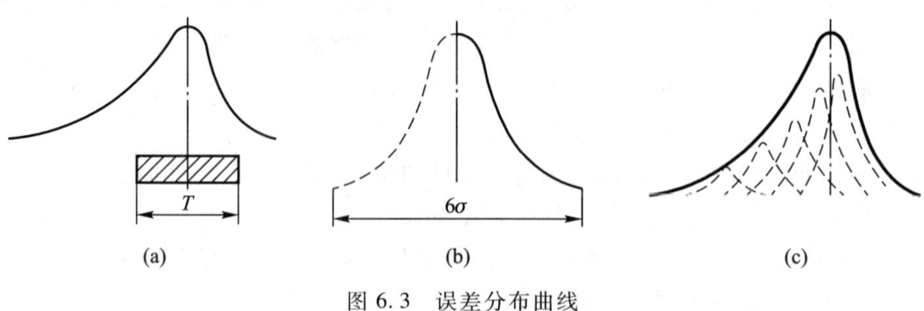

图 6.3　误差分布曲线

这是什么原因造成的呢？显然不是刀具的磨损了，刀具的磨损不会开始磨损得很快，然后逐渐减慢，到了一定的时候就不再磨损了。那是什么原因呢？想一想我们学过的知识。我们学过工艺系统的受力变形、热变形，显然这是工艺系统的热变形引起的。这种情况通常出现在寒冷的冬天，早晨到车间，机床一启动就进行零件的加工，本来工艺系统处在常温下，温度很低。加工过程中工艺系统要产生切削热、摩擦热，使工艺系统中每一个环节的温度都升高。以刀具为例，温度升高，其尺寸就会增大，从而改变其与工件的相对位置。工艺系统在产生热量的同时会向周围环境散发热量，当它产生的热量与散发的热量相等时，工艺系统的温度就不再升高，保持一个动态的平衡。因此，刀具与工件的相对位置就基本不再变化了。

对于消除这种误差的方法，课堂上老师已经讲过：一种方法是先让系统空运行，等达到热平衡以后再进行零件的加工。冬天早晨，去机械加工车间常常看到，工人一到车间先把机床开起来空转，然后再去做其他准备工作，这就是常说的给机床预热。另一种方法是采用冷却液控制系统温度的升高。

我们作出的曲线可能是各种各样的。举这几个例子目的就是告诉同学们，这个实验目的不是要求掌握尺寸的测量方法。如果仅仅是为了测量尺寸，这个实验完全可以取消，我们的目的是学会解决实际问题的方法。

这样结合结果分析讲解实验目的后，也会引起学生对实验的重视。学生在数据采集过程中就会自觉做到一丝不苟，精益求精。

2. 实验原理及实验方法的讲解

实验原理及实验方法的讲解应根据具体实验的性质确定讲解的详略。对于验证性实验，其实验目的是巩固概念，只需要讲授与实验有关的基本概念；而对于研究性实验，实验的目的是训练学生的能力，则需要综合使用各课程知识，深入讲解实验的基本原理以及确定实验方案和实验步骤的依据，以便提高学生的综合能力。

（1）验证性实验的讲解

例如车刀几何角度的测量，这是一个验证性实验。实验的目的是使学生进一步理解课堂上所学的关于刀具几何角度的有关定义。因而，讲解的重点应该是基本概念。

1）介绍外圆车刀切削部分的组成

首先用一把外圆车刀模型（图 6.4）介绍外圆车刀切削部分的组成。

外圆车刀的切削部分由三面、两刃、一尖组成。哪三个面呢？它们是前面、主后面、副后面。

前面：切屑排出时所经过的面。（在车刀模型上指给学生看）。

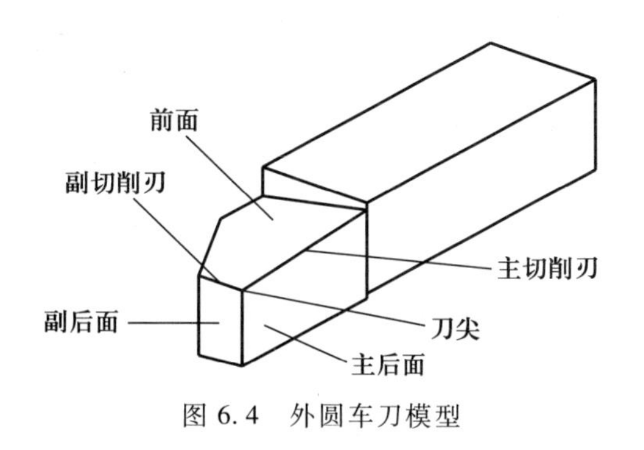

图 6.4 外圆车刀模型

主后面:是与工件上加工表面相对的面。

加工过程中,零件上有三个表面:已加工表面、待加工表面和加工表面(以车外圆为例用一工件模型给学生看),如图 6.5 所示。

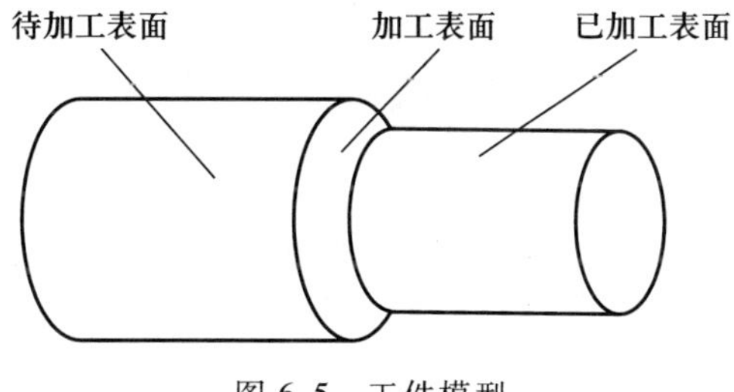

图 6.5 工件模型

已加工表面是走刀以后形成的表面,待加工表面是工件上的毛坯表面,加工表面是已加工表面与待加工表面之间的过渡面。

外圆车刀上与工件上的加工面相对的面就是刀具的主后面(在车刀模型上指给学生看)。

副后面:它是刀具上与工件的已加工表面相对的面(在车刀模型上指给学生看)。

两条刃是主切削刃和副切削刃。主切削刃是前面与主后面的交线,它担负主要的切削任务;副切削刃是前面与副后面的交线,它担负辅助切削任务(在车刀模型上指给学生看)。

刀尖:两条切削刃的交接处就是刀尖。

2) 介绍外圆车刀标注角度的基本概念

如果要把一把外圆车刀制造出来,在图样上需要标注 6 个角度。哪 6 个角度呢?(用启发式方式引导学生回忆课堂上学过的概念)。稍顿后继续讲解:这 6 个角度是主偏角 κ_r、副偏角 κ_r'、前角 γ_o、主后角 α_o、刃倾角 λ_s、副后角 α_o'。

主偏角 κ_r:要测量某一个角度,首先要找到定义该角度的参考平面,然后再按照定义进行测量。在定义刀具几何角度时规定了 3 个参考平面。它们分别是基面、切削平面、正交平面。同学们回忆一下,主偏角是定义在哪一个参考平面内的?等待部分学生回答后继续讲解。主偏角是定义在基面中的。什么是基面?基面在哪里?基面是通过刀刃上选定点,垂直于该点切削速度方向的平面。

如果选定刀尖,且忽略走刀速度的影响,可以粗略地说,在普通车床上基面就是水平面。车刀是以底面为基准安装在车床刀架上的，因此我们可以认为，在机床上基面就是刀具的底面。在测量刀具角度时，是把刀具放在仪器的工作台面上进行的，因此我们可以认为仪器的工作台面就是基面。那么我们就在工作台面内测量主偏角 κ_r。（接着参照图6.6、图6.7、图6.8、图6.9介绍测量仪器的结构、仪器的调整以及主偏角 κ_r 测量方法）。什么是主偏角？它是在基面中主切削刃与走刀方向之间的夹角。（可以接着介绍具体测量方法）。

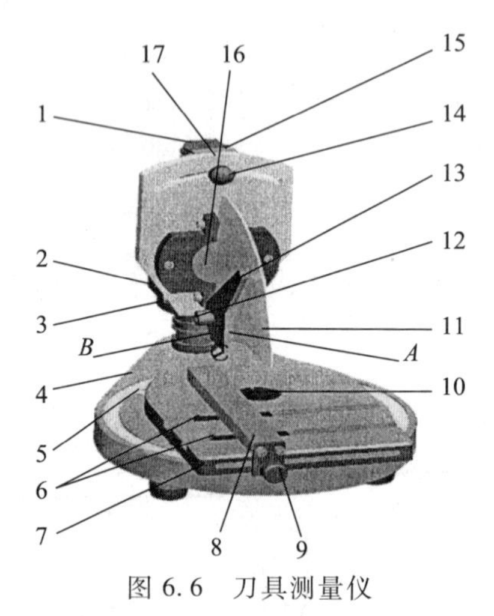

图6.6　刀具测量仪

1—立柱；2—滑体；3—大螺帽；4—底座；5—指针；6—导条；7—工作台；8—定位块；9—紧固螺钉；10—小轴；11—大刻度盘；12—紧固螺钉；13—大指针；14—旋钮；15—小指针；16—小螺钉；17—小刻度盘

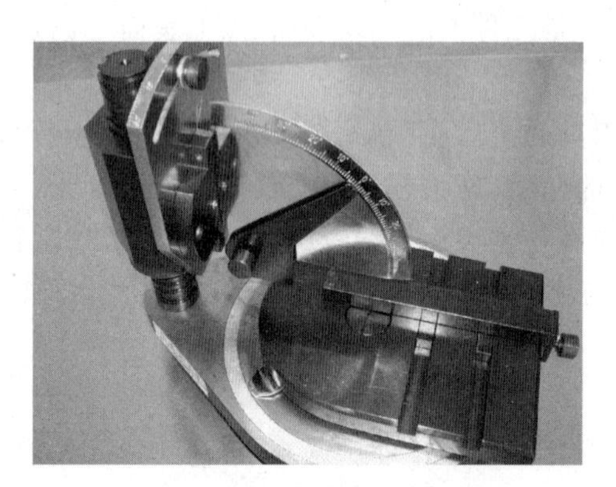

图6.7　零位

图6.8　测量初始位置

刃倾角 λ_s：刃倾角 λ_s 是定义在哪一个参考平面内的？刃倾角 λ_s 是定义在切削平面内的。什么是切削平面？切削平面是通过切削刃上的选定点与主切削刃相切，且垂直于基面的平面。切削平面在哪里？我们在测量仪器上看到，黑色大指针的表面（在仪器上指给学生看）与主切削刃相切，且它与工作台面是垂直的，因此大指针与主切削刃相切的这个面就是切削平面（图6.10）。

我们就在这个面内测量刃倾角 λ_s。同学们回忆一下刃倾角是怎么定义的。它是指在切削平面内，主切削刃与基面之间的夹角。基面在切削平面内是一条水平线。当大指针指在刻度盘的零度时，它的水平测量刃口与仪器的工作台面是平行的，因此可以认为，大指针的水平测量刃口就是基面（图 6.10）。

图 6.9　主偏角的测量

图 6.10　切削平面及刃倾角的测量

前角 γ_o：前角是定义在哪一个参考平面内的？前角是定义在正交平面内的。什么是正交平面？正交平面是通过主切削刃上选定点，同时垂直于基面和切削平面的平面。正交平面在哪里？我们将工作台在当前位置逆时针旋转 90°，刀具也随着转过了 90°，当然切削平面也转过了 90°。现在大指针的表面与当前位置的切削平面是垂直的，而且与工作台面也是垂直的，所以当前位置黑色大指针的表面就是正交平面（图 6.11）。

我们就在这个平面内测量前角 γ_o。什么是前角？它是指在正交平面内前面与基面之间的夹角。基面在正交平面内，仍然是一条水平线。我们只要测量出大指针水平测量刃口与前面之间的夹角，它就是前角 γ_o。

主后角 α_o：主后角 α_o 也是定义在正交平面中的。它是切削平面与主后面之间的夹角。切削平面在哪里？切削平面通过主切削刃，同时垂直于基面和正交平面。它在正交平面内是一条铅垂线。当大指针指在刻度盘的零度时，它的铅垂测量刃口与仪器的工作台面是垂直的，因此我们可以认为，大指针的铅垂测量刃口就是切削平面。大指针的铅垂测量刃口与主后面之间的夹角就是主后角 α_o（图 6.12）。

图 6.11　正交平面及前角的测量

图 6.12　主后角的测量

副偏角 κ_r'：副偏角 κ_r' 是定义在哪个参考平面中的？副偏角 κ_r' 是定义在基面中的。什么是副偏

角 κ_r'？副偏角是指在基面中，走刀反方向与副切削刃之间的夹角。将仪器调回到初始位置(图6.8)。从当前位置观察，车外圆时的走刀反方向是水平向右的。(参照图6.13介绍副偏角)。

副后角 α_o'：副后角 α_o'是定义在哪个参考平面内的？副后角 α_o'是定义在副正交平面中的。要测量副后角，就必须找出副正交平面。副正交平面在哪里？它是同时垂直于基面和副切削平面的平面。副切削平面通过副切削刃且垂直于基面。在刚才测量副偏角 κ_r'的位置，将工作台逆时针转过90°，副切削平面也随着转过90°。这时大指针的表面与当前位置的副切削平面相互垂直，同时它又垂直于工作台面，因此这时大指针的表面就是副正交平面(图6.14)。我们就在这个面中测量副后角 α_o'。什么是副后角 α_o'？它是指副切削平面与副后面之间的夹角。副切削平面在副正交平面中是一条铅垂线。我们可以认为大指针的铅垂测量刃口就是副切削平面。只要测量出大指针的铅垂测量刃口与副后面之间的夹角，它就是副后角 α_o'(图6.14)。

图6.13　副偏角的测量

图6.14　副后角的测量

(2) 研究性实验的讲解

例如液压泵性能测定，其主要实验内容是，测定液压泵的效率 $\eta=\eta_v\eta_m$。这个实验需要综合各门课程知识，详细讲解实验原理。

在讲解实验原理前首先要对实验回路(图6.15)进行介绍。介绍回路时，要提醒学生回路中11号液压元件，即先导式溢流阀，在该实验中作为安全阀使用，也就是在正常实验过程中，它不能有油液通过。

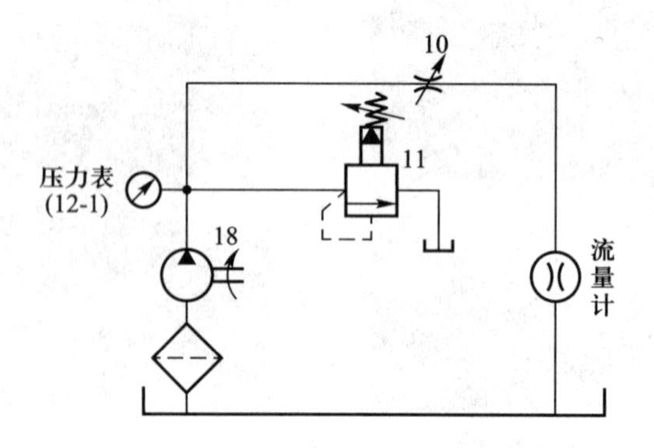

图6.15　液压泵性能测定实验回路

在课堂上我们学过,液压泵效率计算公式是:$\eta=\eta_v\eta_m$,其中 η——总效率;η_v——容积效率,η_m——机械效率。我们只要测出其中两个参数,就可以间接得到第三个参数。

容积效率 η_v的测定:下面我们先来分析容积效率 η_v的测定。什么是容积效率?容积效率是指泵的实际流量与理论流量的比,即 $\eta_v=q/q_t$。实际流量是泵在某一工况下,单位时间内排出油液的体积,即 $q=\Delta V/\Delta t$。ΔV 由回路中椭圆齿轮流量计测定。我们还需要使用一个计时工具,测量出对应的时间 Δt 才能得到泵的实际流量 q。泵的理论流量 q_t 怎么测定?按理说理论流量可以根据油泵图样的设计参数进行计算。但是由于液压泵在制造过程中存在着各种误差,泵的理论流量是不能按照设计参数进行计算的。通常是采用液压泵的空载流量作为理论流量。所谓空载流量,是指液压泵在没有负荷的情况下测出的实际流量。也就是回路中油泵 18 的出口压力等于零,即 $p=0$ 时,测出的实际流量 q。经过上面的分析我们知道,容积效率 η_v的测定还是比较容易的。

总效率 η 的测定:还有两个参数,一个是总效率 η,另一个是机械效率 η_m。机械效率的影响因素很多,直接测定比较困难。我们看看直接测定总效率是不是容易一些?如果总效率的测定比较容易,我们就直接测定总效率,然后计算出机械效率。

总效率除了上面介绍的计算公式以外,我们还学过一个公式 $\eta=P/P_i$,即泵的总效率 η 等于泵的输出功率 P 与输入功率 P_i 之比。我们在课堂上学过,泵的输出功率 P 等于流量 q 与吸压油口压差 Δp 的乘积。即 $P=q\Delta p$。流量 q 我们已经知道测定方法了。Δp 怎么测定呢?在刚才介绍的回路中,被测油泵 18 号件出口处有一个压力表 12-1。它的读数是相对压力。什么是相对压力?我们在初中已经学过,它是指相对于大气的压力,也就是比大气高出的压力。油泵的进油口是直通油箱的,而油箱是敞开的,如果忽略油泵进油管部分的压力损失,就可以认为油泵的进口压力等于零。这样压力表 12-1 的读数,就是油泵吸压油口的压差,即 $\Delta p=p$。亦即$P=q\Delta p=qp$。因此,泵的输出功率 P 可以通过测定泵的流量 q 和压力 p 而得到。

泵的输入功率 P_i 怎么测定呢?同学们可能首先会想到测定电功率。可是测定电功率时,我们从功率表上只能读出电动机消耗的总功率。电动机消耗的功率会不会全部输给油泵呢?不会。电动机自身也要消耗功率,它的绕组线圈有电阻,因此有阻损;电动机铁心里有涡电流,因此有涡损;它的转子与轴承之间还有相对运动,因此还有机械损失。如果用测定电功率的方法,除了要测出电动机消耗的总功率以外,我们还要测出电动机的空载功率,即电动机自身消耗的功率。那是比较费时的。我们再想想有没有其他方法?我们在力学里还学过一个公式:$P=\omega T$,即功率等于角速度 ω 与转矩 T 的乘积。我们看看能不能测出油泵的角速度 ω 和输入转矩 T?角速度 ω 的测定可以转化为对转速 n 的测定。我这里有一个仪器就是用来测定转速的(把仪器拿给学生看)。这样我们就能测出角速度了。还有一个输入转矩 T,我们的实验设备上有一个机构,可以用来测定电动机输给油泵的转矩 T。

已知角速度 ω 和输入转矩 T,输入功率 P_i 也就可以得出了,因此泵的总效率 η 也可计算得到。已知容积效率 η_v和总效率 η,机械效率 η_m也就得到了。

刚才讲的是这个实验的基本原理,至于实验的具体方法和注意事项,一会儿我们讲实验设备时再讲解。

3. 实验注意事项的讲解

实验注意事项包括专业知识性注意事项和安全注意事项。专业知识性注意事项主要是提醒学生,实验过程中应注意的应用知识点,操作过程中应该注意的操作方法和步骤。安全注意事项是提醒学生应注意的安全问题,以避免发生设备事故,影响实验的正常进行。

在实验过程中,常常由于学生的错误操作,造成了实验不能正常进行,或者造成设备损坏而使实验中断。在实验讲解中要把实验操作过程中可能出现的各种问题,用操作注意事项和安全注意事项的方法提醒学生注意。

学生求知的欲望很高,特别是好奇心很强,喜欢搬弄电气按钮、开关,设备手柄等。有时候在没有搞清楚操作规程的情况下盲目操作,容易造成安全事故。一定要提醒学生,不要随意搬弄自己没有搞清楚的电气按钮、设备手柄。

在讲解注意事项时,不要用文字说教的方法,最好用能引起学生重视和接受的案例讲解。比如说,在讲解安全注意事项时可以用类似下面的方法进行:

最后还有一点需要引起所有同学注意,就是对那些特别爱动手的同学,我们考虑优先安排他们操作,否则他们不高兴了,会给大家造成麻烦。几年前我们也是在做液压实验,曾经发生过一件事,一个实验小组有一个同学特别爱动手,他们在分工的时候,忽略了这个同学,没有优先安排他操作。当别的同学在操作时,他就这里摸摸,那里扳扳。其他同学都在聚精会神地进行实验操作。液压系统的压力上升到了6.3 MPa,这个同学突然按下某个按钮,这下系统中6.3 MPa的高压油液就不再通过回油管回油箱,而是从一个油嘴直接喷射到试验台的台面上。什么样的后果?同学们应该想得到。高压油液喷射到设备台面上后就形成了天女散花的景象,所有同学的头上、衣服上都沾满了液压油。所以我提醒同学们,对那些没有搞清楚的按钮、手柄等不要贸然动。

同学们一阵哄堂大笑。这样讲解后,就会引起学生足够的重视。在接下来的实验中,他们就会谨慎操作。有不清楚的地方,学生会主动来问老师,避免不必要事故的发生,达到了预期的目的。当然那个故事是否发生过,无从考证。

6.4.3 教学实施

在实验教学实施中要摒弃单纯传授具体知识的观念,要强调科学思维、科学素质、实践技能、创新能力和道德品质的培养和训练。燃起实验教学课堂中发现问题的热情,重视素质教育,将智力和能力的提高与精神素质的培养更多地渗透、融合到日常的实验教学中。具体的教学实施步骤如下:

1)选择实验项目。根据教学内容、教学条件、学生知识结构选择实验项目,并确定实验任务。

2)选择配置实验仪设备。根据实验项目、实验任务选择配置实验仪器、实验工具和实验量具等实验辅助工具。

3)制订实验方案。根据实验要求和目的制订实验方案,确定实验操作步骤。

4)编写实验指导书。根据实验项目、实验任务、所用仪器设备以及工夹量具、实验操作步骤、学生的知识结构编写实验指导书。

5)实验准备。实验前对实验仪器设备以及辅助工、夹、量具进行调试检查,发现问题,及时修复,以保证实验按时正常进行。

6）实验讲解。学生实验操作前，实验老师讲解实验原理、仪器结构、实验操作步骤、安全注意事项以及相关知识等。

7）分组实验。对学生进行分组，并由学生自己协作进行实验操作。教师进行巡视辅导，及时发现学生的操作错误，及时解答学生的提问，对一些典型的问题可以及时组织全体学生进行讨论。

8）布置学生书写实验报告。每次实验结束后都应要求学生书写实验报告，实验报告内容要阐述实验原理，简介实验仪器的结构、实验操作步骤。整理计算实验数据，绘制必要的图表，分析实验中的现象，解答与本实验有关的思考题。

9）对实验最初评价。根据学生的实验情况、实验报告质量对每个学生的实验做出评价。

6.4.4 教学案例——机床三向刚度的测定实验教学

1. 实验简介

由机床、夹具、刀具和工件组成的工艺系统是一个弹性系统，在切削力的作用下，系统中的任一部分都会产生变形，从而改变刀具与工件的相对位置，最终影响工件的加工精度。在切削力作用下，工件和刀具的变形可用力学知识通过计算得到。而机床部件的变形直接计算非常困难，一般都是通过实际测定的方法获得。

机床部件刚度的测定方法有静态测定法和动态测定法。静态测定法简单易行，但测定结果与实际加工情况存在一定的误差。静态测定法又分为单向静载荷测定法和三向静载荷测定法。动态测定法也叫生产测定法，测定方法切合实际，结果比较准确，但是费时费事。

本实验要求采用三向静载荷测定法，测定一台普通车床的床头箱、尾架和刀架的静刚度。

2. 教学目标

本实验要求学生掌握机床部件刚度的测定方法，通过实验观察分析工艺系统在切削力作用下，各组成部分产生变形的情况；结合对实验数据的计算处理，分析在切削力作用下工艺系统的变形规律以及对工件加工精度的影响情况。

3. 知识准备

本实验需要学生已经掌握了机械制图、互换性与测量技术基础、机械制造技术基础（金属切削原理及刀具、机械制造工艺、机床结构）、工程力学等知识，以及经过金工实习训练掌握了刀具的安装调整、工件的装夹、机床操作等基本技能。

4. 教学准备

实验设备：普通车床一台（CA6140 或 C616 或 C6136），三向刚度仪一台，千分表四只，经实验标定的测力环一只，死顶尖两只，扳手等工具一套。

卸去机床的卡盘，在主轴孔及尾架套筒孔中各装一只死顶尖，将三向刚度仪的弓形体顶于两顶尖间。

5. 教案设计

（1）基本原理讲解

机床部件刚度的测定方法有静态测定法和动态测定法。静态测定法又分为单向静载荷测定法和三向静载荷测定法。

单向静载荷测定法的原理如图6.16所示。在机床的头架和尾架之间装一个短而粗的工件，在刀架和工件之间装一测力环，并分别在头架、尾架、刀架上各装一千分表。通过螺旋加力器给系统加上一定的载荷。载荷的大小由测力环中的千分表读出（测力环的变形量与所受载荷大小的关系已通过实际标定），通过另外三只千分表，分别读出相应载荷下头架、尾架和刀架的位移量。由载荷、位移量数据经过计算便能知道机床各部件的刚度。单向静载荷测定法操作简单，但由于只考虑了径向力 F_y 的作用，而忽略了切向力和轴向力的影响，因而与实际加工情况存在一定的出入。

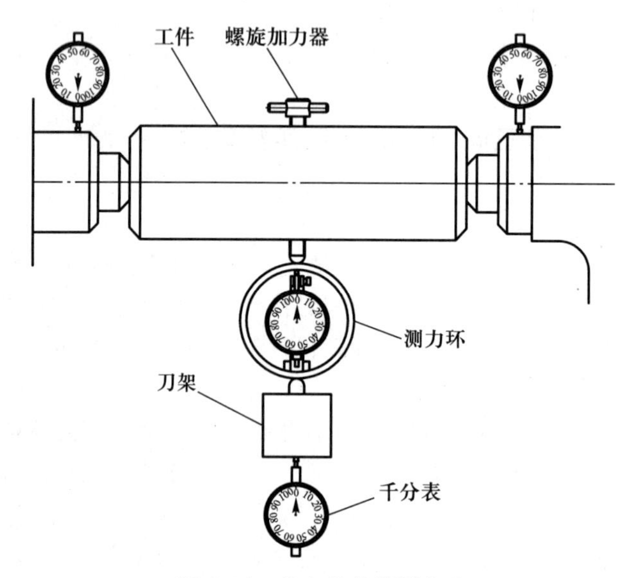

图6.16　单向静载荷测定法

我们今天不用单向静载荷测定法，采用三向静载荷测定法。三向静载荷测定法是模拟实际切削加工时的受力情况，给系统加上的是三向载荷，该载荷可以分解出一个径向分力 F_y、一个切向分力 F_z、一个轴向分力 F_x。与实际加工情况比较接近。三向刚度仪的结构如图6.17所示。三向静刚度测定仪中的弓形体就相当于单向静载荷测定法中的短而粗的工件。

采用三向静载荷测定法，在实验之前，首先要确定外载荷的作用方向，以便调整仪器。即确定所模拟的切削加工情况，并计算出三个切削分力 F_x、F_y、F_z 的大小或比例，然后确定弓形体的偏转角度 β 和螺旋加力器的偏转角度 α，并依照计算结果调整仪器。

由图6.18中力的几何关系得：

$$F_x = F_r \sin\alpha$$

$$F_y = F_r \cos\alpha \sin\beta$$

$$F_z = F_r \cos\alpha \cos\beta$$

从而有

$$\tan\beta = \frac{F_y}{F_z};\tan\alpha = \frac{F_x}{F_z}\cos\beta$$

当拧动加载螺钉手把加力时，从测力环中千分表读出的是总切削力 F_r，而从另外三只千分

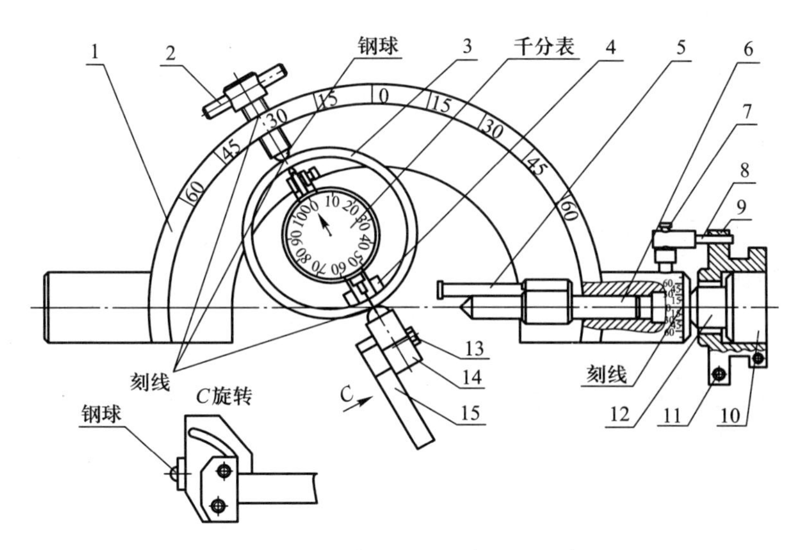

图 6.17 车床三向力静刚度测定仪

1—弓形体;2—加载螺钉手把;3—测力环;4—表托架;5—找正棒;6—顶尖;7—螺纹挡销;8—销;9—锁紧套;10—尾架套筒;11—螺钉;12—顶尖;13—螺钉;14—刀头;15—力杆

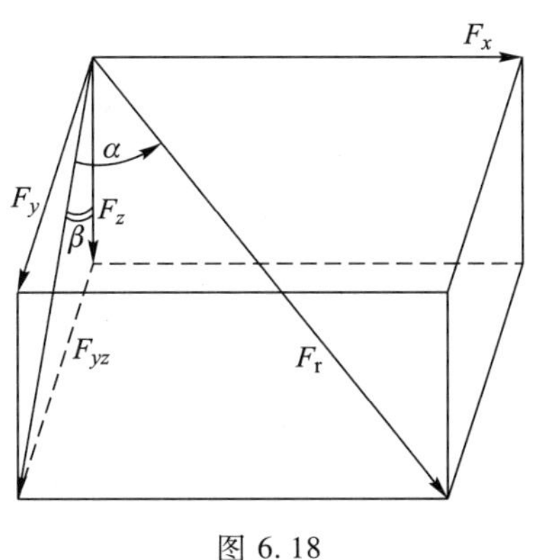

图 6.18

表读出的是相应部件沿误差敏感方向的变形及在 Y 方向的位移量。利用上述公式计算出径向力 F_y 的大小,进而可以计算得到三个部件的静刚度。

采用三向刚度仪测定机床部件静刚度,当取 $\alpha=0°$,$\beta=90°$时,$F_r=F_y$,于是三向刚度仪就相当于单向刚度仪器。

(2) 操作方法讲解

本实验不要求进行切削力的计算,实验时取 $\alpha=30°$,$\beta=45°$。按照给定数据,调整好弓形体和加载螺钉的位置,锁紧尾架。将实验用刀具安装于刀架上,测力环安装于刀尖与加载螺钉之间,轻旋加载螺钉手把,使得测力环与刀尖和加载螺钉刚好接触(此时测力环所受载荷应该为零),将测力环中千分表读数调至零。在主轴端、尾架套筒和刀架的相应位置各安装一只千分表。轻轻拉动千分表的测杆,使表的测头与部件接触良好,记下各表的初始读数。

按照指导书上表格中给定的数据，逐级给系统加载，一直加至 4 000 N，然后再逐级卸载，直至将载荷减至零。载荷每变化一次，都要记录机床头架、尾架和刀架的位移量。

（3）实验进行

由学生自己分工协作，完成设备安装、调整以及加载等操作，将实验数据记录在表 6.1 中。

（4）书写实验报告

1）将实验数据填写在表格中。

2）计算机床的静刚度：

$$\frac{1}{K_{机床}}=\frac{1}{K_{刀架}}+\frac{1}{4}\left(\frac{1}{K_{头架}}+\frac{1}{K_{尾架}}\right)$$

计算 $F_r=2\ 000$ N 时的具体数值。

因为载荷加在工件长度方向的中点处，所以 $F_{刀架}=F_y$。上式中：

$$K_{头架}=\frac{F_{头架}}{Y_{头架}}$$

$$K_{刀架}=\frac{F_{刀架}}{Y_{刀架}}$$

$$K_{尾架}=\frac{F_{尾架}}{Y_{尾架}}$$

$F_{头架}$ 与 $F_{尾架}$ 为 F_y 所引起的在车头和尾架上的作用力。

计算出当 $F_r=1\ 960$ N(200 kgf)，$\alpha=30°$，$\beta=45°$ 时的 $K_{机床}$、$K_{头架}$、$K_{尾架}$ 与 $K_{刀架}$ 的数值。

3）实验结果分析：

① 当外载降至零时，为什么 $F_r\neq 0$？

② 在加载时，测力环上千分表的读数为什么会出现下降的趋势？试分析造成这一现象的原因。

③ 画出刀架的加、卸载曲线。

表 6.1　实验数据记录表

千分表指示数/μm	测力环所受载荷 F_r/N	部件变形量/μm		
		$\alpha=30°$，$\beta=45°$		
		头架	刀架	尾架
28	400			
56	800			
85	1 200			
112	1 600			
140	2 000			
168	2 400			
195	2 800			

续表

千分表指示数/μm	测力环所受载荷 F_r/N	部件变形量/μm		
		$\alpha=30°, \beta=45°$		
		头架	刀架	尾架
224	3 200			
253	3 600			
280	4 000			
251	3 600			
223	3 200			
195	2 800			
167	2 400			
140	2 000			
111	1 600			
82	1 200			
54	800			
26	400			
0	0			

(5) 实验评价

该项实验可以从以下几方面进行结果评价(表 6.2):学生操作动手能力(包括仪器的安装调试能力、加载过程、实验中的出错率、实验中提问情况),实验报告的质量(包括实验原理的阐述是否透彻、数据的完整性、计算的正确性、实验现象分析透彻性、思考题回答正确性)。实验操作部分占分 55%,实验报告占分 45%。

表 6.2 学生实验评价表

项目	内容	配分	评分标准	得分
操作动手能力	仪器安装调试	25	弓形体安装占 10 分;测力环安装占 5 分;千分表安装占 10 分	
	加载操作	20	加、卸载超过设定值一次扣 1 分	
	问题发现	10	发现实验现象或问题,一次得 5 分、两次以上得 10 分	

续表

项目	内容	配分	评分标准	得分
实验报告	实验原理阐述	10	阐述完整深刻得10分,阐述一般得8分,存在错误得5分	
	实验数据	10	数据完整计算正确得10分;数据完整计算存在错误得7分;数据不完整或存在错误得5分	
	刚度计算	10	有错酌情扣分	
	思考题回答	10	答对一题得5分,答对两题得10分	
	加、卸载曲线	5	曲线正确得5分,存在错误酌情扣分	

(6) 相关知识

1) 刚度。作用力 F 与它引起物体变形量 y 的比值,称为物体的刚度 K(单位为 N/mm)。

$$K=\frac{F}{y}$$

也就是使物体产生单位变形量所需的力。

2) 工艺系统刚度对加工精度的影响。在切削力作用下工艺系统中的工件、刀具、夹具、机床都将产生变形,而使刀具与工件的位置发生变化,进而影响零件的加工精度。在机械加工中,对加工精度影响最大的是沿着工件加工表面法线方向的变形。

工件和刀具的变形量可以利用力学知识定量地计算出来,而夹具和机床的变形量很难计算。机床的刚度是由组成机床的各个部件的刚度决定的。部件的刚度不仅取决于组成部件的各个零件本身的刚度,在很大程度上还取决于部件中各零件接触面之间的接触刚度。所谓接触刚度,是指零件接触面之间抵抗变形的能力。接触面之间的接触变形目前还无法进行计算。因此,机床及其部件的刚度,只能通过实际测定获得。

外圆车削加工中,假设不考虑工件和刀具变形的影响,在切削力作用下,若机床的主轴和尾架套筒中心线在误差敏感方向上分别产生了位移量 $y_{头}$ 和 $y_{尾}$,则刀具相对于工件的回转中心产生了 $y_{刀}$ 的位移量,如图6.19所示。

加工后的工件将产生半径误差 Δr。

$$\Delta r=y_x=y_{头}+(y_{尾}-y_{头})\frac{x}{l}$$

若径向切削分力为 F_y,床头和尾架受到的切削分力分别为 F_A 和 F_B。

$$F_A=\frac{l-x}{l}F_y,\quad F_B=\frac{x}{l}F_y$$

位移量为

$$y_{头}=\left(\frac{l-x}{l}\right)\frac{F_y}{K_{头}},\quad y_{尾}=\left(\frac{x}{l}\right)\frac{F_y}{K_{尾}}$$

半径误差为

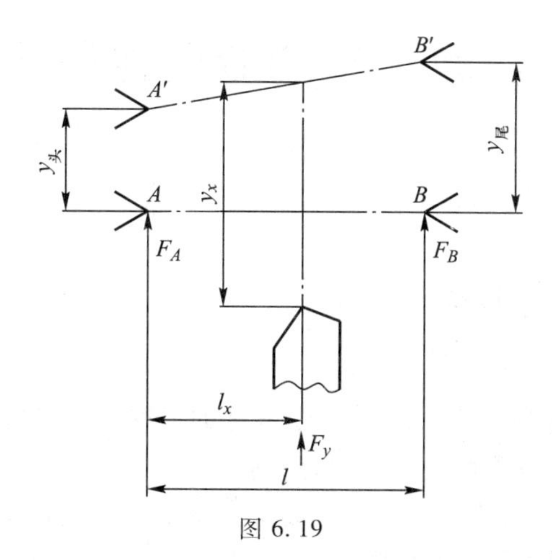

图 6.19

$$\Delta r = y_x = \frac{F_y}{K_{头}}\left(\frac{l-x}{l}\right)^2 + \frac{F_y}{K_{尾}}\left(\frac{x}{l}\right)^2$$

$K_{头}$、$K_{尾}$是定值，在走刀过程中切削用量不发生变化，因而 F_y 也是确定的值。由上式可知工件半径误差 Δr 与刀具的位置 x 是非线性关系。加工后的工件轮廓投影是二次曲线。机床的刚度因车刀位置不同而异。

3）工艺系统刚度的计算。工艺系统的变形是各组成部分变形量的叠加，$y_{系}=y_{机}+y_{夹}+y_{刀}+y_{工}$。

$$K_{系}=\frac{F_y}{y_{系}},\quad K_{机}=\frac{F_y}{y_{机}},\quad K_{夹}=\frac{F_y}{y_{夹}},\quad K_{刀}=\frac{F_y}{y_{刀}},\quad K_{工}=\frac{F_y}{y_{工}}$$

$$K_{系}=\frac{1}{\frac{1}{K_{机}}+\frac{1}{K_{夹}}+\frac{1}{K_{刀}}+\frac{1}{K_{工}}}$$

复习思考题

6.1　实验课程教学的特点与理论课程教学以及实习课程教学的有哪些不同？

6.2　实验教学活动中教师如何组织开展、把握活动进程？

6.3　现代制造业对操作人员有哪些要求？

6.4　实验课程教学的重点是什么？

6.5　实验教学工作有哪些相对固定的流程？

6.6　实验准备工作有哪些具体内容？如何做好实验准备工作？

6.7　如何讲解实验目的？

6.8　如何讲解实验原理？

6.9　如何激发学生对实验的兴趣？

6.10　选择一项专业实验课题，分别运用两种不同的教学组织形式进行实验教学，结合实验教学活动的效果进行比较。

第7章 基于项目教学法的专业课程设计教学

7.1 专业课程设计的地位与作用

设计是人类改造自然的基本活动之一,它是复杂的思维过程,包含着创新和发明。课程设计专指就某一门专业课程或多门课程融合才能完成的要求,对学生进行综合训练,让学生运用课程中所学的理论与实践相互结合,培养学生独立分析解决实际问题的能力。课程设计是一个重要的、较全面的、具有综合性和实践性的教学环节,主要倡导创新思维和动手能力,强调即学即用,立竿见影,目的是培养学生综合的机械设计的实践能力。课程设计的周期相对较短,注重深度,学生更容易激发兴趣,迅速找到自我,树立自信。课程设计是理论知识的初步运用,而且往往多门课程设有课程设计,可以持续地进行锻炼,同时也是最终毕业设计的铺垫。当前的教育改革正从封闭型教育转向开放型教育、从继承型教育转向创新型教育、从精英教育转向大众教育、从整齐划一的教育转向个性化教育。因此,必须重视课程设计教学环节的组织、实施和总结提高,保证达到课程设计的教学目的,发挥课程设计在人才培养过程中的作用。在此基础上,强调多元化、崇尚差异、主张开放、重视平等、推崇创造的教育思想。现代职业教育作为中等教育的一个主要分支,在教学过程中,注重能力培养,着力提高学生的自主学习能力,培养实践能力和创新能力,全面推进素质教育。与现代教育的主流思想相一致,是中等职业教育教学的发展方向。创新教育是以培养学生创新意识、创新精神和创造能力为基本价值取向的教育实践。课程设计可以作为中等职业院校实施培养学生创新教育的重要教学环节,让学生从"死读书""读死书"的死胡同走出来,以适应现代化建设的需要。课程设计更是个别化课程(individualized programs)、学生控制课程(learner-controlled programs)以及多样化课程(diversified curriculum)的典型教学方法。从课程设计的计划、布置和选题形式中就可以表现出其特点,指导和自选相互结合,相辅相成,将学生被动接受知识转为主动学习。

7.1.1 专业课程设计的特点

1)注重培养学生的实践能力,强调实践性、能力性和职业性;同时也要注重学生的自主学习、发现问题、分析问题和解决问题的能力;更注重培养学生理论联系实际的应用能力和创新能力。

2)因材施教,在课程设计过程中,教师与学生更易于面对面地进行沟通,有助于教师对学生全方位地开展教育活动,更好地培养学生的机械工程素养。

3)教学、学习情境更容易接近生产实际,学生通过课程设计,对科学过程亲身体会,更能够理解学科内容,懂得学习的意义和价值,养成探索和追求真理的科学精神。

7.1.2　在专业培养体系中的地位和作用

课程设计是专业课程教学的中心环节,其开展与进行得好坏直接关系到学生实际应用能力是否得到锻炼与提高。可以毫不夸张地说,它直接影响课程目标的实现。通过课程设计,本专业的学生树立了正确的指导思想,全面、系统地掌握了机械设计和机械原理的基本理论、基本规律、基本操作和基本方法,认识机械设计和机械原理的专业性和复杂性,培养和提高学生正确分析和解决问题的能力,为后续综合类核心课程的学习奠定扎实的理论基础。课程设计可以增进同学之间的团队合作、协同攻关,培养对事物潜心考察、勇于探索、严谨推理、实事求是、有过必改、用实践来检验理论等科技人员应具备的素质,培养独立完成课题的工作能力,培养从文献、试验和调查研究中获取知识的能力,培养根据条件变化来调整工作重点的应变能力,考核学生的外语、计算机应用和书面与口头表达能力。课程设计也是培养学生创新能力的具体措施之一。创新能力是学生素质的重要组成部分。简单地讲,所谓创新,就是有与众不同、标新立异的表现。具体表现可以是敢于质疑书本上的知识,在深入理解、领会前人智慧精髓的基础上,敢于提出自己的想法和观点;敢于尝试,善于实践。不管这种实践成功与否,也不要怕失败,能在探索真理的道路上坚定地迈出自己的步伐;不裹足不前、不故步自封、不盲目崇古、不迷信权威。对于学生来说,就是善于创造性地学习、运用知识,善于对已知知识进行"重新组织"或"转换",从而萌发新的构想。由此可见,创新能力不仅表现在对知识学习的选择、处理和运用上,也不仅反映在对新思想、新事物、新技术的发现和发明上,而且表现在有没有怀疑的精神、求变的态度和综合选择的能力,有没有探索创新的心理愿望和性格特征。因此,创新能力是一种精神状态,一种人格特征,一种综合素质,而这种综合素质是人的素质的重要组成部分。当然,培养学生的创新能力,不是嘴上讲讲,必须落实到行动上,课程设计就是一个有效的途径。为了面对知识经济时代的巨大机遇和挑战,使学生永远处于有利的地位,应发挥好课程设计在专业培养体系中的核心作用,为国家真正培养出既懂理论又会实践,既能说又能干,既有团队合作意识又有个性,具有创新能力的优秀人才,其效果应该是非常明显的。

7.1.3　在工程实践中的地位和作用

实践教学环节是教学中的一个重要组成部分,通过实践教学的改革,提高实践教学的效果。培养创新人才,以适应社会对高级工程技术人才的需求。深化课程潜能,增进同学之间的团队合作、协同攻关,培养对事物潜心考察、勇于探索、严谨推理、实事求是、有过必改、用实践来检验理论等科技人员应具备的素质,培养独立完成课题的工作能力,培养从文献、实验和调查研究中获取知识的能力,培养根据条件变化来调整工作重点的应变能力。实践教学环节主要包含以下三方面的内容:课程实验、课程设计和毕业设计。课程设计又是实践教学环节中非常重要的中间环节,首先要通过课程设计初步培养学生对已学的多门课程进行综合设计的能力,其次也要为后续的毕业设计、科研工作能力的培养奠定一个良好而扎实的基础,最后要为后续综合类核心课程的学习奠定较为充实的实践经验。

7.2 专业课程设计学习分析

7.2.1 研究对象和内容

专业课程设计的研究对象是机械工程产品，课程设计在专业技术基础课与专业课之间起到了一个承上启下的作用。在课程设计中既要运用以前所学的多门课程的知识，又要进行系统而且合理的规划设计，在解决问题的过程中充分发挥自己的知识水平。指导学生对机械工程产品进行结构设计、运动原理分析、强度综合计算的实践性练习。

7.2.2 学习要求

课程设计的总体思路是利用该门课的特点，使学生充分发挥和应用所学专业知识，并且同时为毕业设计打下良好的基础，在学习阶段起到承前启后的作用，在培养创造性综合型人才的道路上做好准备。通过课程设计这一教学环节的实施，学生应达到的学习要求如下：

1）了解、熟悉和掌握机械设计的基本方法和步骤，从大量信息和技术资料的消化中，经过反复思考，设计出符合实际要求的合理设计方案。

2）树立正确的设计思想和严谨的工作作风，培养理论联系实际的设计思想，提高分析和解决工程实际问题的能力，巩固、加深和扩展有关机械设计方面的知识，是对学生的动手能力和创新能力的一次全面训练。

3）把所学各科的内容全部融会贯通，进行一次全面的考核与提高，懂得在设计时应当怎样入手。设计是练兵，但是它同时也是设计理念通过设计实战的贯彻。

4）创新能力得以提高、发展。人人可创新，时时有创新，处处见创新。开发潜能、激励创新意识是培养创新能力的前提，创新思维是创新能力的核心，是形成创新方案的基础。培养学生的创新能力是各职业院校机械类课程设计的主要目标之一。

7.2.3 学习重点

1）课程设计是一个非常重要的教学环节，既是对已学课程的综合运用，又为以后的专业课学习打下基础，因此务必要求学生在设计过程中严肃认真，踏实细致，并养成保质保量，按时完成任务的良好习惯。

2）正确处理计算和绘图的关系。不能把设计片面理解为就是理论计算。确定机械零件尺寸时，应综合考虑零件结构、加工、装配、使用条件、与其他零件的关系以及经济性。理论计算只是为确定零件尺寸提供了一个方面（如强度）的依据，有时要利用经验公式来确定尺寸，有时要根据结构和工艺来确定尺寸。因此在设计过程中，经常是边画、边算、边修改。计算和绘图相互补充，交叉进行。

3）正确处理参考现有资料与创新的关系。任何设计都不可能是设计者凭空想象，独出心裁的产物。大量的设计参考资料是前人设计经验的总结，初次进行机械设计，应充分熟悉和利用现有资料，参考和分析已有的结构方案，合理选用有关经验数据。这正是锻炼设计能力的一个重要方面。但是，参考资料并不意味着盲目地抄袭资料。设计者必须根据特定的设计任务和具体要求敢于提出新设想、新方案和新结构并在设计实践中总结和改善，充分发挥主观能动性，这样，设计者的设计技能才能不断得到提高。

4）注意培养工作的计划性，应经常检查和掌握进度，并随时整理设计计算结果。这对于设计的正常进行、阶段检查和编写说明书都是有益的。

5）尽可能引用新的设计方法，采用计算机辅助设计工具或手段进行设计。

7.3 专业课程设计教学分析

7.3.1 教学工作过程分析

课程设计特点是“以项目为主线、教师为引导、学生为主体”，改变了以往“教师讲，学生听”的被动的教学模式，学生主动参与、自主协作、探索创新。教师在课程设计教学过程中应做到以下几点。

1. 设计前期准备

在进行课程设计之前，建立完整的专业课程知识认知框架，为学生进行课程设计提供陈述性组织者，以便学生把抽象的理论知识应用于解决具体的设计问题。例如，在机械设计基础课程设计的教学前，已经完成了机械设计基础课程的学习，在教学中必须强调机械结构设计的完整性和连贯性，使得学生建立机械设计的整体知识框架。

课程设计的教室、学生所需资料及计算、绘图工具等在课程设计前要安排稳妥，以免影响设计的进程。

2. 设计教学设计

（1）备课

在指导学生课程设计时，教师应认真备课，如果教师所掌握的工程资料有限，就会影响课程设计教学质量，这也是不利于开展课程设计教学的客观因素，教师应通过各种途径积极解决这一困难。例如通过学校的实验室或参加工程项目设计，到工程项目单位锻炼，积极与其他院校相同专业的教师交流等。同时作为一个弥补办法，可以修改课程设计内容的重要参数，保证每位学生的设计内容各不相同。对于结合课程设计的岗位实际训练难以实现的问题，任课教师应充分掌握项目背景信息，在课程设计任务安排中比较详细地介绍项目背景和项目实施的实际情况，增加课程设计的真实感，弥补不能开展实际训练的不足。

（2）教学法

项目教学法是一种将具体的项目或任务交给学生自己完成的教学方法，在教学设计中首先要组织学生收集信息、参观企业、做实验分析，然后让学生在教师指导和小组成员的相互讨论中，确定设计方案、实施方案，学生自己独立完成相应的设计计算，以及装配图和零件图的绘制，在完成任务的过程中学习和掌握知识，形成技能，提高独立思考、积极创新的能力。

（3）题目确定

根据理论课程的性质和培养学生的目标要求，确定与之相符合的设计题目，有的课程设计有相应的课程设计指导用书，教师可以选用。没有课程设计指导书的，教师可以根据具体情况自行确定课程设计的题目，设计内容和设计工作量应合理，保证课程设计的效果。

3. 课程设计布置

有的课程设计虽然有相应的课程设计指导书，书中均给出了相应的案例、设计内容、设计步骤及方法，但教师要采用分组设计模式，使设计题目真正做到差异化，一人一题，每个人的参数、总体方案与设计步骤必须通过团队协作和个人深度思考完成，杜绝简单模仿甚至抄袭的可能性，有效培养学生的实践创新思维与实践创新意识。

课程设计的布置不仅仅是把设计题目扔给学生，而是要把相应的知识点、设计中要注意的问题以及可能会发生的错误做成PPT，在集中布置辅导时告知学生，避免学生在设计过程中反复重做，从而失去对课程设计的信心和兴趣。

4. 课程设计辅导

指导教师在课程设计期间还需根据学生的设计进度和在设计过程中遇到的难点，进行多次集中辅导，平时在巡视的过程中，及时指出学生在设计中出现的问题和错误，必须要求学生一丝不苟、刻苦钻研、严肃认真，并端正有错必改、精益求精的工作态度。不要害怕返工，一旦发现不合理的地方要求学生及时修改，要让学生把虚拟课题当作实际工程来做，让学生认识到设计是一项复杂而细致的工作，任何马虎和敷衍了事的态度都会带来不必要的损失。学生通过改正错误，可修正和补充掌握不够全面的知识，将问题弄懂、弄透。指导教师要随时掌握每个学生的设计进度，应及时指正发现的问题，尽量避免以后的设计由于前期的小错误而需大量返工。

5. 课程设计答辩

总结与答辩是课程设计的最后一个重要环节，通过答辩可以检查学生实际掌握机械设计基础课程及其相关课程知识的情况，了解学生的工程设计能力。答辩可在设计完成后进行，也可在平时辅导、检查中进行，答辩的内容应为课程设计所涉及的知识点。

6. 课程设计批改

在学生完成课程设计后，提交给教师的可能有图样、说明书或设计程序等，教师在进行课程设计批改时，首先检查说明书中的设计计算是否正确，设计内容是否完整，书写格式是否规范；其次检查图样上的尺寸是否和说明书中数据相符，图形表达是否合理，结构设计是否正确，尺寸及配合公差是否符合要求；最后对设计程序进行批阅，看程序是否通顺、正确，是否是独立编制完成。

7. 设计成绩评定

课程设计的成绩评定历来是教学的一个重要环节，课程设计的成绩评定和理论考试要有所区别，不能只按照提交的设计材料来进行成绩的评定，可以把过程考核与目标考核相结合，加强设计过程中平时表现的考查，扩展考核内容。建议课程设计的成绩评定为平时成绩占30%，设计计算、装配图及零件图的绘制占50%（主要考虑有同学不是独立完成），答辩成绩占20%。

7.3.2 教学的能力目标

1）学生整体结构设计能力的加强。目前常用的教学模式是以课堂教学为主，以实践教学为辅，而在课堂教学中又主要以老师讲解为主，学生自学为辅。例如在课程设计的过程中，由于学生对减速器的设计、制造、安装、调试、使用和维护等相关的工艺过程缺乏实际的感性认识，致使对大量的工艺问题缺乏认真的考虑，不能把零件必须具备的良好工艺要求贯穿于设计过程中。在课程设计过程中，教师应只给学生以必要的提示，并列出参考书目，鼓励学生去查资料、翻手册，培养他们对信息及数据的归纳和整理能力。另外，应提倡学生独立思考、深入钻研的精神，多从方法上启发学生，提倡有特色的设计，把各种结构综合地整合到自己的设计中去，更好地实现预期功能。课程设计是一个实践性很强的教学环节，在过程中，让学生接触工程实际，了解同类系列产品的性能、结构特点及生产过程，使学生懂得机械设计与机制工艺是紧密不可分割的，同时获得产品的有关工艺知识。在课程设计之前可安排学生先做减速器的拆装实验，或到工厂参观和以多媒体的方式观看相关的工程案例，以此来开阔学生的视野，拓展设计思路，使理论性的设计与工程实际相互接轨。

2）学生课程设计方法能力的提高。计算机 CAD 应用技术已经引起设计领域的深刻变革。在课程设计阶段，学生除了使用常规的设计和绘图方法，应该提供必要的 CAD 绘图应用训练，使课程设计与计算机 CAD 应用技术相结合，充分体现机械设计与计算机技术结合的紧密性，并充分发挥学生的创新能力。

3）学生适应社会能力的提高。学生学习的目的是更好地走向社会、服务社会。计算机应用的普及已经深入到各行各业，把课程设计与计算机 CAD 技术应用相结合，可以提高学生的学习兴趣、巩固所学知识，充分发挥学生的主观能动性和创造性，使他们进入工作岗位后，能够尽快建立满足用户需求、提高产品质量、缩短产品开发周期的设计思想，适应社会的能力得以提高。

7.3.3 教学重点分析

1）完善的设计模式，深度思考和综合考量。虽然在相应的课程设计指导书中均给出了相应的案例、设计内容、设计步骤及方法，但是采用分组设计模式，使设计题目真正做到差异化，一人一题，每个人的参数、总体方案与设计步骤必须通过团队协作和个人深度思考完成，杜绝简单模仿甚至抄袭的可能性，有效培养学生的实践创新思维与实践创新意识。还有，为了防止课程设计与期末考试冲突，对有课程设计任务的学生，应在课程设计之前进行课程考试。在课程完成后、课程设计开始前将课程设计的任务书下达到每个学生，学生在熟练掌握课程知识的情况下开始构思、不断修改设计方案，不仅为后期的正式设计奠定了良好的基础，也可激发学生的课堂学习兴趣，真正做到有的放矢、学以致用。

2）规范的考评体系，便于激发学生的学习潜力与积极性。考评体系是课程设计教学体系的一项重要内容，既能检验学生课程设计的完成质量，也方便教师总结改进教学方法。建立规范科学的考评机制不仅可以有效引导学生按照教学要求高质量、高效率地完成课程设计，同时可以激发学生的自主思考的潜能与学习兴趣。针对目前机械设计课程设计考核模式的特点，将考核评价纳入课程设计的全过程,实行分阶段考核模式,依次进行设计方案考核、设计过程考核和设计结果最终考核。设计方案考核重点是考核其创新性、合理性、实用性,激励学生在实用背景下进行创新设计;设计过程考核侧重考核学生结构设计的合理性、设计手册与设计软件使用的熟练程度、完成设计任务的独立性与积极性等;设计结果最终考核则是对设计图样、设计说明书进行考核,重点检查设计计算的准确性、完整性和设计图样的正确性、规范性,对于手绘图样还应兼顾整洁性。为了检验学生对设计中相关专业课程知识的理解与应用,并及时解决出现的相应问题,将答辩考核分散到设计过程中,重点针对学生设计中出现的问题进行质询,使答辩不仅只是一种考核的方式,更可作为解决学生设计中出现问题的一种手段,强化学生对相关知识点的理解与掌握。采取阶段式考核模式,可将学生对设计结果的关注转为对设计过程的重视,防止投机取巧和模仿抄袭等现象的发生,有效保证和提高课程设计质量。在评分考核时,合理地制订项目和评判标准来保证其科学、有效。

3）精心选择的设计课题,强调应用与实践创新能力的结合。根据课程教学要求与专业培养计划精心选择设计题目,优化设计内容,不仅要深化学生对课堂教学内容的理解与消化,强化其工程应用能力的培养,还要兼顾学生实践创新能力的培养。

4）扎实的设计手段,熟练掌握基本的现代设计方法。装配图与零件图的绘制是机械设计课程设计的一项基础性的重要内容,目前绝大多数高校仍要求学生采用手工绘图,有多方面的原因:一是为了锻炼学生的手工绘图能力;二是防止学生抄袭,因为不同学生的图样内容基本相同,仅参数不同,采用电子图样更易于修改抄袭。但同时,由于 CAD 绘图已成为目前制造领域的主流,计算机绘图已成为大学生必须掌握的基本技能,因此学校教务部门和任课教师应积极创造条件,尽可能让学生采用 CAD 绘图,至少要做到部分图样采用计算机绘制。此外,虚拟仿真、有限元分析等现代设计技术在机械设计领域也得到了广泛应用,为了使学生更好地适应社会需求,课程设计中适当增加这方面的提高部分,让学生熟练掌握多种常用的现代设计技术,为后续的毕业设计及最终的就业奠定扎实的基础。

7.3.4　教学难点分析

指导教师的工作也直接影响课程设计的教学质量。作为指导教师,首先要充分尊重学生的主体地位,坚持以人为本的教育思想,相信学生的潜力和发展潜能,平等、民主地对待每一位学生,因人施教,引领学生积极地投入。教师在指导过程中,既要传授知识、培养学生的能力,又要引导学生自主学习、激发学生的创新意识,将以人为本的教学思想贯穿于整个教学过程中。在课程设计的设计指导过程中力求使理论学习与实践的关系更加牢固,学习知识的技巧更加通俗易懂,知识的应用领域更加明确,从而较大地提高学生的学习主动性与创新能力。众所周知,学生获得知识的过程是由学习任务所驱动,在教师与学生群体以及教学资源环境之间的交流互动中完成的。如何充分利用课程设计,利用现有的条件对学生产生积极的影响、提高其学习能力就是摆在教师面前的一个重要课题。同时加强课程设计的过程控制,不是将学生和指导教师简单地安排在教室里,而是要切实做好阶段性检查。例如,在有机械设计课程设计教学环节的学期初,指导教师要提出课程设计选题的具体要求,介绍备选题目,鼓励学生提出具有创意的选题。到学期中,指导教师进行选题和自选题目的审核,明确每一位学生的选题,学生开始课程设计的方案设计。在课程设计期间,学生先进行设计计算,指导教师要审查设计计算过程和计算结果的正确性;学生在进行零件图及装配图设计的过程中,要能及时发现设计和绘图中的问题,做到有错必改,避免严重的设计错误;按要求整理设计资料,准备答辩或结合课程设计内容进行一小测验。

7.4　基于项目教学法的专业课程设计教学设计

7.4.1　项目教学法的应用

项目教学法是一种多元方法性的培训教学法。教师启发学生共同制订项目构想、项目目标,学生制作项目实施流程图,在教师的指导下学生自我决定应该小组分工还是共同作业。教师要明确学生所做的工作,明确活动的范围和达到目标可能实现的途径以及每个学生解决问题的不同方式。

项目教学法最显著的特点是"以项目为主线、教师为引导、学生为主体",改变了以往"教师讲,学生听"的被动的教学模式,创造了学生主动参与、自主协作、探索创新的新型教学模式。

项目教学法萌芽于欧洲的劳动教育思想,最早的雏形是18世纪欧洲的工读教育和19世纪美国的合作教育,经过发展到20世纪中后期逐渐趋于完善,并成为一种重要的理论思潮。项目教育模式是建立在工业社会、信息社会基础上的现代教育的一种形式,它以大生产和社会性的统一为内容,以受教育者社会化及其适应现代生产力和生产关系相统一的社会现实与发展为目的,即为社会培养实用型人才为直接目的的一种人才培养模式。

项目教学法是一种将具体的项目或任务交给学生自己完成的教学方法,学生在收集信息、设计方案、实施方案、完成任务中学习和掌握知识,形成技能。几乎所有实践性强的专业和课程都适合这种教学方法。

7.4.2　教学方案

基于课程设计项目教学法的特性,如何在有限的时间内尽可能地培养并提高学生将理论知识与工程实践联系起来,用理论知识解决实际工程问题的能力和创新能力,教学方案的优劣非常重要。

1) 研究培养目标,分析该课程设计所属理论课程的理念。高等职业院校机械专业的培养目标主要是培养机械类职业和技术岗位群,从事一线的高级技术或管理人才。课程设计应强有力地支持培养目标并为培养目标服务。

2) 分析课程设计的性质和内容,教师必须关注机械学科和职业教育的发展动态,以便及时有效地调整课程设计的内容和教学目标。

3) 确定课程设计的教学目标。教学目标是指导、实施和评价教学的基本依据,是师生在双边的教学活动中预期达到的教学结果和标准。不同的课程设计有不同的教学标准,为了充分发挥、激励学生的学习、创新的积极性,所确定教学目标的难易程度必须适当,让学生最终取得认知、自我提高和获得赞许的喜悦。

7.4.3　教学实施

以机械设计基础课程为例,机械设计基础是机械设计制造及其自动化专业的一门重要技术基础课程,论述的是各类通用零部件的设计原理与计算方法。为了对该门课程有充分的认识和深入的掌握,教学过程中除了系统地讲授必要的设计与计算理论,进行作业及实验等外,还应使学生作较全面的机械设计技能锻炼。因此,在课程设计中,不仅要使学生得到基本技能的训练,还需提高他们的工程设计及创新设计的能力,即在机械设计基础课程完毕以后,进行为期 2~3 周的课程设计。

机械设计基础课程设计的教学目标如下:

1）学习机械设计的一般方法,掌握常用机械零件、机械传动装置或简单机械的设计过程和设计方法,使学生学会综合运用已经学过的理论和实践知识去分析和解决机械设计中的实际问题。

2）通过设计计算,绘图,查阅有关设计资料、手册、标准和规范,数据处理,类比等,对学生进行基本技能训练,培养学生独立解决工程实际问题的能力。

3）树立正确的设计思想,既要有独立创新意识,又要借鉴前人已有的成果,同时不能盲目照搬、照抄。

4）了解和学习机械设计的计算机辅助设计方法和过程。

在做课程设计之前,必须认真阅读、研究设计任务书,明确设计要求、工作条件、内容和步骤;阅读有关资料、图样,通过看实物、模型、录像或减速器拆装实验等,了解设计对象;复习机械设计基础课程有关内容,熟悉有关零件的设计方法和步骤;阅读相关资料、图样;拟订设计计划(工作进度表),准备好有关图书、资料及绘图工具。

7.4.4　教学案例

机械设计基础课程设计的教学传统科目为减速器设计。尽管已有标准减速器,但由于减速器的设计涵盖了机械设计中所有基本通用零件的设计,而且体现了通用典型部件设计计算和机械系统设计概念及方法,是所学机械基础系列课程的总结,综合性较强,课程题目已很成熟,所以与之相配套的图册、手册及课程设计指导书也一应俱全,对第一次搞综合设计的学生有很大的帮助。对学生提高自身的系统学习能力,是一次很好的实践机会。在课程设计中,要求学生把各类基本常用零件加以综合,使学生初步掌握机械设计的方法,了解设计计算全过程。学生需完成的任务有装配图、零件图及设计计算说明书。课程设计的所有绘图由学生手工完成或在手工完成草图的基础上进行 CAD 绘图。

机械设计基础课程设计是对机械设计制造及其自动化专业学生进行的一次较全面的机械设计基本技能训练,是机械设计基础课程重要的实践性教学环节。

课程设计的方法和步骤包括设计准备(阅读设计任务书),传动方案的确定,电动机的选择,传动比的分配,传动装置的运动、动力参数的计算,传动件的设计计算,装配草图的设计,减速器传动零件、轴及支承结构的组合设计，箱体结构的设计，减速器的润滑设计，减速器的附件设计，轴、轴承及键的强度和寿命校核计算，正式装配图的底稿与加深，装配图尺寸标注，装配图零件序号标注，减速器装配图的标题栏和明细栏，减速器的技术特性与技术条件的编写，减速器装配图的检查，零件工作图的设计，设计计算说明书的编写，准备答辩。

具体实施步骤如下：

1. 分析、拟订传动装置的设计方案

如果每位学生的机械设计基础课程设计题目传动方案已定，只需把同题目的所有方案或自己独立思考出来的方案进行比较，说明优缺点就可以。

2. 选择电动机

（1）电动机类型的选择

选用 Y 系列笼型三相异步电机。该电动机结构简单、价格低廉、工作可靠、维护方便，广泛应用于不易燃、不易爆、无腐蚀性气体和无特殊要求的机械上。

（2）电动机功率的选择

电动机的功率主要根据电动机所要带动的机械系统的功率决定。对于载荷比较稳定、长期连续运行的机械，只要所选电动机的额定功率 P_{ed}（单位为 kW）等于或稍大于所需的电动机工作功率 P_0（单位为 kW）即可。一般为

$$P_{ed} \geqslant (1 \sim 1.3) P_0$$

电动机所需输出功率 $$P_0 = P_{工} / \eta$$

式中：$P_{工}$——工作机所需功率（取决于工作阻力及运行速度），kW；

η——电动机至工作机之间传动装置的总效率。

带式输送机 $$P_{工} = Fv$$

螺旋输送机 $$P_{工} = P_w / \eta_w$$

式中：F——带式输送机输送带工作拉力，kN；

v——带式输送机输送带工作速度，m/s；

P_w——螺旋输送机工作轴上的功率，kW；

η_w——螺旋输送机卷筒的效率（工作装置效率）；

η——电动机至工作机传动装置的总效率。

η 为组成传动装置和工作机的各运动副或传动副的效率之乘积，包括齿轮传动、蜗杆蜗轮传动、带传动、链传动、输送带及卷筒、轴承、联轴器等。

$$\eta = \eta_1 \eta_2 \eta_3 \cdots \eta_n$$

注：1）轴承效率：一般指一对轴承而言。

2）卷筒效率：$\eta_{卷} = 0.95 \sim 0.96$。

3）联轴器可选用弹性套柱销联轴器或弹性柱销联轴器。

（3）电动机转速的确定

三相异步电机的转速通常是 750 r/min、1 000 r/min、1 500 r/min、3 000 r/min 四种同步转速。电动机同步转速越高，极对数越小，结构尺寸越小，电动机价格越低，但是在工作机转速相同的情况下，电动机同步转速越高，传动装置的传动比越大，尺寸越大，传动装置的制造成本越高；反之相反。所以，一般应分析、比较、综合考虑。电动机常用的同步转速为 1 000 r/min、1 500 r/min。

应选用电动机的满载转速 n_0(单位为 r/min)的计算值:

$$n_0 = n_{工} i$$

其中:$n_{工}$ 为工作机转速,$n_{工} = \dfrac{1\,000 \times 60v}{\pi d}$。

3. 计算传动装置的总传动比、分配各级传动比

(1) 总传动比

$$i = \frac{n_m}{n}$$

(2) 分配传动比

分配传动比的原则:

1) 各级传动比应在推荐范围内。

2) $i_{带}$(带传动的传动比)不能太大,以免大带轮半径超过减速器箱座中心高,造成安装困难。若 $i_{带} = 2 \sim 4$,可取偏小些的值(2~2.5)。

3) 各传动件互不干涉,且有利于润滑。

双级圆柱齿轮减速器: $i_{高} = (1.3 \sim 1.5) i_{低}$

圆锥-圆柱齿轮减速器: $i_{锥} \approx 0.25i < 2 \sim 3$

注:传动件的参数确定后,验算传动比的误差,应满足

$$\delta_i \leqslant \pm(3 \sim 5)\%$$

4. 传动装置的运动和动力参数的计算

(1) 各轴转速

$$n_1 = n_m$$

$$n_{\mathrm{II}} = \frac{n_{\mathrm{I}}}{i_1} = \frac{n_m}{i_1}$$

$$n_{\mathrm{III}} = \frac{n_{\mathrm{II}}}{i_2} = \frac{n_m}{i_1 i_2}$$

$$n_w = n_{\mathrm{III}}$$

(2) 各轴输入功率

$$P_1 = P_0 \eta_{联}$$

$$P_{\mathrm{II}} = P_1 \eta_{滚} \eta_{啮} = P_0 \eta_{联} \eta_{轴承} \eta_{啮}$$

$$P_{\mathrm{III}} = P_{\mathrm{II}} \eta_{轴承} \eta_{啮} = P_0 \eta_{联} \eta_{轴承}^2 \eta_{啮}^2$$

$$P_w = P_0 \eta_{联} \eta_{轴承}^2 \eta_{啮}^2 \eta'_{联}$$

(3) 各轴输入转矩

$$T_1 = 9.55 \times 10^6 \frac{P_{\mathrm{I}}}{n_1} = 9.55 \times 10^6 \frac{P_0 \eta_{联}}{n_m}$$

$$T_{\mathrm{II}} = 9.55 \times 10^6 \frac{P_{\mathrm{II}}}{n_{\mathrm{II}}} = 9.55 \times 10^6 \frac{P_0 \eta_{联} \eta_{轴承} \eta_{啮}}{n_m} i_1$$

$$T_{\mathrm{III}} = 9.55 \times 10^6 \frac{P_{\mathrm{III}}}{n_{\mathrm{III}}} = 9.55 \times 10^6 \frac{P_0 \eta_{联} \eta_{轴承}^2 \eta_{啮}^2}{n_m} i_1 i_2$$

$$T_w = 9.55\times10^6\frac{P_w}{n_w} = 9.55\times10^6\frac{P_0\eta_{联}\eta^2_{轴承}\eta^2_{啮}\eta'_{联}}{n_m}i_1 i_2$$

计算参数列表

参数＼轴名	电动机轴	Ⅰ轴	Ⅱ轴	Ⅲ轴	工作轴
转速 n/(r/min)					
功率 P/kW					
扭矩 T/(N · mm)					
传动比 i					
效率 η					

5. 传动零件的设计计算

传动装置包括各种类型的零、部件，其中决定其工作性能、结构布置和尺寸大小的主要是传动零件，如 V 带传动、链传动和开式齿轮传动等，再进行减速器传动零件设计。

(1) 减速器外传动零件的设计要点

V 带传动要求计算出 V 带传动的型号、长度、根数、中心距、初拉力、对轴的作用力，确定带轮直径 D_1、D_2，材料，张紧装置，带轮结构尺寸等。设计时应注意：

1) 带轮尺寸与传动装置外廓尺寸的相互关系。如：装在电动机轴上的小带轮直径与电动机中心高应相称(图 7.1)，大带轮不应过大，以免与机架相碰等。一般应由电动机轴定小带轮轴孔孔径，使带轮轴孔孔径与减速器输入轴协调。

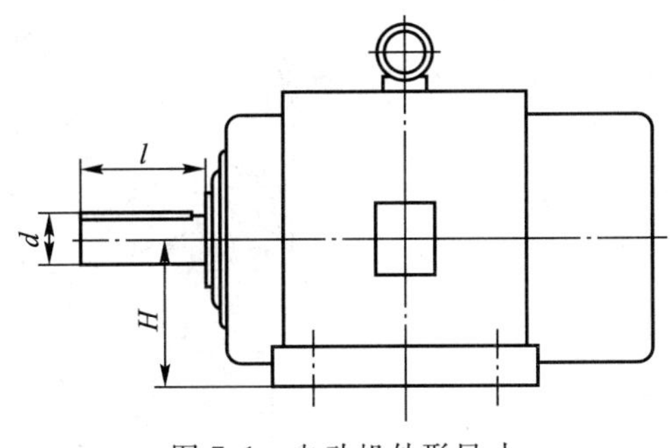

图 7.1 电动机外形尺寸

2) 带轮直径 D_1、D_2 应标准化，由此造成实际带传动的传动比与分配的带传动的传动比之间有差异，应予以修正，从而得到减速器实际的传动比和输入转矩。

3) V 带轮的结构形式：主要由带轮直径大小而定，具体结构及尺寸可查手册。画出结构草图，标明主要尺寸备用。

(2) 减速器内传动零件的设计要点

1) 圆柱齿轮传动。设计时应注意以下几点：

① 齿轮的材料：小齿轮 45 钢调质，也可用合金钢，40MnB 调质(240～285 HB)或 40Cr 表面

淬火(240~286 HB);大齿轮45钢正火(170~210 HB)。

② 齿轮传动的几何参数和尺寸分别进行标准化、圆整或计算其精确值。

③ 具体结构尺寸可参见手册或图册。

④ 几何尺寸、参数的计算结果应及时整理并列表,对不合理参数需重新设计计算。

2) 锥齿轮传动。要求基本同上,具体结构尺寸参见手册或图册。

6. 减速器装配草图设计

(1) 初绘减速器装配草图的准备工作

1) 在减速器拆装实验的基础上,进一步了解减速器的各种附件、箱体、传动件以及轴承的结构特点(图7.2)。

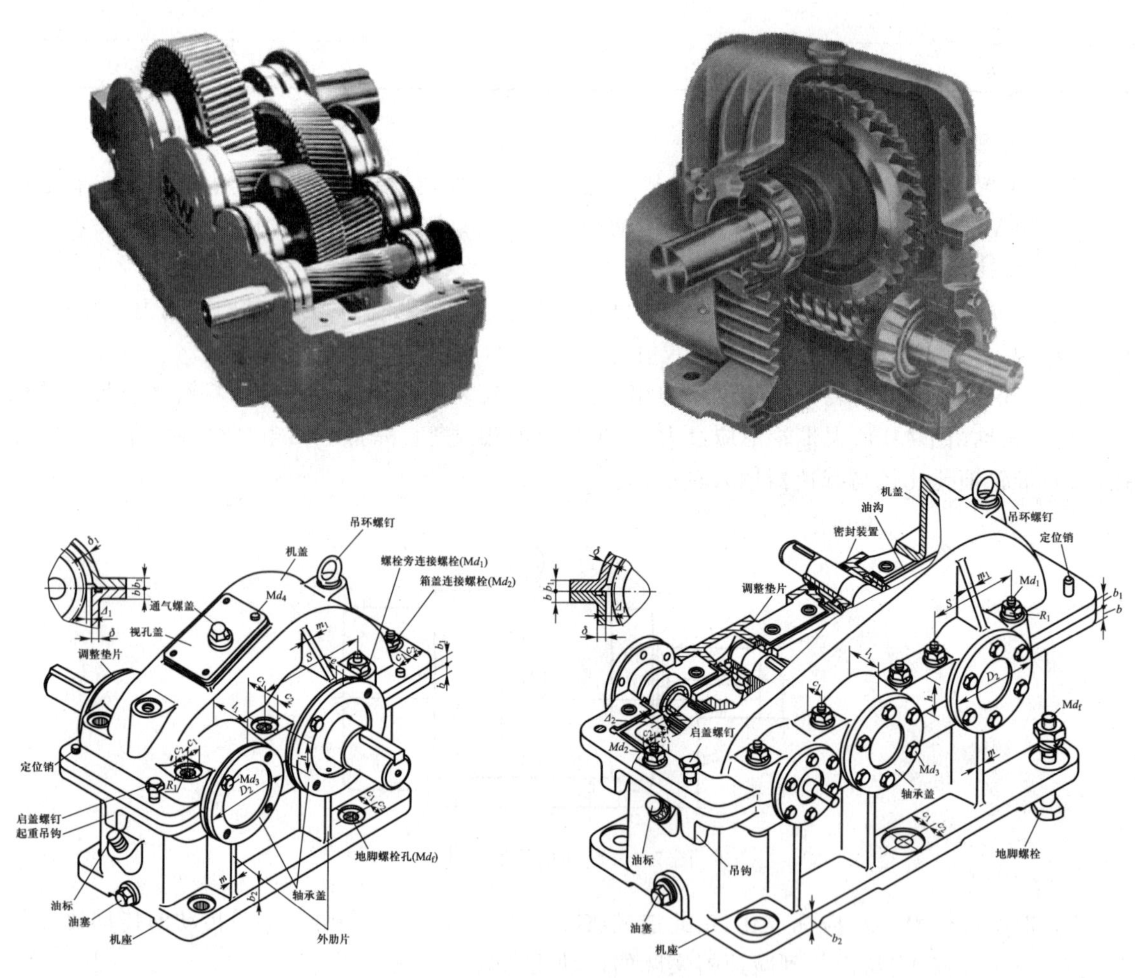

图7.2　减速器结构

2) 确定齿轮传动的主要尺寸,如中心距、分度圆和齿顶圆直径、齿轮宽度、轮毂长度等。

3) 按已选定的电动机型号查出其安装尺寸,如电动机轴伸直径、轴伸长度及中心高等。

4) 选定联轴器的类型,根据联轴器在传动系统中要完成的工作的特点和功能选取。

5) 初选轴承类型,根据轴承所受载荷的大小、性质、转速及工作要求选取。

6）初步确定滚动轴承的润滑方式，浸油齿轮 $v \leqslant 2$ m/s 时，可采用脂润滑；反之采用油润滑。

7）确定减速器箱体结构方案，减速器的基本结构由传动零件（齿轮或蜗杆、蜗轮等）、轴和轴承、箱体、润滑和密封装置以及附件等组成。根据不同要求和类型，减速器有多种结构。

（2）初绘装配草图步骤

现以一级圆柱齿轮减速器为例，说明初绘减速器装配草图，如图 7.3（按比例、按投影关系绘制。但可简化与省略，如不画剖面线，不标注配合及尺寸等）所示的大致步骤：

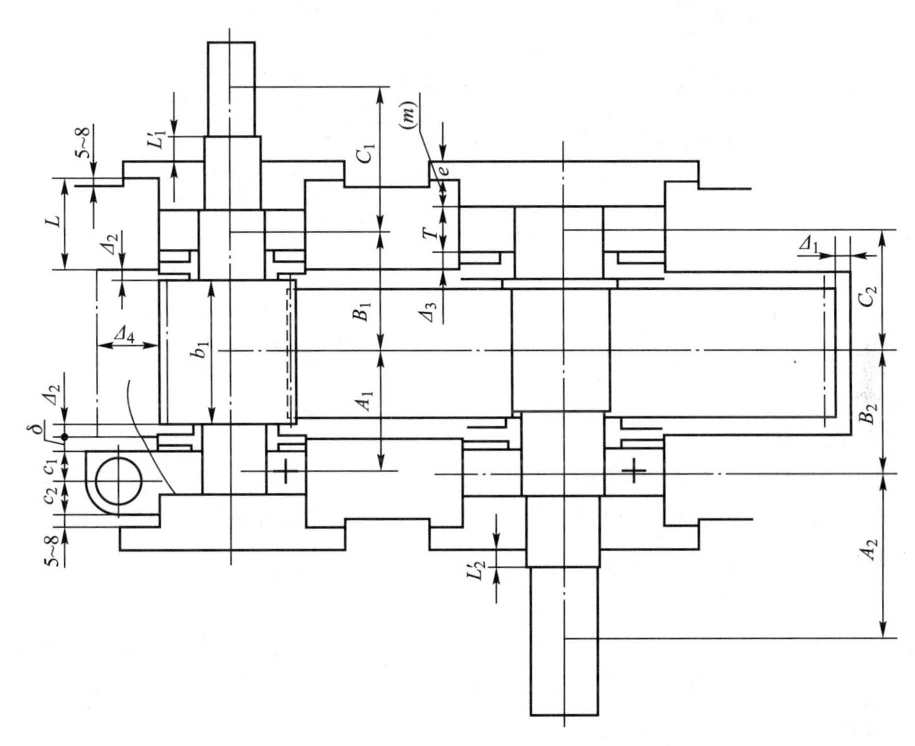

图 7.3　一级圆柱齿轮减速器初绘草图

1）选择视图、图纸幅面（A1）、绘图比例（1 : 1 或 1 : 2）及布置图面位置（估计减速器轮廓尺寸）。

2）确定传动零件位置及轮廓。在俯视图上画出齿轮的轮廓尺寸，如齿顶圆和齿宽等。

3）画出箱体的内壁线。

4）初步确定轴的直径。按扭矩初估而得的作为轴端直径。

5）进行轴的结构设计（图 7.4）。轴的结构设计主要取决于轴上所装的零件、轴承的布置和轴承密封种类。轴各段直径的确定要考虑轴上零件定位及轮毂孔直径；各段长度的确定要考虑零件宽度及零件间相互距离。

6）确定轴承型号。根据轴的直径和轴上所受载荷的情况，初选轴承类型。轴承座孔的宽度取决于轴承旁螺栓所要求的扳手空间。轴承盖的尺寸由轴承尺寸确定，结构可参考图册。

7）确定轴的外伸长度。轴的外伸长度与外接零件及轴承盖的结构有关。

8）轴上传动零件受力点及轴承支点的确定，按以上步骤初绘草图后，即可从草图上确定轴

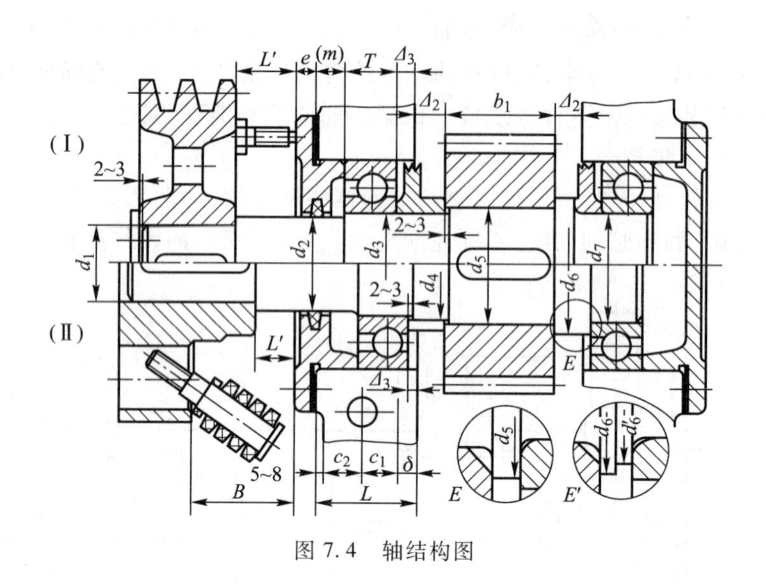

图 7.4　轴结构图

上传动零件受力点及轴承支点间的距离，然后便可进行轴和轴承的校核计算。

（3）轴、轴承及键的校核计算

1）轴的校核计算

根据初绘装配草图阶段定出的轴的结构和支点及轴上零件的力作用点，参考教材便可进行轴的受力分析，绘制弯矩图、转矩图及当量弯矩图，然后确定危险截面，进行强度校核。如强度不足，应加大轴径。掌握“边绘图，边计算，边修改”的交替工作法。

2）滚动轴承寿命的校核计算

滚动轴承的寿命计算按所选轴承的类型、安装方式和所受载荷的大小，参考教材进行轴承的寿命计算，轴承的预期寿命应按各种设备轴承预期寿命的推荐值或减速器的检修期。如果计算的寿命不能满足规定的要求（寿命太短或太长），一般先考虑选用另一种直径系列或宽度系列，然后再考虑改变轴承类型。

3）键连接强度的校核计算

键连接强度的校核计算主要是验算挤压应力，使计算应力小于材料的许用应力。许用挤压应力按键、轴、轮毂三者材料最弱的选取。

7. 完成减速器装配草图设计

主要内容是设计轴系部件、箱体及减速器附件的具体结构，其设计步骤大致如下：

（1）轴系部件结构设计

1）画出箱内齿轮的具体结构；

2）画出滚动轴承的具体结构；

3）画出轴承盖、轴承密封件及挡油盘的具体结构。

以上各具体结构可参考设计手册或图册。

（2）圆柱齿轮减速器箱体的结构设计

圆柱齿轮减速器箱体的结构设计主要包括机体形状、尺寸，轴承旁凸台结构尺寸，加强筋，机体工艺结构（沉头座、凸台、铸造圆角等），连接螺栓、螺钉的尺寸、位置，地脚座凸缘、机座和机盖连接凸缘的厚度及宽度。指导学生在搞清楚结构后,可参考课程设计手册确定其设计尺寸。

(3) 减速器附件设计

七大附件的结构作用:

1) 检查孔、盖——检查啮合、注油。

2) 通气器——内、外气压平衡。

3) 启盖螺钉——顶起箱盖。

4) 油标——测量油面高度。

5) 排油孔螺塞——排出油污。

6) 定位销——确定箱盖箱体的相对位置。

7) 起吊装置——吊环螺钉装在箱盖上,用于吊运箱盖,也可在箱盖上直接铸造出吊耳来起吊箱盖。为吊运整台减速器,在箱座两端凸缘下面铸出吊钩。

(4) 审阅、检查

完成草图设计后教师审阅、检查学生减速器装配草图,如有错误及时指出并要求改正。

8. 减速器装配工作图设计

(1) 减速器装配视图要求

减速器装配工作图应选择三个视图,要求全面、正确地反映各零件的结构形状及相互装配关系,各视图间的投影应正确、完整。线条粗细应符合制图标准,图面要清晰、整洁、美观。

(2) 减速器装配图内容

1) 在装配图上应标注特性尺寸、配合尺寸、安装尺寸和外形尺寸。

2) 在装配图上适当位置写出减速器的技术特性,包括输入功率和转速、传动效率、总传动比及传动特性等。

3) 编写技术条件,要求用文字说明在视图上无法表达的有关装配、调整、检验、润滑、维护等方面的内容,正确制订技术条件能保证减速器的工作性能。由于学生没有工作经验,教师应指导学生在参观或实验时注意观察。

4) 零件编号要完整,不得重复。

5) 编制明细栏和标题栏。

6) 检查装配工作图,主要检查以下几个方面:

① 装配图是否与传动方案一致。

② 传动件、轴、轴承及轴上零件结构是否合理,定位、固定是否可靠,加工、装拆是否方便,润滑、密封是如何考虑的。

③ 箱体的结构与工艺性是否合理,箱体的加工面与非加工面质量如何;附件的布置是否恰当、结构是否正确。

④ 设计计算的尺寸与实际尺寸是否一致。

⑤ 视图表达是否符合机械制图规定,三个视图的投影关系是否正确,啮合轮齿、螺纹及滚动轴承等的画法是否规范。

⑥ 尺寸标注是否完整且不多余;零件序号是否按顺序编制完整,不遗漏、重复;且与明细栏一一对应,注意材料牌号与设计一致;标出技术特性、撰写技术要求。

以上六个方面主要要求学生自查。

7）完成的减速器装配图如图 7.5 所示。

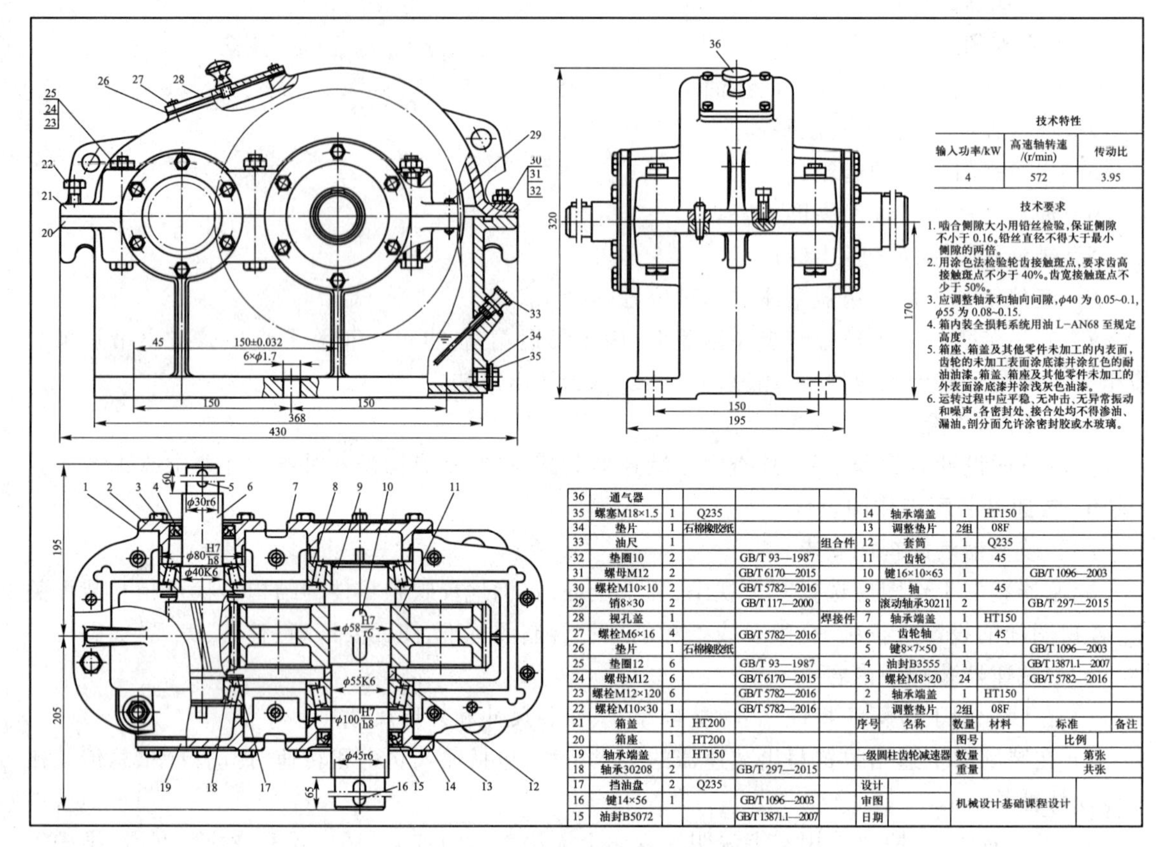

图 7.5　一级圆柱齿轮减速器装配图

9. 零件图设计

零件图是零件制造、检验和制订工艺规程的基本技术文件，它既要反映设计意图，又要考虑制造的可能性、合理性和经济性。

零件图应包括制造和检验零件所需全部内容。

零件的基本结构及主要尺寸应与装配图一致，不应随意更改。如必须更改，应对装配图做相应的修改。

（1）零件图的要求

1）正确选择和合理布置视图；

2）尺寸及其偏差的合理标注；

3）零件表面粗糙度及几何公差的标注；

4）编写技术要求；

5）画出零件图标题栏。

（2）轴零件图设计

1）视图

① 一般只需一个主视图；

② 在有键槽和孔的地方增加必要的局部剖面图；

③ 细小结构(如退刀槽、中心孔)需要局部放大图；

④ 设计时用 A2 或 A3 图纸，一般选用比例 1∶1。

2）标注尺寸

① 对所有尺寸包括倒角、圆角都应标注无遗，或在技术要求中说明；

② 不允许出现封闭的尺寸链。

3）表面粗糙度

轴的所有表面都要加工。表面粗糙度根据手册选择。

4）标注尺寸公差和几何公差

① 凡有配合处的直径按装配图的配合性质标出尺寸的偏差。

② 键槽的尺寸偏差及标注方法可查有关手册。

③ 在零件图上对尺寸及偏差相同的直径应逐一标注，不得省略。

④ 轴类零件图除需标注尺寸公差外，还需标注几何公差，以保证轴的加工精度和装配质量。几何公差具体数值见相关标准。

5）技术要求

在图上不便表示而在制造时又必须遵循的要求和条件即技术要求。主要内容如下：

① 对材料的力学性能和化学成分的要求及允许代用的材料；

② 对材料表面力学性能的要求，如热处理方法，对处理后的硬度、渗碳深度及淬火深度等；

③ 对机械加工的要求；

④ 对未注明倒角、圆角半径的说明。

6）轴零件图示例(图 7.6)

(3) 齿轮(锥齿轮或蜗轮)零件图设计

1）视图

这类零件图一般用主视图和左视图两个视图表示，也可简化：左视图只画轴孔和键槽。

注：斜齿轮的螺旋角 β 的方向应在视图上清楚画出。设计时用 A2 或 A3 图纸。

2）标注尺寸

① 径向尺寸：以轴的中心线为基准标出。注：齿根圆在图样上不标出。

② 齿宽方向的尺寸：以端面为基准标出。

有关齿轮零件图的尺寸标注参见有关手册。除啮合参数(齿顶圆、分度圆)为精确值外，其他尺寸(轮缘厚度、辐板厚度、轮毂及辐板开孔尺寸等)应圆整。

3）表面粗糙度可参考手册

4）尺寸公差和几何公差

尺寸公差：

① 齿顶圆直径的极限偏差，参见有关手册。

② 轴孔或齿轮轴轴颈的公差，参见有关手册。

③ 键槽宽度 b 的极限偏差和尺寸($d+t_1$)的极限偏差，参见有关手册。

几何公差：

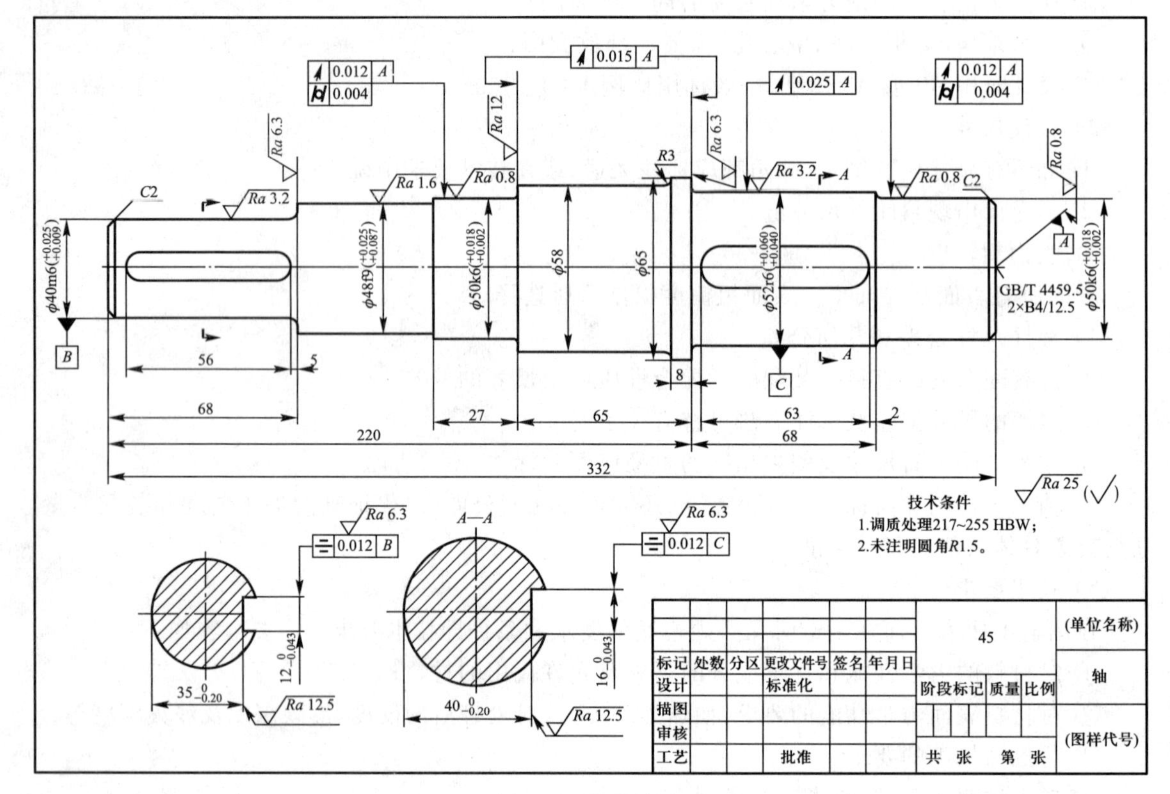

图 7.6　轴零件图

① 齿顶圆的径向跳动公差(参见有关手册)。

② 齿轮端面的端面跳动公差(参见有关手册)。

③ 齿轮轴孔的圆柱度公差。其值约为轴孔直径公差的 0.3 倍,并圆整为标准值。

④ 键槽的对称度公差,其值可取轮毂键槽宽度公差的 1/2;键槽的平行度公差一般可不注,精度高,可参考有关手册。

5）啮合特性表

① 齿轮的主要参数(不得省略);

② 齿轮的测量项目。

6）技术要求

① 对铸件、锻件或其他类型坯件的要求;

② 对材料的力学性能和化学成分的要求及允许代用的材料;

③ 对材料表面力学性能的要求,如热处理方法,对处理后的硬度、渗碳深度及淬火深度等;

④ 对未注明倒角、圆角半径的说明;

⑤ 对大型或高速齿轮的平衡校验要求。

7）齿轮零件图示例(图 7.7)

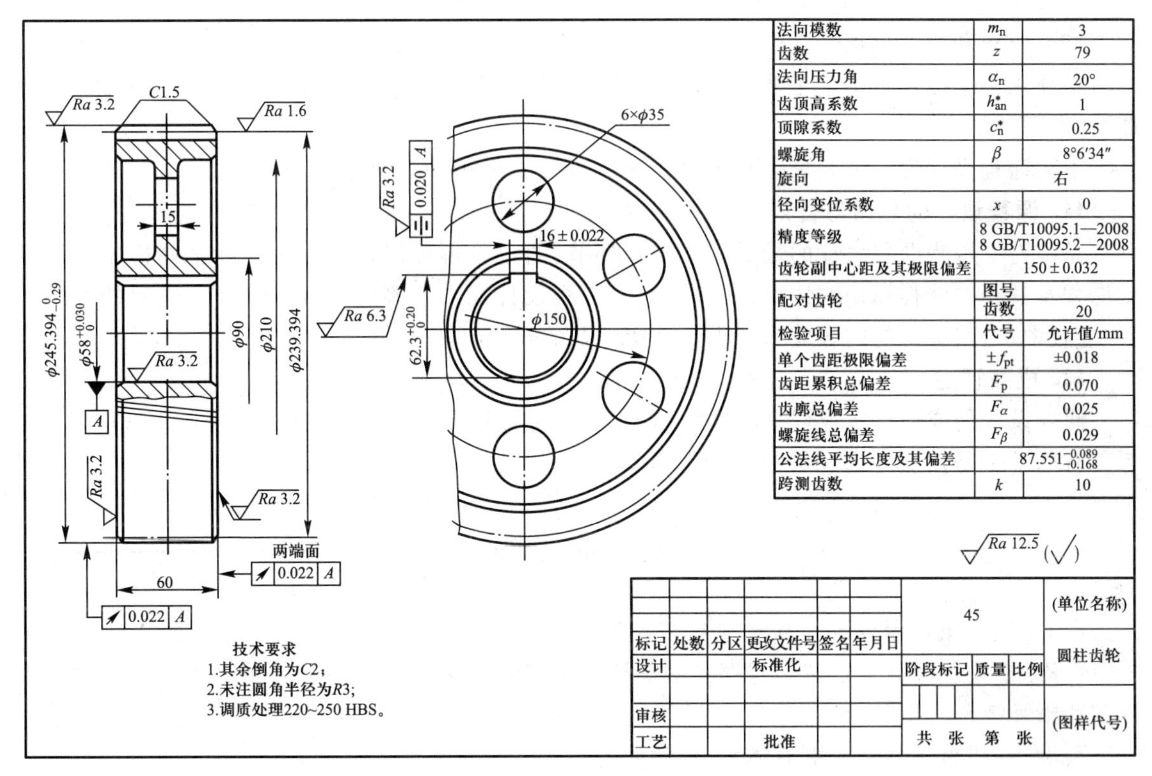

图 7.7 齿轮零件图

10. 编写设计计算说明书

计算说明书是设计计算的整理和总结，是图样设计的理论根据，而且是审核设计的技术文件之一。说明书的内容和设计任务有关。对于本课程设计，其说明书大致包括以下两方面：

(1) 内容

1) 目录(标题及页次)；

2) 设计任务书；

3) 前言(题目分析，传动方案的拟订等)；

4) 电动机的选择及传动装置的运动和动力参数计算；

5) 传动零件的设计计算(确定带传动及齿轮传动的主要参数)；

6) 轴的设计计算及校核；

7) 滚动轴承的选择和计算；

8) 键连接的选择和计算；

9) 联轴器的选择；

10) 润滑和密封的选择；

11) 箱体设计及说明；

12) 减速器附件的选择及说明；

13) 设计小结；

14）参考资料（资料的编号及书名、作者、出版单位、出版年月）。

（2）要求和注意事项

必须用钢笔按规定格式工整书写设计计算说明书，要求计算正确、论述清楚、文字精练、插图简明、书写整洁。

本次课程设计说明书要求字数不少于6~8千字（或30页），要装订成册。

11. 课程设计的总结与答辩

总结与答辩是课程设计的最后一个重要环节，通过答辩可以检查学生实际掌握机械设计基础课程及其相关课程知识的情况，了解学生的工程设计能力。答辩也可在设计完成后的平时辅导、检查中进行，答辩的内容应为课程设计所涉及的知识点。

12. 成绩评定

课程设计的成绩评定建议平时成绩占30%，设计计算、装配图及零件图的绘制占50%（主要考虑有同学不是独立完成），答辩成绩占20%。

复习思考题

7.1 简要概述课程设计教学方案的实施。

7.2 在现代教育体系中采用哪些手段与方法来体现课程设计将专业理论体系和工程设计实践相互结合的特点?

7.3 在机械工程专业培养体系中，学生的创新能力的优劣体现在哪些方面?

7.4 机械设计基础课程设计的教学目标有哪些?

7.5 项目教学法的基本过程是什么?

第8章 基于工学整合的金工实训教学

8.1 金工实训的地位与作用

对于职业教育而言,不能把教学单纯地理解为课堂教学或理论教学,还包括实践教学等,职业教学与普通教学的区别不仅仅在于职业教育的理论教学不强求学科完整性,强调必需、够用,而且在实践教学的比重方面,职业教育与普通教学的区别更加明显,即职业教育的实践教学所占比重越来越大,各种实践教学将越来越受重视。随着职业教育不断发展,已开发出多种形式的实践教学,如工读结合、工学整合、顶岗实习、现场教学、理实一体等。

8.1.1 金工实训的特点

实习教学是围绕完成一定的实务作业的教学,是职业院校最基本的一类实践教学,是学生在生产实习教师的指导下,利用专业技术知识进行生产劳动,完成一定的生产任务,从中学习操作技能、技巧的过程。它也是职业院校培养学生操作技能的一个重要环节,是职业院校学生在掌握本学科专业的基础理论、专业知识的基础上,在毕业前所进行的以工程设计或技能训练为核心内容的实践教学环节。其目的是加强学生的基本技能训练,让学生把课堂上所学的理论知识运用到实际操作过程中,培养学生动手能力和职业能力,是学习的深化、拓展与升华,是培养学生分析和解决实际问题能力,发扬创新精神和锤炼创新能力的重要过程,是学生综合素质与工程实践能力培养效果的全面检验,使学生熟悉未来从事职业的性质、特点和任务,体验职业情感,巩固专业技术理论,掌握一定的技能、技巧,培养独立工作能力,形成良好的职业心理品质。

金工实训是一门实践性的技术基础课,是机械类专业学生熟悉冷、热加工生产过程,培养实践动手能力,学习相关后续课程的实践性教学环节,是机械类专业教学计划中重要的组成部分,是必修课,使学生对机械制造各种方法有一个初步了解,为后续课程的学习做好准备。金工实训是基础性实习,是机械类专业学生入学后的第一堂实践课程,对于提高学生的学习积极性和兴趣具有十分重要的作用。

金工实训包括钳工、车工、铣工、磨工等教学内容。钳工实习是为了让学生掌握钳工的工艺知识、应用技术、安全技术,让学生正确使用钳工的各种工具和量具,掌握金属凿削、锉削、锯割和划线等操作方法,并要求学生能够按图样独立地加工形状简单的零件或成品。车工实习是为了让学生熟悉车床的结构、作用、操作方法和维护方法,让学生掌握车外圆与端面、切槽与切断、孔加工、车圆锥面、车成形面与滚花、车螺纹等操作方法,并要求学生能够按照图样和技术要求,独立地加工轴、套、螺纹类零件,以及要求学生掌握加工简单车刀的方法。铣工实习要求学生熟悉铣床的结构、作用、操作方法和维护方法,掌握铣平面、铣槽与切断等操作方法。磨工实习要求学生熟悉磨床的结构、作用、操作方法和维护方法,掌握磨削外圆和平面等的操作方法。

近年来,随着工业、农业、国防科学技术的高速发展,新型产业结构的不断涌现,机械工艺技术专业已不局限于传统的车、铣、刨、磨加工,随着科技的进步,不断扩展到机、电、光、声、热、化、气、液以至纳米和生物科学的综合集成,新工艺、新材料、新技术、新设备也不断出现。机械工艺技术正朝着高速化、精密化、系统化、复合化、高效能的趋势发展。因此,机械制造类专业的实习,包括金工实训,也有了新的技术特点。分析如下:

1. 工种众多

机械工艺技术专业面对的职业岗位纷繁复杂,所涉及的工种较多,主要有车工、铣工、数控车工、数控铣工、加工中心工作人员、钳工、磨工及机床设备管理员、质量检测员和产品销售人员等,各工种间的相互联系日益密切,如一台加工中心的操作可能涉及车、铣、磨、刨等多个工种;传统的工种与计算机日益融合,使CAD/CAM技术广泛应用。机械工艺技术的日新月异,产品品种的多样性与结构的复杂性对机械工艺技术工人的要求越来越高,这就要求学生在金工实训时熟练掌握基本技能,掌握先进的机械工艺方法,以适应社会发展形势。

2. 实践性强

近年来许多学校结合产业岗位需要,以生产技术实际和职业资格为目标进行专业设置和专业培养。要掌握机械工艺技术,就必须在实践中学习,只有在机床上实际操作,才能学会各工种的工作。职业技术教育者要通过金工实训把机械工艺技术有效地传授给学生,实践教学起着无可替代的作用,是学生获得基本技能的训练手段,是形成专业实践能力的重要教学环节。实训教学既不同于课堂上教师的讲授,也不同于企业中单纯的师傅带徒弟的方式,而是理论和实践相结合,书本知识和实践技能相结合,根据企业的需求培养复合型技术人才的过程。

3. 安全生产尤其重要

机械加工主要是通过工人操作机床将各种材料加工成零件,需要接触运动的机床及锋利的刀具等,工作有一定的危险性,因此在进行金工实训时必须让学生掌握机床操作规程和要领。各工种技能训练的要求高,同时对专业教师实践操作水平要求也很高。

4. 高投入、设备更新速度快

本专业各工种技能操作步骤较复杂,技能训练时间较长,设备工具配置多,材料消耗多,因此专业办学高投入、高消耗,实习成本高。但由于机械加工中各工种属于同类,其加工原理、方法近似,其课程安排和教学内容也相近,学校可根据用人单位岗位的需要,将专业理论课程设置得和实际教学安排基本同步,技能训练因实际拥有的机床设备不同而存在一些差别。

近年来,机械工艺技术日新月异,设备更新也比较快。特别是随着数控加工技术应用日益广泛,对传统的机械工艺技术专业产生了深远的影响。要想突出工学结合的专业教学特色,需要配置大量的生产性设备、仪器来满足教学要求,而这些仪器设备价格较高,更新换代又快,受各方面综合因素的制约,学校不可能大量购买专业教学所需的仪器设备,因此必须借助企业的力量进行专业教学,即产学合作是机械工艺技术专业建设的必由之路。

8.1.2　在专业培养体系中的地位和作用

在教学中,实习教学和文化理论教学一样,都是为实现教学目的和任务服务的。由于实习教学是以培养学生操作技能、技巧为主,因此具有实践性强、手脑并用、结合生产、适应性强的特点。

而生产技能的获得必须直接参加生产劳动，才能使所学知识转化为技能、技巧，而实习教学本身就是实践性强的教学环节，所以在教学中，不仅突出职业学校着重职业技能训练的特点，更侧重在实习教学过程中体现科学性、实用性、启发性，以增强学生实际操作能力。

职业学校学生除在校内实习外，还要到企业进行生产实习。校内实习是打好基础，培养学生的基本技术、技能，校外实习是使学生运用所学的知识和技能通过实践再提高一步。所以，学生下厂实习是校内实习的继续，它是对学生在校两年多实习课的全面考查，并使学生在生产第一线得到锻炼和提高。从学生“应知”来讲，下厂实习可了解新的先进科技知识在生产上的应用，开阔学生眼界，以弥补知识的不足。从“应会”来讲，当前科学技术的发展已经进入信息化时代，技术不断进步，设备不断更新，产品不断换代，所以要求生产工人一专多能。组织学生下厂实习，也是为了提高职业技能、技巧，为毕业后适应生产需要创造条件。现代工厂生产的组织形式是大规模的生产，而它的经营管理模式、工厂的生产计划、经济核算、工艺流程、经济信息等，这些知识只有组织学生下厂实习才能学到，只有通过现场生产实习，学生才能扩大知识领域，提高操作技能的熟练程度，锻炼所学的全部生产技能和技巧。

职业学校的实习教学过程与一般的教学不同，既是教学过程，也是生产实践过程。在实习教学过程中，要使学生掌握现代科学知识的原理，了解新工艺、新技术、新材料、新方法，为此，实习教师必须不断用科学技术的新工艺、新技术充实教学内容。在实习教学过程中，要依据实习教学计划确定实习工作，布置练习量，合理分配时间，通过组织操作练习，使学生掌握正确的动作技能，扎扎实实地练好基本功。还要使学生明了每项生产加工的劳动动作过程、技术难点和关键，掌握操作要领，不断提高熟练程度，形成技巧，同时应该有系统、有计划地考核学生的实习成绩和技术水平，这对于巩固学生的知识技能、发展学生的能力具有重要的作用。

通过实习，可以达到以下的主要目的：

1）培养学生劳动观念，建立良好的职业道德，养成良好的劳动纪律和严格执行工艺规程的职业行为。

2）通过实习，加深学生对所学专业理论的理解，并熟练掌握所规定的技能要求，理解并掌握所学专业范围内相关工艺技术文件的内容要求。巩固、加深对课堂曾经学到的专业理论知识的理解，使理论知识和实践能结合起来，融会贯通。

3）使学生准确使用所学专业范围内的机器、设备、工艺装备、仪器、工具以及原材料、辅料等，实现安全生产和环境保护。通过在类似于真实企业生产环境的情境中的熏陶，使学生较快熟悉企业的工作环境。

4）了解并掌握与本专业工种相关工作组织的要求和提高质量及劳动生产率的举措。通过强化训练，使学生熟练掌握相关技能，为将来的职业工作打下基础。

5）养成良好的职业习惯和对职业工作理解的态度。掌握必要的企业管理知识和现场管理方法。

6）通过实践中同伴间的合作与互助，养成学生良好的团结、协作能力，使他们学会合作、学会相处。

随着社会经济的发展和科学技术的进步，教育现代化成为社会发展的必然选择，职教实践教学也融入了许多现代的教育理念。金工实训教学是人才培养过程中必不可少的教学环节。金工实训的目的是让学生学习机械制造的基础知识，掌握必须具备的基本技能，为学生将来学习专业课程打下基础。同时,金工实训也是机械制造类专业学生在大学阶段的学习中全面了解企业生产过程的一个重要的实践性环节。

金工实训教学在培养学生的素质和能力方面尤为突出,不仅承担着培养学生知识、技术和实际动手能力的任务,同时影响着学生的世界观、思维方式和作风。学生在金工实训教学中,通过实际动手操作,可以养成很好的创新思维方式;在金工实训实训教学的过程中可以很好地培养和提高学生的团结协作的能力。因此,实践教学特别是金工实训教学是培养现代应用型、复合型人才素质的重要途径。

8.1.3　在工程实践中的地位和作用

对于培养技能型人才的职业教育来说,实习是实践教学的主要形式,是执行教学计划和课程大纲的关键环节,是教学活动的重要组成部分。《国家中长期教育改革和发展规划纲要(2010—2020年)》要求"实行工学结合、校企合作、顶岗实习的人才培养模式"。

在职业教育中,实习课是不可缺少的一门课程,它与实际生产紧密相连,实践技能含量大,并与专业岗位能力培养密不可分,关系到能否培养社会所需的高素质劳动者。实习课在内容上的鲜明特点就是突出技能、技巧,它是将理论直接转化为操作技能的有效活动和途径,而学生技能的形成是一个逐步提高,由简到繁、由单一技能到综合技能的过程。因此,实习课的教学应紧紧围绕这一规律,从学生技能形成的特点出发,按照循序渐进的原则分步骤、分阶段进行。

实习课可以有助于学生形成良好的心理品质和行为习惯。良好的心理品质和行为习惯是日积月累逐渐形成和发展起来的,教学活动在学校教育的全部活动中所占比例最大。要通过教学活动,改变学生不良的学习习惯,矫正不文明的道德行为习惯等。在实习实训中,要培养学生形成认真严谨、踏实肯干、谦虚谨慎、钻研进取、克服困难的好作风;在团队合作中,要形成真诚友善、团结合作的人际关系。同时,逐渐形成敬业爱业、勤业乐业的职业道德理想。

实训课是职业技术学校一门实践性很强的课程,是培养技能型人才,实现"能力本位"培养目标的主要途径。它以培养学生掌握生产基础知识和操作技能为首要任务。生产实习课对学生就业及学校发展有重大影响。因此,实训教学是整个教学工作的重中之重。搞好生产实习教学的关键是实习指导教师要灵活地运用各种教学方法来提高实习教学质量,从而加快学生操作技能的掌握和提高。

金工实训是最基础的实训,在培养学生对工程训练的兴趣、提高学生动手实践能力等方面都起着重要的作用,如何组织好金工实训将对后续的实训及课程学习产生深远的影响。

8.2　金工实训学习分析

8.2.1　研究对象和内容

实习是机械类专业的最为重要和基本的实践教学课程类型,它的任务是使学生了解机械制造工艺过程的基本知识和进行基本操作技能的训练，使学生树立产品质量观念，培养学生严谨认真、吃苦耐劳、勇于实践的工作作风，通过实习实训教学，不但可以培养学生的实际动手能力，更能够启发他们的创新精神和创造意识。

金工实训的内容和要求如下（标“*”者为重点内容；标“△”者为难点）：

（1）铸造实习

1）了解铸造生产工艺过程、特点和应用。

2）了解砂型的结构，型芯的作用、结构及制作方法。

3）了解浇注系统的作用和组成。

4）*了解常见的铸造缺陷及其产生原因。

5）了解铸造安全技术要求。

6）*△掌握手工两箱造型的操作技能，完成整模造型和分模造型作业件。

7）*了解化铝炉的熔炼、浇注工艺，完成一铝挂件的浇注造型。

8）布置实习报告，对学生完成的作业件和铝挂件进行综合评分。

（2）电焊实习

1）焊接的意义和作用。

2）焊接电源，焊接工具、材料，安全技术基本知识讲解。

3）电焊工艺知识讲解，电焊电弧引燃、连续焊操作示范。

4）*△ 引弧定位焊、连续焊实践操作练习。

5）焊接缺陷、焊接检验基本知识讲解。

6）*△ 连续焊操作练习，现场指导，自检焊接质量。

7）布置实习报告，对学生完成的平焊作业件对照质量样本进行考核评分。

（3）热处理实习

1）了解热处理在机械制造工艺中的重要作用和热处理实习的意义。

2）热处理工艺知识讲解，电阻炉的操作指导和安全操作规程讲解。

3）学生通过对两根废锯条进行不同热处理工艺，得到截然不同的力学性能。

4）学生将一根高碳钢钢丝做成弹簧，切身体验弹簧制作的热处理工艺过程。

5）学生将一45钢试块进行正火、淬火、回火热处理后，分别打洛氏硬度，并做记录，作为评分的依据。

6）完成热处理实习报告。

（4）钳工实习

1）了解钳工的地位和作用及钳工实习的意义。

2）讲解钳工实习相关识图知识。

3）*基本测量工具讲解，测量演示及量具保养方法。

4）*钳工基本操作技能讲解与示范。

5）讲解实习作业件小榔头的制作程序、要领。

6）*学生按操作指导书和图样技术要求进行小榔头制作。

7）*△ 每次课前纠错规范操作讲解，然后现场进行个别操作指导。

8）布置实习报告，对学生完成的小榔头按图检验评分。

(5) 车工实习

1) 了解普通车床的主要组成部分和作用、加工特点、范围。

2)* 讲解并演示车床的基本操作方法。

3)* 了解并要严格遵守安全操作规程。

4)* △ 熟悉常用车刀的结构、材料,正确装夹工件、刀具。正确使用常用量具的测量及保养方法。

5)* △ 按所给图样要求进行零件的加工,合理选用切削用量及零件的加工工艺,完成符合图样精度要求加工作业件。

6) 布置实习报告,对学生完成的作业件进行综合评分。

(6) 铣、刨、磨工实习

1) 了解铣床的作用和种类、铣削加工的特点、加工范围及铣刀的选择。

2)* 观察了解卧铣、立铣的加工操作方法、分度头的作用和分度方法。

3) 了解刨床的刨削加工的特点、作用和种类及加工范围。

4) 观察了解刨床的加工操作方法及刨刀的正确安装。

5) 了解磨床的种类和作用,磨削加工的特点、加工范围,砂轮的选择及切削液的作用。

6) 观察了解万能外圆磨床的加工操作方法。

7) 布置实习报告,对学生观摩认识表现进行综合评分。

8.2.2 学习要求

机械类专业的学生通过观察、模仿、实践教师所演示的动作要领和反复练习来掌握技能。其任务是使学生了解机械制造工艺过程的基本知识和进行基本操作技能的训练,使学生树立产品质量观念,培养学生严谨认真、吃苦耐劳、勇于实践的工作作风,为进一步学习专业理论知识和职业技能考级打下基础。

由于实践教学对于技能培养非常重要,学生要树立尊重技能、崇尚技能的观念,逐渐养成爱好技能训练、喜爱动手操作的习惯。学生要对专业学习、技能培养有信心、有目标、有追求,培养自己一丝不苟、吃苦耐劳、精益求精的精神,通过学习和训练,掌握专业技能和本领。

金工实训的根本目的是让学生学习加工金属零部件的工艺知识和掌握加工的技能。

1) 金工实训不能仅看作是为了学习后续的专业课和巩固已学过的知识而进行的教学环节,应使学生通过金工实训来初步了解一个企业的生产组织结构、技术开发、人员的使用、生产流程、车间布置、设备维护、新技术的应用、厂区规划以及企业物流和信息流状况,使学生了解作为一个工程技术人员所面临的具体工作。

2) 作为一个即将走向工作岗位的机械制造类专业学生,应如何做好思想和业务准备来面对以后工作中会遇见的加工手段和自己必须具有的专业知识,使学生在走向工作岗位之前就有一个初步的心理基础。这些都需要通过金工实训来全面培养,以提高其独立工作能力和主动适应社会的素质。

3) 了解机械制造相关设备和工具的结构特征、加工范围及其操作安全知识和维护保养方法;了解铸造、焊接、热处理、钳工、机床加工等基本加工工艺,掌握各工种基本操作技能;各工种在实习老师的指导下,每位学生按要求完成合格的作业件。

因此,对于金工实训,在安排、组织、场所选择、指导、考核等方面就形成一套较为完整的工作体系。

8.2.3 学习重点

实践课程的学习强调动手和操作,实习课程更是如此,需要学生认真观察,反复练习,循序渐进。要耐得住寂寞,经得起挫折,不断总结和提高,只有这样才能够掌握机械加工的技能操作。因此,实习课程的学习重点是在“做中学”“学中做”,只有通过勤奋练习,掌握了正确的方法和技能,才能真正提高自身的职业综合素质。

金工实训教学的重点内容是钳工实训、车工实训等。因为实训的时间是有限的,因此必须通过常用的、典型的实训环节来培养学生的相关能力,触类旁通,举一反三。

由于实习课程需要学生运用所学专业知识,按照一定要求,反复练习某些工种操作,不断提高,熟练程序,达到熟能生巧。因此,学习难点是学生要克服练习的马虎和厌烦习惯,提高学生学习的兴趣,让学生主动投身其中,并享受到成功的乐趣。

职业教育区别于普通教育的一个重要特征就是其鲜明的职业岗位针对性,必须按照职业岗位的需要进行技能培养和训练,要以现场讲练的方式进行,师生的互动尤其重要,是一种近距离、互相促进和激励、交流密切的双边教学活动,要通过项目任务的完成,使学生体会到成就感。只有这样才能让学生通过严格的技能训练,不断掌握专业本领。

8.3 金工实训的教学分析

8.3.1 教学工作过程分析

金工实训是工程教育课程体系中历史最为悠久、面向对象最广、最有活力的一门课程。金工实训要运用专业技术理论来指导生产实习,贯彻理论与实践相结合的原则,用理论指导实践,并在掌握生产技能的过程中,巩固和加深理解所学过的理论知识,逐步提高综合运用知识的能力。同时,在实习教学过程中,只有认真贯彻严格训练的原则,才能提高教学质量,完成实习教学任务。但是,严格训练并不是盲目蛮干、刻意苛求,而应该循序渐进。所谓“循序渐进”,就是要求教学要按照专业的逻辑系统、学生的认识规律和接受能力的“序”,由浅入深,由简到繁,由易到难,由低级到高级,有计划地进行教学,使学生系统地掌握基础知识、基本技能和技巧。

对学生的要求必须从难从严,同时要充分考虑学生的个别差异,要按实习教学大纲和教材系统地进行。教学指导,不但要有科学的教学内容,还要有科学的教学方法、科学的教学手段和科学的教学组织形式。要教育学生文明而有秩序地进行生产实习,切实抓好安全操作的各项工作。

金工实训的教学工作过程如下:

1. 明确任务,组织教学

组织教学是让学生思想上做好准备,注意力集中,形成一个良好的教学环境,分为以下几步:安全教学、检查人数、分配工位、工量刃具的发放与设备的检查、复习提问。教师通过明确任务、复习提问及作业分析,引导学生回忆以前学过的内容,使学生养成善于学、勤于思的习惯。同时应引导学生养成善于提出问题、讨论问题和研究问题的习惯,营造一种教师与学生、学生与学生之间相互沟通、互相联动的教学氛围。

2. 讲授新课,制订计划

在讲解新课时,要运用多媒体、实物演示等多种教学手段,进行集中精讲,教师对教学难点要逐个分解,设置问题让学生进行讨论,多层次地进行互动,让学生根据实训任务制订计划和方案,以此来促进学生的学习动力,培养学生分析问题、解决问题的能力。

3. 示范操作,精心实施

示范操作是实习教学的特点,是传授技能的重要步骤,我们在操作示范时应做到以形象生动的语言、熟练而规范的动作帮助学生理解技术的结构要素,启发思维让学生知道做什么、怎么做,便于学生在操作时的模仿练习,为掌握操作技能奠定基础,为了让学生更好、更快地掌握操作技术要领,一般会采用以下几种示范方法:

1)整体示范。将课题内容的全套动作按顺序熟练地完整示范,使学生经过反复练习后正确掌握动作要领,正确的操作姿势、洪亮的声音、形象生动的语言都直接影响操作示范质量和学生的模仿练习。但缺点是受学生人数的制约,导致学生无法看懂、听清及理解。所以在整体示范时,只要求学生看清示范过程及动作要领,然后根据操作要求进行模仿练习。

2)分解示范。当学生在模仿练习到一定时间之后,感到动作之间衔接得差不多了,但在尺寸的精度保证上还无法掌握时,教师及时引入分解示范。分解示范是在学生已练习的基础上进一步分解各个动作要领,特别在如何保证尺寸精度的地方做重要讲解,由浅入深、由易到难,使学生有豁然开朗、茅塞顿开的感觉,让学生容易记住动作要领,并提高了学生实习的学习兴趣。

4. 巡回指导,过程控制

学生在操作练习时,教师要及时地进行巡回指导。巡回指导是检查学生是否掌握操作要领的简单方法。在学生操作练习时,要有计划、有目的、有准备地对学生进行全面检查和指导。学生实习是否有成效关键在于学生是否能领会教师的操作要领。所以,在巡回指导中出现问题要及时解决。解决问题的方法一般采用以下几种:

1)集中指导。在巡回指导中发现学生在操作中出现普遍性问题时,应立即将学生集中起来,进行分析和纠正,并示范正确的操作方法,提出要求,引导学生正确操作并总结经验。

2)个别指导。针对个别学生出现的问题要进行单独指导,保证每个学生能及时、准确地掌握操作要领,提高学生实习的学习兴趣。

3)学生讨论指导。主要是让学生相互检查操作要领是否符合要求,并相互之间进行解决。提优补差工作也是由学生自己完成,“以优带差”“以强扶弱”,在学生之间形成共同提高、共同进步的学习氛围,激发学生的学习兴趣。

5. 反馈评价,总结提高

实习结束后进行实习总结。总结是实习教师对整个教学过程中出现的问题进行归纳总结,并检查教学效果,对完成的情况及质量进行讲评。首先让学生进行自我评价,然后进行集体评价，最后由指导教师进行评价。如果不同的评价结果比较趋向一致，即证明评价具有较高的准确性，如果评价的差异较大，可以通过交流来缩小这些评价的差异。在学生熟练掌握某一技能操作后，教师仍然要不断地激励学生突破自我，在操作规程、操作工艺、操作工具等方面实现更高的标准；同时教师要不断地发现、整理实习教学经验。

8.3.2 教学的能力目标

金工实训的能力结构及综合素质要求如下：

知识——学生通过金工实训，了解机械制造相关基本知识。

能力——初步掌握铸造、电焊、热处理、钳工、车工等基本操作技能。

素质——培养严谨的工作作风，提高学生动手能力和质量意识等基本素质，为他们以后创新活动、技能考级打下实践基础，为专业理论课的学习打下认识基础。

学习目标按专业能力目标、社会能力目标、方法能力目标分别进行描述。

1. 专业能力目标

1）能正确使用钳工常用的量具，具有钳工操作的基本技能，能按图样制作一般钳工工件；

2）能操作普通车床、普通铣床、普通钻床、牛头刨床，能进行内、外圆，端面，螺纹等表面的车削和平面、沟槽的铣削；

3）能使用常用的量具；

4）能合理编制中等复杂程度零件的加工工艺路线；

5）能合理选择机械加工中的切削用量；

6）了解各种机床的加工工艺范围。

2. 社会能力目标

1）具有良好的思想政治素质、行为规范和职业道德；

2）具有良好的心理素质和身体素质；

3）具有不断开拓创新的意识；

4）具有较强的质量意识和客户意识；

5）具有团队交流和协作能力；

6）具有严谨的工作作风和良好的职业习惯。

3. 方法能力目标

1）具有制订工作计划的能力；

2）具有查找维修资料、文献等取得各种信息的能力；

3）具有不断获取新的技能与知识的能力；

4）具有逻辑性、合理性的科学思维方法的能力；

5）具有较强的口头与书面表达的能力；

6）能够从个案中找到共性，寻找规律，积累经验，举一反三；

7）具有理论指导实践、理论和实践结合的能力；

8）熟悉安全生产规范和操作规程。

8.3.3 教学重点分析

首先,教学过程中要突出重点、突破难点。确定了重点和难点之后,在教学的过程中对重点问题就要花费工夫讲清讲透。其次,示范操作和举例时要说明重点。教师在讲课的过程中为了说明重点,要精选实例说明重点,举例要恰当、简练,举例之后要进行总结。

1. 加强金工实训教学的环节管理

(1) 做好需求调查,制订切实可行的金工实训教学计划

市场和企业的人才需求是学校专业实习建设的必然依据,也是金工实训计划制订的主要依据。在紧跟市场的同时,实习安排要有发展的眼光和前瞻性,同时兼顾短期培养目标和长期培养方向。目前,中等职业学校机械制造专业学生发展的三个方向是:一部分学生面向中、小型企业,培养爱岗敬业、面向生产第一线、具有较强的再学习能力和实际动手能力的应用型人才;一部分学生具有较深厚的理论基础和一定管理能力,培养基层管理人才;一部分学生具有较强的数控编程和操作能力及计算机绘图和辅助设计能力,培养机械工业现代技术应用人才。针对不同的专业化发展方向,结合当地机械工业发展的需求,应制订出夯实基础、突出能力、发展个性为主线的实习教学计划,强化金工实训等基础实践教学,培养适应当地经济建设的适销对路的高技能人才。

(2) 编写适合当地机械工业发展的金工实训补充教材或指导书

中等职业学校的主要任务是为当地经济建设培养高技能水平的中等技术工人,那么实习就应以当地机械工业的需要为目标。目前,机械专业实习教材尚不能与实习教学需要相配套。因此,为加强实习教学内容的实用性,应组织教师编写具有本地机械专业特色的金工实训补充教材或指导书。教材中要体现实习过程的连贯性、实习阶段目标的渐进性。

(3) 规范金工实训教学过程管理

金工实训教学具有生产性的特点,完全不同于理论课教学。金工实训教学过程管理是指对实训教学过程中影响教学质量的诸多因素进行组织、协调和控制,使实习教学按计划、有秩序地进行。实习教学管理包括对实习结果的管理,对实习教学设施、设备、工具、仪器的管理,对学生的管理和对整个实习教学过程的管理等,其中对实习教学过程的管理尤为重要。金工实训教学不是将学生安排到实习工厂交代一下实习课题、示范一下操作过程就可以了,要严格按照入门指导、巡回指导、结束指导的实习教学程序要求实施全过程管理。特别是巡回指导,是实习教师发挥主导作用、因材施教、加强个别指导、提高实习教学效果的重要环节,规范实习教学过程管理对于加强学生专业技能训练,提高实习教学质量至关重要。

(4) 严格金工实训考核要求

实训考核要求是实习教学目标的具体体现,科学合理的考核要求能够增进学生学习的自信心和积极性。实习考核要求应根据学生实际,采取分层次、步步过关的方式,使学生通过自身的不断努力一步步地达到考核要求。对于少数在规定实习课时内不能达到考核要求的学生,实习教师要适当安排其他时间开小灶,进行个别辅导,使其达到实习教学目标的要求。实习考核要求应与劳动部门的职业技能考核标准接轨,达到中级工职业技能水平。

2. 加强金工实训指导教师队伍建设

包括金工实训在内的实习教学目标的实现,实习教师起着主导作用。根据职业教育的特点,单一的理论教师或实践指导教师远不能满足现代素质教育的要求,加强实习教师队伍建设,培养一支能适应技术应用型、操作技能型高级专门人才培养要求的“双师型”教师队伍势在必行。

目前,大多数职业学校机械专业实习教师存在学历高、专业技能水平低、实习教学组织能力欠佳的现象,直接影响学生技能水平的提高,也严重影响着职校生的未来就业。随着职业教育对“双师型”教师的要求不断提高,职业学校要特别重视机械专业实习教师队伍建设,应要求专业教师必须达到所任教学科相关工种高级工甚至技师的操作水平,并取得相应的专业技术水平证书。学校要积极选送专业教师外出培训,与企业联手为专业教师提供相关工种的实践实习,提高教师的操作技能水平。同时,要鼓励教师参加教科研活动,以提高实习教学组织管理能力和业务水平,促进实习教学质量的提高。

3. 加强实习基地建设

实习设施、设备是实习教学的物质基础和前提条件。要提高机械专业毕业生的职业技能水平,必须切实建设好校内外实习基地。

职业学校应建设相对完备的,具有一定先进性的,与培养目标、教学计划相适应的校内实习基地。金工实训添置的设备既要具有一定的先进性,还要具备足够的数量。要按照实习大纲和企业用人要求适时调整实习计划,根据学生的学习实际合理设计实习课题,实习教学质量的提高就有了保证。当然,专业现代化建设不可能一蹴而就,要根据学校的实际情况,通过分步实施、逐步完善的方法达到建设要求。

广泛建立校外实习基地,与现代企业保持较为密切的联系,学生在企业中实习,能够接触到先进的生产设备,学到先进的生产工艺和加工方法,拓宽视野,并且能学以致用,将所掌握的专业知识和操作技能应用于生产实践中。同时学校在与企业的交往过程中,还可以了解现代企业对员工综合素质的要求,征求企业对学校办学的建议,以便对教育教学进行改革与调整。

8.3.4 教学难点分析

1. 教学方法单一,学生兴趣不高

传统的师傅带徒弟式的教学方法是在黑板上简单讲解图样,然后教师做一遍,学生就自己上机床操作。学生往往只是教师的简单重复,很难调动学生的主观积极性和创造,以致很多学生抱怨实习很枯燥、很累。兴趣是最好的老师,学生一旦失去学习的兴趣,教学做得再多都无用。所以在教学过程中,首先要使得教学方式多样化,改变教师演示学生模仿的模式,可以借助多媒体等手段。其次要精心组织安排,在学生完成了规定作业后,在允许的前提下,也可以适当地激发学生的兴趣,提升他们的创新意识,增强他们的学习兴趣。

如何让学生全身心地投入到教学过程中?无论采取何种教学方法,都要强调学生的主体地位,而提高学生学习兴趣在我们的教学活动中有着极其重要的意义,特别是在机械制造类专业的实习教学中,实习就是动手练习,没有兴趣就没有动力。只有让学生参与进来,让其有满足感、成就感,才能提高其学习的积极性,也才能让学生更快、更好地学到一门操作技能。

要深入浅出突破难点。教学过程中,有的重点也是难点,有的重点和难点还有区别,这就要求教师在教学中具体问题具体分析。对于重点问题要让学生清楚明白,对于难点问题,要求教师用通俗的语言深入浅出地讲解和示范,使学生易于理解和掌握,感到难点不难。要做到这一点,就要求教师花大气力,寻找行之有效的方法来突破难点。要精心设计训练项目和课题,精选合适的教学方法来帮助学生突破难点,简化难点,让学生感到难点不难,让学生从中体验到成就感。难点突破了,有利于学生对重点的把握,有利于更好地实现教学目标。

2. 与实际生产联系不紧密,工种之间严重脱节

往往是车工做车工的,铣工做铣工的。车工是自己的毛坯,铣工是自己的毛坯。其他工种之间也缺乏联系,使得学生缺乏对机械加工过程的整体认识,特别是各工种之间的理解,这对于学生以后的发展是极为不利的。为使得学生了解工种之间的联系,可让学生提前到工厂车间体验流水加工程序,比如我们可以给一套图样,包括相关工种练习内容,让某工种做好的零件,可转入下一道工序继续加工,这样既让学生体验到工种之间的联系,又可以节约练习材料,取得事半功倍的效果,还能很好地调动学生的实习兴趣,提高实习效率。

这样既可以让学生掌握相关工艺安排重要性,又能培养学生的独立思考能力、创新意识。可以帮助学生更全面地了解各个工序之间的联系,更好地掌握车工技术,为以后的发展打下坚实基础。能够合理设计实习的各个环节,使各种实习环节关联起来,使实习的最终产物不是“废物”,而是产品,这样不仅能使原材料的使用率最大化,降低实习成本,同时可以提高学生的实习兴趣,培养学生的工程意识。例如,以生产拉伸和扭转试验棒为目的的金工实训各环节可优化为“圆钢原材料→钳工锯→车工车外圆、车端面、倒角等→数控加工成拉伸和扭转试验棒形状→磨工磨削成标准拉伸和扭转试验棒”。零件制造的全过程一般为下料—预先热处理—切削加工—最终热处理—精加工—检验成品,通过综合实习,使学生对零件制造全过程有一个较完整的认识。另外还可以尝试分层、分阶段、模块化教学。

8.4　基于工学整合的金工实训教学设计

教学方法是实现教育目的、完成教学任务的基本手段,对于教学的成败乃至学生在学校的健康成长都起着重大的作用,特别是作为实践性极强的实习课程教学,更要始终强调学生的主动地位,在实训过程中,更要讲究教学的方式和方法。教师的作用就是通过引导学生思考和让学生独立动手,来培养学生的动手能力和创新能力。实习课程的教学方式与方法很多,有示范教学法、模拟教学法、项目教学法等。下面以工学整合为例探讨金工实训的教学设计。

8.4.1　工学整合的应用

1. 定义

工学整合式实践教学是在工学整合式学习的基础上提出的一种教学方法,工学整合式学习被西方学者界定为将学习过程与工作过程完全融合的岗位学习,现代工学整合式学习是自我管理的岗位学习，它要求在学校和企业合作的基础上，在企业工作现场创造新的学习环境。工学整合式教学模式是在工学整合教学思想指导下建立的工作与学习一体化的实践教学活动方案，以在促进社会发展的同时促进学生个人的发展作为工学整合式教学模式建构的价值取向。

工学整合式教学模式是对职业院校实践教学过程建立一个完整的教学活动方案，构建的方法是以教学目标、教学内容、教学组织方式和教学评价四个方面为框架，以培养学生职业能力作为工学整合式教学目标，以企业工作任务作为工学整合式教学内容，以企业完整的行动模式作为工学整合式教学组织方式，以理论学习成绩与实际工作表现相结合的评价指标作为工学整合式教学评价的方法。

2. 工学整合的概念

工学整合：工作与学习的一体化。工学整合式学习：工作和学习一体化的岗位学习，其学习过程在时间和空间上与工作过程是一体化。工学整合式教学：将工作过程设计成学习过程，进行工作与学习一体化的教学组。教学模式：教学模式是在一定的教学思想或教学理论指导下为实现特定的教学目标而建立起来的、比较稳定且简明的教学结构理论框架，及其具体可操作的教学活动方案。工学整合式教学模式：是在工学整合教学思想指导下建立的工作与学习一体化的实践教学活动方案。

3. 工学整合式教学模式构建的理论基础

一定的教学理论指导着一定的教学实践，或者说一定的教育思想指导着一定的教育实践。工学整合式教学模式构建的理论基础是建构主义，即建构主义教育理论在职业教育领域的实践应用。

建构主义认为：不同的教学模式是以不同的方式提高学生的能力，这种能力既能够产生知识，又能帮助学生在学术、社会和个人领域自发地建构知识，学习就是知识的建构，知识并不仅仅是由教师和家长传递给学生，而是当学生对教育环境中的信息进行反应时不可避免地自己要进行创造。

建构主义提出并强调支架式教学。支架的本意是建筑行业中使用的脚手架，这里用来形象地说明一种教学方法。教师引导着教学的进行，使学生掌握、建构和消化所学的知识技能，从而使学生进行更高水平的认知活动。支架式教学理论指出：教学是教师为学生从现有水平向更高水平能力的提升搭建一个脚手架的过程，教师的角色随着学生熟练程度的提高要不断进行调整，即教师在学生需要时提供支持，但随着学生学习策略的掌握，教师的作用逐渐淡化。简而言之，教学是通过教师的帮助（支架）把管理学习的任务逐渐由教师转移给学生，最后撤去支架。工学整合式教学模式正好契合了建构主义这一教育思想，通过工学整合式的金工实训教学，使学生在实训中建构自己的知识体系，内化为相关能力，形成职业素养。

8.4.2　教学方案

1. 教学方案设计的基本理念

基于工学整合的金工实训教学方案体现了理论与实践相结合的基本教学策略，同时更突出了能力培养环节，从该课程的教学内容体系的建立、教学过程的设计和教学方法的综合运用等方面综合考虑，使学生在掌握一定理论的基础上，通过金工实训的实践教学环节，进一步强化实际操作能力和创新能力。

工学整合式金工实训教学方案设计要体现科学性、双主体性（教学中的核心要素包括教师和学生）、可操作性（工学整合式教学模式的建构必须具有较强的操作性，易于传授给一线教师，使他们可以在实际教学中得以运用）、简约性、整体性（工学整合式教学模式的建构必须具有严密的结构和系统，具有独立体系结构）等原则。

2. 工学整合式教学方案内容

开展工学整合式教学，培养学生的职业能力，需要一个相适应的内容载体。德国基于工作过程的学习领域经验是理论与实践一体化的一种课程模式，它为学生进行岗位学习提供了层次丰富、结构完整的一系列学习工具。由此，借鉴德国学习领域的经验，并根据学生到企业顶岗实习的具体岗位对课程内容进行适当修改调整，使调整后的学习领域课程作为工学整合式教学的教学内容。学习领域课程的学习是围绕企业的典型工作任务进行的。

典型工作任务描述的是一项专门的具体工作，学生围绕典型工作任务进行学习，学习企业的工作过程、实践技能、技术理论，了解企业文化、组织结构、设备，从而实现工作与学习的融合，理论与实践的融合，专业能力、方法能力和社会能力的融合。以典型工作任务为中心，制订顶岗实习学习领域的课程计划。使学生掌握工作技术的渠道完全是来自于工作的过程。让学生通过完成工作任务，学习相关知识，使学与做融为一体，这正是工学整合式教学的精髓。

3. 工学整合式教学组织方式

根据学生实习岗位的具体工作任务确定典型工作任务名称，以企业完整的行动模式作为工学整合式教学的组织方式，进行工学整合式实践教学组织。

企业完整的行动模式包括以下六个步骤：①咨询。分析教学任务要求，收集完成教学任务需要的各种信息。②计划。确定完成工作的途径，可以制订几个不同的教学方案。③决策。在制订的教学方案中确定一个。④实施。按照计划开展教学。⑤检查评价。对教学过程进行检查和评价。⑥总结。对教学过程进行总结。

学生在解决问题的过程中可借鉴的资料包括教科书、专业词典和其他工具书，企业信息材料和工作安排资料，机器、设备和工具的使用说明等。

4. 工学整合式教学成果评价

评价学习结果是考核教学内容是否达到预期的重要一环。因此，评价工作是确定课程与实际要达到的目标的差距。工学整合式教学的评价方法是以企业、学校和实习学生三方共同参与学习结果的评定；评价指标包括过程性评价指标和终结性评价指标。

过程性评价指标包括专业能力、方法能力和社会能力三个方面。其中每项指标设定相关考核内容，考核方式采用过程控制方法。

终结性评价指标包括两个方面：一是评价完成课程的作业质量；二是针对实际岗位的工作状态，评价其学习效果。

工学整合式教学模式是一种实践教学活动方案，它既可以应用在金工实训教学环节，也可以用在院校顶岗实习教学环节，还可应用在其他实训教学阶段。

8.4.3 教学实施

教学实施是实现教学目标的中心阶段，是按照教学设计的要求，对教学活动进行实际展开的过程。教学实施策略的选择既要符合教学内容、教学目标的要求和教学对象的特点，又要考虑在特定教学环境中的必要性和可能性。

教学实施中重点要注意两点：一是教学内容与学生的实际认知水平相适应，正所谓因材施教，脱离学生实际的教学犹如空中楼阁。二是教学内容与教学模式的选择相适应，例如金工实训教学内容就适合用工学整合式教学模式，而实验型、活动型的则用探究性教学模式就比较好。

1. 实习项目的选取

实习项目的选取要以教学的内容为依据，既要与书本知识紧密结合，又要有一定的想象空间，项目涉及的知识和技能在教学大纲的要求范围内，并且是学生比较熟悉的感兴趣的内容，有能力完成；让学生既能运用所学的知识，又可以自主创新，项目的难易程度要针对学生的实际水平来确定，要让学生经过努力能够实现或基本实现项目的目标，不能太轻易实现。

在项目完成过程中，最好能有利于对学生进行情感、态度、价值观的教育。主要考虑以下问题：一是项目活动怎样调用学生的已有知识；二是能否让学生感兴趣，能否激发学生收集有关资料，激发学生的自觉性；三是如何让学生更加了解自己并相互学习；四是如何让学生把所学的知识与现实生活联系起来；五是项目内容是否有助于树立学生的自信心。

对于操作技能教学来说，项目训练教学中须设立一个具有现场性、综合性和对学生技能进行全面培养的实训项目，而且需要得到时间与空间的保证。也可以通过校企合作，利用企业丰富的实践项目、技术资源来实现实习项目的设立。

2. 实习项目的教学准备

基于工学整合的金工实训项目确定后，进行项目实施动员，教师要做好学生的学习动员工作，让学生了解项目活动教学的意义，项目应完成的功能，项目活动所需的技能、实施流程及考核办法等。教师先期实施完成该项目，一方面对项目有全面的了解，便于更好地指导学生；另一方面可以展示案例效果，以增强启发学生的学习兴趣，使学生能够积极主动地参与到项目活动的教学中来。确定一个项目以后，应该对该项目完成所需要的基本技能、实现过程进行全面的整理和分析，进行技术层次的定位，并结合学生的基础、技术实训的具体情况，完成项目实训教案的编写和实训器材的配备。根据项目提供实训示范和学生操作场地，在实训示范场地，教师向学生充分展示项目。由于强调了项目的真实性，因此实习一开始就可以引起学生极大的兴趣。

由于一个项目往往要由多种技术手段、多种工作方法和多种工艺完成，有的工序还会有多种技术的交互，而项目的过程亦要求有序进行，因此需要把学生已经掌握的操作技能、已有知识以及新的知识和新的技能按项目的要求与工序要求做出整合。重新构建一个适用于项目实训教学的有序的综合性知识结构，只有这样，才能使项目实训真正具有可行性和有效性。

结合项目的每一个技能操作环节和理论知识应用环节确定教学的内容、要求与目标。学生的操作可以按照由浅入深、从易到难，从局部开始进行，然后再扩展到整体和复杂、有技术难度的操作，力求知识和技能与学生的认知水平和操作能力相吻合，让学生不断提高与进步。

8.4.4 教学案例

1. 工学整合教学法应用案例1——锉配梯形样板副

(1) 教学对象

学习过机械制图、机械基础、互换性与测量技术基础、金属加工常识、钳工工艺与技能训练等课程,需要进行钳工实习的中等职业学校机械加工技术专业的学生。

(2) 教学内容

锉配梯形样板副(图8.1)。

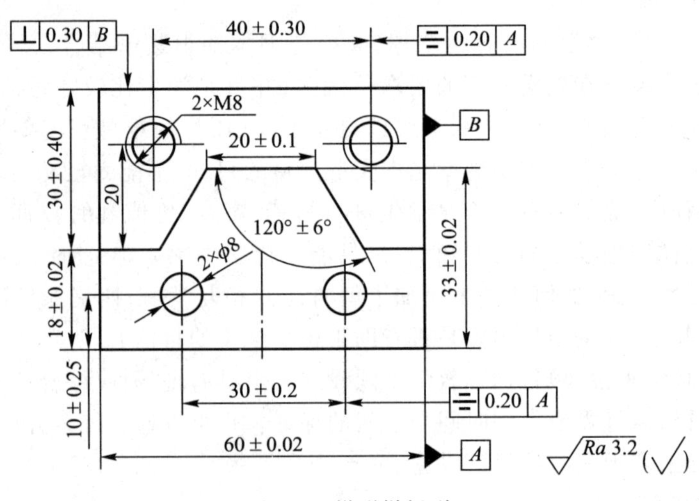

图8.1　梯形样板副

技术要求:

1) 以凸件为基准,凹件配作,配合间隙≤0.05 mm,两侧错位量≤0.05 mm;

2) 锯割面一次完成,不得修整。

(3) 教学目标

1) 巩固钳工所要掌握的相关工艺知识和基本操作技能;

2) 巩固锉配件的技能;

3) 进一步掌握极限与配合知识;

4) 培养学生的实习兴趣及自主学习、团队合作的能力。

(4) 教学条件

配备台式钻床、砂轮机、各种锉刀、各种量具的钳工车间。

(5) 实施过程与步骤

步骤1　确定项目目标,提出工作任务

1) 教师根据教学内容,确定与教学理论和实践密切相关的项目主题,并做好时间、技术及工具等方面的准备工作(表8.1)。

表 8.1 教师工作计划表

序号	工作步骤	工作计划内容
1	项目主题	将图 8-3 中零件加工成成品
2	时间安排	任务分析:1 学时 分组及制订小组工作计划:1 学时 小组工作时间:4 学时 汇报、检验与评价时间:2 学时
3	教学条件准备	资料:钳工工艺教材、参考资料 设备:台式钻床、台钳、钳台、砂轮机 工具:板锉、三角锉、什锦锉、手锯、钻头、丝锥 量具:游标卡尺、外径千分尺、刀口尺、刀口角尺、万能量角器

2) 教师展示梯形样板副图及根据梯形样板副图加工的成品,提出总体目标。

3) 将总体目标分解成若干子任务。

① 任务一:了解台式钻床的基本结构及主要技术规格,熟悉钻床的安全操作规程及日常维护;

② 任务二:掌握该产品的加工工艺;

③ 任务三:熟练使用各种量具进行测量。

4) 学生分组并由小组成员讨论决定本组“项目经理”人选。

班级以 40 人为例,分为 4 个组,每小组 10 人,5 人做凸件,5 人做凹件。分组的依据有学生的学习成绩、知识结构、学习能力、性格特点、男女搭配等,其中主要以互补的形式为主,成绩好的与成绩差的搭配,性格内向的与外向的搭配等。每组设立项目经理,全面负责小组的学习、讨论和落实工程项目的安排。小组采用协作学习的方式,在项目经理的指挥下,对各成员进行分工,例如成绩好的负责“一对一”辅导成绩差的,每个成员努力的成果和经验与全体成员共同分享。

步骤 2 计划

项目确立分好组后,采取协作学习方式,让学生讨论工件的加工方法,制订出加工工艺,这个环节教师的指导很关键,应检查每组加工工艺的制订是否正确,发现问题及时提醒学生,让学生再研究讨论,这是一个探究式的学习过程,它能调动学生自我学习的积极性,激发学生的潜能,保证加工工艺的正确性,为项目的实施提供保障。

步骤 3 决策

教师对每个小组的实施方案进行检查审核,对其出现的错误给予改正建议,由其小组讨论后重新修订计划,再交由教师检查通过方可投入使用。

步骤 4 执行

项目的实施过程也是学生手脑并用的过程,教师应引导学生掌握技能,形成耐心细致、一丝不苟的工作作风。

学生根据小组完成项目的过程总结理论与实践的应用体验,以及所面临的各种问题的解决策略等。

步骤5　评价

项目完成后,要及时进行总结汇报与评价。

第一步:成果汇报。汇报内容包括任务分工、计划与决策过程,重点汇报实施过程中加工质量的控制与测量方法、产品是否合格。

第二步:评价。先由学生本人进行自测自评,再由凸、凹件对配的两人互测互评,超出公差的应分析并找出原因,然后每组5对互相对配,测量、比较看能否全部达到合格要求,小组再分析讨论,最后由教师对小组完成项目情况进行评定,并解答学生提出的问题。

成绩评定:本项目考核标准为百分制,现场操作规范评分占30%,成果汇报占10%,学生制作产品占60%,三部分的评分表分别见表8.2、表8.3、表8.4。

表8.2　现场操作评分表

评定范围	序号	评定项目	配分	现场表现	得分
工艺、安装、钻床操作及安全文明生产	1	锉削、锯削基本操作	20		
	2	钻孔、铰孔、攻螺纹的基本操作	20		
	3	常用量具的合理使用	20		
	4	钻头及切削用量的合理选择及使用	20		
	5	设备的正确使用与维护	10		
	6	安全文明生产及其他	10		
合计			100		

表8.3　成果汇报评分表

序号	评价项目	小组评分			
		1组	2组	3组	4组
1	讲述清楚(20分)				
2	计划合理(20分)				
3	合作能力(20分)				
4	解决问题能力(20分)				
5	问题解答(20分)				
合计					

表8.4　学生制作产品检测评分表

项目	序号	检测内容	配分	自检结果	实测结果	得分
凸件	1	33±0.02	5			
	2	18±0.02	4×2			
	3	20±0.1	3			

续表

项目	序号	检测内容	配分	自检结果	实测结果	得分
凸件	4	120°±6°	4×2			
	5	*Ra*3.2	1×6			
	6	2×ϕ8	1.5×2			
	7	30±0.2	5			
	8	⌯ 0.20 *A*	5			
	9	10±0.25	1×2			
	10	*Ra*3.2	1.5×2			
	11	30±0.40	6			
	12	⊥ 0.30 *B*	4			
凹件	13	螺纹不乱扣、滑扣	1×2			
	14	⌯ 0.20 *A*	4			
	15	40±0.30	3			
	16	*Ra*3.2	1×5			
	17	间隙≤0.05	20			
	18	错位量≤0.08	8			
其他	19	安全文明生产	违者视情节扣1~10分			
合计			100			

(6) 教学效果评价

实践证明，通过该项目的完成学生不仅掌握了锉配件的操作技能及所要求的相关工艺知识，而且项目教学法能够引导学生自己思考，得出正确的结论，让学生学会学习，边做边学，不但掌握了专业理论，把理性的知识和感性的技能结合起来，而且明白这些理论在以后工作中的作用。通过项目的完成学生开阔了专业视野，自学能力、劳动技能和综合评定能力得到很大提高，锻炼了实际工作能力，为适应企业的要求做好准备。

2. 工学整合教学法应用案例——双侧同向偏心轴的加工

(1) 教学对象

学过机械制图、机械基础、互换性与技术测量基础、机械制造工艺、金属加工常识等课程的，需要进行车工实习的，即将成为高级车工的中等职业学校机械加工技术专业学生。

(2) 教学目标

让学生通过本项目的实施，掌握偏心工件加工的方法和步骤，深入理解加工偏心工件的相关内容，同时培养学生相互沟通、相互合作以及独立解决问题的能力。

（3）教学内容

根据图 8.2 所示的零件图样加工出零件成品。

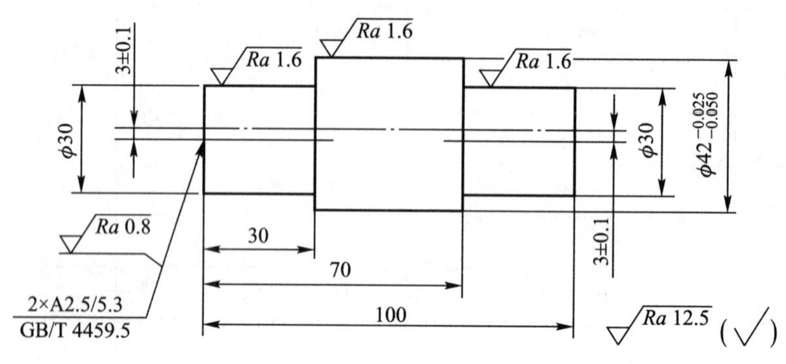

图 8.2　双侧同向偏心轴

技术要求：

1）外圆表面不允许用砂布和锉刀修饰。

2）未注公差尺寸按 IT14 级加工。

3）材料为铝合金，尺寸为 φ45×102。

4）未注倒角为 C1。

5）工时为 2.5 h。

（4）教学条件

CA6140 车床（三爪自定心卡盘），45°端面车刀，90°外圆车刀，中心钻 φ2.5/6.3 及钻夹具，游标卡尺 0.02 mm（0～150 mm），千分尺 0.01 mm（25～50 mm），尺寸为 φ45×102 的铝合金棒料一根，图书阅览室，电子阅览室。

（5）实施过程和步骤

步骤 1　确定项目目标，提出工作任务

1）教师根据教学内容，确定与教学理论和实践密切相关的项目主题，并做好时间、技术及工具等方面的准备工作（表 8.5）。

表 8.5　教师工作计划表

序号	工作步骤	工作计划内容
1	项目主题	按图 8.1 所示的零件图样加工零件成品
2	时间安排	任务分析：1 学时；分组及制订小组工作计划：1 学时；小组工作时间：8 学时；汇报、检验与评价时间：2 学时
3	教学条件准备	资料：教材，参考书，网络信息，完成任务所需引导文材料，其他参考资料
		设备：CA6140 车床
		刀具：端面车刀，外圆车刀，内孔车刀，螺纹车刀，切槽刀，中心钻，麻花钻
		量具：游标卡尺，外径千分尺

2）教师展示图 8.2 及根据图加工成的零件作品，提出总体目标。

3）将总体目标分解成若干子任务。任务1:了解CA6140型车床车削加工的基本特点，普通车床的基本结构及主要技术规格，车床的安全操作规程及日常维护。任务2:熟悉和掌握普通车床加工工艺及编制工艺过程卡方法。任务3:掌握普通车床加工中零件的工艺编制。任务4:掌握普通车床加工调试及车床操作。任务5:学生自学并掌握车偏心轴的基本知识，主要包括以下问题：

① 如何计算偏心件的偏心距?

② 偏心轴加工难度大，有哪些技术要求?

③ 在车床上车削偏心零件有哪些方法?

④ 测量和检查偏心距的方法有哪些?

4）人员分组。根据学生性别、其掌握专业知识的程度，将不同层次的学生搭配分组，首先将本班学生分成两个大组，每个大组再分成四个小组，小组成员基数拟定为3~5人，由各小组成员讨论决定本小组负责人。

步骤2 计划

学生针对该项目工作制订一个工作计划。教师根据需要给学生提供咨询。

工作计划的内容包括各个工作步骤介绍、小组安排、权责分配、时间安排等。制订工作计划有助于培养学生独立设计项目实施的具体内容和方法以及自主分配项目任务的能力。

步骤3 决策

两个大组分别开展技术信息搜集，如刀具类型、加工手册、使用说明书等技术资料和工作任务调研。工作小组独立地开展工作，首先各小组了解CA6140型车床车削加工的基本特点、普通车床的基本结构及主要技术规格、车床的安全操作规程及日常维护；熟悉和掌握普通车床加工工艺及编制工艺过程卡的方法。然后制订加工工艺过程卡（表8.6）、刀具卡片（表8.7），形成各自的决策后在大组内进行信息汇总，分析各小组的决策内容，探讨并调整，从而形成本大组的优化方案。

表8.6 加工工艺过程卡

工序	设备	装夹方式	加工内容	加工步骤	备注
1	CA6140	用三爪自定心卡盘	装夹 粗车 精车 粗车 精车	用三爪自定心卡盘装夹毛坯 用45°端面粗车刀粗车端面 用45°端面精车刀精车端面 用90°外圆车刀粗车$\phi42$外圆 用90°外圆车刀精车$\phi42$外圆	伸出卡爪75 mm 车平 直径至$\phi43$ 直径至$\phi42$
2	CA6140	三爪自定心卡盘	调头装夹 粗车 精车	用三爪自定心卡盘装夹工件 用45°端面粗车刀粗车端面 用45°端面精车刀精车端面	伸出卡爪75 mm 保证总长为100 mm
3	CA6140	偏心夹具	装夹 钻中心孔 调头装夹 钻中心孔	在三爪自定心卡盘上用偏心夹具装夹工件 用$\phi2.5$中心钻钻中心孔 在三爪自定心卡盘上用偏心夹具装夹工件 用$\phi2.5$中心钻钻中心孔	伸出卡爪40 mm 伸出卡爪40 mm

续表

工序	设备	装夹方式	加工内容	加工步骤	备注
4	CA6140	两顶尖	装夹 粗车 精车 调头装夹 粗车 精车 锐边倒钝	将工件架在两顶尖之间,用鸡心夹头装夹拨动工件 用90°外圆车刀粗车 $\phi 30$ 外圆 用90°外圆车刀精车 $\phi 30$ 外圆 将工件架在两顶尖之间,用鸡心夹头装夹拨动工件 用90°外圆车刀粗车 $\phi 30$ 外圆 用90°外圆车刀精车 $\phi 30$ 外圆 用45°端面车刀去锐边倒钝	直径至 $\phi 31$ 直径至 $\phi 30$ 直径至 $\phi 31$ 直径至 $\phi 30$
5			检查	按图样要求检查各部分尺寸和精度	合格后,卸件
6			入库	涂油入库	

表8.7　刀具卡片

序号	刀具规格	
	类型	材料
1	$\phi 2.5$ 中心钻	高速钢
2	90°外圆车刀	硬质合金
3	45°端面车刀	硬质合金

步骤4　执行

以小组的形式,根据步骤3中确定的加工方案,熟悉工件的装夹、刀具的选择与安装、对刀、零件加工等过程,以提高实际操作车床的熟练程度,并提前预见在实际操作过程中可能出现的问题。最后由小组讨论,并经教师审核后实际操作加工。在实际加工过程中,要随时将当前结果与项目目标进行比较,并适时修改决策方案。

步骤5　评价

评价阶段在项目教学法中具有重要意义。评价分为以下两个步骤:

第一步:成果汇报。汇报内容包括任务分工、计划与决策过程,重点汇报实施过程中加工质量的控制与测量方法,产品是否合格。

第二步:评价。评价形式包括小组自评、大组内互评、大组间交流、教师总结,内容包括加工的检验、项目过程中出现的错误及解决的方法、成功之处等。

成绩评定:成绩评定分为三部分。第一部分是现场操作规范评分,由教师根据现场操作给定,这部分占20%;第二部分是成果汇报得分,由其他各组及教师根据汇报情况给定,这部分占20%;第三部分为项目结果得分,根据对项目执行结果的检验评定,这部分占60%。三部分的评分表分别见表8.8、表8.9、表8.10。

表 8.8 现场操作评分表

序号	评定范围	评定项目	配分	现场表现	得分
1	加工方法	加工顺序	40		
2	工艺、安装、机床操作及安全文明生产	刀具的合理选择及使用	10		
3		工件的装夹与定位	10		
4		常用量具的合理使用	10		
5		设备的正确使用与维护	15		
6		安全文明生产及其他	15		
合计			100		

表 8.9 成果汇报评分表

序号	评分项目	小组评分							
		1 组	2 组	3 组	4 组	5 组	6 组	7 组	8 组
1	讲述清楚(20 分)								
2	计划合理(20 分)								
3	合作能力(20 分)								
4	解决问题能力(20 分)								
5	问题解答(20 分)								
合计									

表 8.10 零件加工项目结果评分表

项目	序号	检测内容	配分	扣分标准	得分
外圆	1	ϕ42	8	每超差 0.01 mm 扣该项配分的 1/2	
	2	ϕ30(2 处)	2×2	未注公差超差不得分	
偏心距	3	3±0.1(2 处)	6×2	每超差 0.01 mm 扣该项配分的 1/2	
长度	4	100,70,30	3×3	未注公差超差不得分	
中心孔	5	A2.5/5.3(2 处)	4×2	每处不合格扣该项配分的 1/2	
表面粗糙度	6	$Ra \leqslant 1.6$ μm(3 处)	4×3	Ra 每降 1 级扣该项配分的 1/2	
	7	$Ra \leqslant 0.8$ μm(2 处)	6×2	Ra 每降 1 级扣该项配分的 1/2	
	8	$Ra \leqslant 12.5$ μm(2 处)	2×2	Ra 每降 1 级扣该项配分的 1/2	
偏心夹具	9	ϕ42	9	每超差 0.01 mm 扣该项配分的 1/2	
	10	ϕ30	2	未注公差超差不得分	
	11	3±0.05	6	每超差 0.01 mm 扣该项配分的 1/2	

续表

项目		序号	检测内容	配分	扣分标准			得分
偏心夹具		12	$\phi30$	2	未注公差超差不得分			
		13	$Ra\leqslant1.6\ \mu m$(2 处)	4×2	Ra 每降 1 级扣该项配分的 1/2			
		14	$Ra\leqslant12.5\ \mu m$(2 处)	2×2	Ra 每降 1 级扣该项配分的 1/2			
合计				100				
姓名			操作时间		日期		考评教师	

步骤 6　迁移

练习其他偏心零件的加工，如图 8.3 所示。

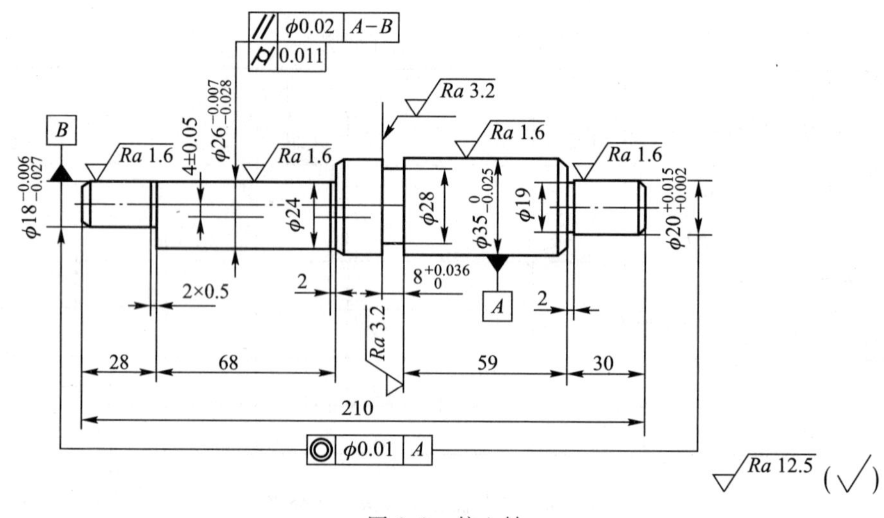

图 8.3　偏心轴

技术要求：

1）外圆表面不允许用砂布和锉刀修饰；

2）未注公差尺寸按 IT14 级加工；

3）材料为铝合金，尺寸为 $\phi40\times250$；

4）未注倒角为 $C1$；

5）工时为 2.5 h。

（6）教学效果评价

在这一项目的完成过程中，通过分析图样，读懂轴类零件图上的技术要求，初步培养学生分析问题、解决问题的综合能力；通过小组分工形式，培养学生的团队合作精神。通过项目实施，学生学习了关于偏心工件的一些理论知识及加工步骤，掌握偏心工件加工的方法和步骤，提高了实际操作技能。通过迁移，学生也学会了其他偏心零件的加工。在一定程度上发挥了学生学习的积极性，培养了学生独立工作的能力，团队合作精神和责任意识，认真、细致、诚实、可靠的个人品质和相互沟通、相互合作以及独立解决问题的能力。

复习思考题

8.1 机械制造类专业金工实习的特点是什么?

8.2 机械制造类专业金工实习的教学重点包括哪些?

8.3 工学整合式教学法的实施过程具体包括哪些主要内容?

8.4 选择金工实习的某一实习训练项目进行工学整合的教学设计。

第9章　基于问题解决的毕业综合训练教学

毕业综合训练教学环节需要针对某一工程问题解决过程的训练，使学生综合运用专业知识，提高学生解决工程问题的能力，掌握毕业综合训练的流程和方法。基于问题解决的教学理念是通过问题解决的实践活动来组织学习，以能力为本位，通过问题解决，尤其是具有实践意义的问题的解决，让学生充分认识学习的意义，并逐步树立起学习的信心，强调问题解决过程本身的价值，重视教学内容的内在逻辑过程、学习者的经验和体验。因此，将基于问题解决的教学理念用于毕业综合训练的教学，不仅是毕业综合训练教学本身的需要，也是提高学生的问题解决能力，强调以学生的学习为中心，让学生主动参与，学会思考，发展创造性思维能力的有效途径。

9.1　毕业综合训练的地位与作用

9.1.1　毕业综合训练的特点

毕业综合训练是重要的实践环节。它在培养学生创新精神和实践能力方面有着不可替代的作用，其特点主要体现在以下几个方面：

1）毕业综合训练的综合性：单门课程往往侧重本学科知识的系统性和完整性，而完整的毕业综合训练过程应该包括专业实习、文献、检索、题目选择、毕业综合训练的具体实现、设备使用、论文写作与论文答辩等环节。这些环节是赋予学生综合能力素质的载体，能使学生受到完成一个实际项目所必需的综合基本训练。

2）毕业综合训练的实践性：毕业综合训练的选题大都结合科研、生产和实验任务，学生通过解决实际生活中的这些问题，能使自己的工程意识、科研能力得到进一步增强。

3）毕业综合训练的独立性：课程学习一般通过教师课堂讲授使学生受到系统的知识训练，以教师为主导。而毕业综合训练则是学生在教师指导下独立进行学习和研究，以学生为主导。教师通过引导，激发学生用创新性思维来完成毕业综合训练。

4）毕业综合训练的创造性：在毕业综合训练阶段，学生必须通过专业实习、查阅文献等，对所要解决的问题进行深入的分析和研究，最后创造性地提出解决问题的思路，其关键是要有一定的创新。

5）毕业综合训练的学术性：毕业综合训练的设计要求以科学理论和科研实践为基础，以严谨求实的态度去探索未知世界。体现在毕业综合训练写作上，就是逻辑要严密、分析要客观、论据要充分。这个过程本身就是一种学术探索过程。

9.1.2　在专业培养体系中的地位和作用

毕业综合训练的基本教学目的是培养学生综合运用所学的基本理论、专业知识和基本技能，分析与解决工程实际问题的能力和初步科学研究的能力，在实践中实现知识与能力的深化与升华，初步形成经济、环境、市场、管理等大工程意识，养成学生严肃认真的科学态度和严谨求实的工作作风。做好毕业综合训练工作，对全面提高中职院校本科师资的培养质量具有重要意义。

9.1.3 在工程实践中的地位和作用

毕业综合训练可以有效提高学生的工程实践能力。通过毕业综合训练，学生的创新思维能力、知识应用能力和查阅文献的能力都有较大的提高。通过后期的方案设计和计算分析、设计图样的绘制，不但培养了学生实际动手能力，独立解决问题的能力，还完成了知识和能力的整合，使学生建立起工程意识，培养了学生的求知欲望和获取综合知识的能力。毕业综合训练可以有效地提高学生的动手能力。通过毕业综合训练期间的实习，学生能了解企业运作和管理的内在规律和相关规定，更好地接触工程实际。毕业综合训练设计的实验环节是综合性、设计性的教学环节，可以有效地提高学生的实践能力。培养学生发现问题、解决问题的兴趣和能力，加深了学生对基础理论知识的理解，增强了学生的操作技能，为学生开展科研活动打下了良好基础，提高了学生的实际动手能力和科学思维能力。毕业综合训练还可以提升学生的综合素质和专业素养，培养学生的团队精神，增强学生的动手能力。

9.2 毕业综合训练学习分析

9.2.1 研究对象和内容

1. 研究对象

毕业综合训练的研究对象是某一类工程问题的解决方法。机械工艺技术专业的毕业综合训练要求学生针对某一机械加工工艺类的工程问题，综合运用本专业有关课程的理论和技术，训练并获得解决实际工程问题的技能。毕业综合训练的目的是总结检查学生在校期间的学习成果，是评定毕业成绩的重要依据；同时，通过毕业综合训练，也使学生对某一课题做专门、深入、系统的研究，巩固、扩大、加深已有知识，培养综合运用已有知识、独立解决问题的能力。毕业综合训练也是学生毕业前的一次重要实习。

2. 研究内容

机械加工工艺类毕业综合训练的研究内容主要包括机械加工零件、部件或机器的功能需求分析、结构设计、工艺分析、加工制作的技术与方法，以及此过程中的数字化仿真或实验验证方法。由于毕业综合训练要求在一定时间内完成，因此毕业综合训练的内容多少要合理选择，不宜选得太多或太少。如果研究对象的范围是某一零件，则该零件需具有结构复杂性和加工工艺复杂性。如果是一部件，则该部件须有多个零件组成，具有一定的装配复杂性。如果是一个机器，则该机器的组成和结构不宜太复杂，作为机械加工工艺类专业的训练课题，机器的主体部分应该是机械部分。

9.2.2 学习要求

毕业综合训练应以培养学生的独立研究工作能力、开发创造能力为目的,兼顾所学知识的巩固、应用和扩大。通过做毕业综合训练,使学生受到综合运用本学科的基本理论、专业知识和基本技能的训练,受到科学研究的初步训练,提高学生分析与解决实际问题的能力,培养学生具有初步的科学研究能力。为了达到毕业综合训练的教学目的,必须对学生提出明确的要求:① 努力学习、刻苦钻研、勇于创新、勤奋实践、保质保量地完成任务书规定的任务。② 尊敬师长、团结互助,虚心接受教师及有关工程技术人员的检查和指导,定期向指导教师汇报毕业综合训练工作进度、工作设想,听取指导教师的意见和指导。③ 独立完成规定的工作任务,充分发挥主动性和创造性,实事求是,不弄虚作假,不抄袭别人的成果。④ 严格遵守纪律,在指定地点进行毕业综合训练。因事、因病离岗,应事先向指导教师请假,否则作为旷课处理。通过随机抽查等方式,严格考勤,并将考勤结果与答辩资格、毕业综合训练成绩等挂钩。⑤ 毕业综合训练成绩合格是毕业生的基本要求,毕业综合训练成绩"不及格"者不得毕业。⑥ 节约材料,爱护仪器设备,严格遵守操作规程及实验室有关规章制度。为确保安全,离开工作现场时必须及时关闭电源、水源。⑦ 热爱劳动,定期打扫卫生,保持良好的工作环境。⑧ 毕业综合训练须符合一定的成果要求及撰写要求,否则不能取得答辩资格。⑨ 毕业综合训练成果、资料应及时交指导教师收存,学生对设计内容中涉及的有关技术资料应负有保密责任,未经许可不能擅自对外交流或转让,并协助做好材料归档工作。经指导教师推荐可作为论文发表。

9.2.3 学习重点

毕业综合训练教学环节具有一定的系统性,重点环节主要包括以下几个方面:

1) 课题分析:学生要求针对教师给定的任务书,对课题进行分析,确定毕业综合训练的目标和成果要求。

2) 构思方案:在教师的指导下,针对毕业综合训练目标和成果要求,构思达到毕业综合训练目标的设计方案,根据课题的不同,设计方案可能是结构设计方案、工艺方案、控制系统设计方案或仿真分析的流程等。

3) 确定方案:一个毕业综合训练题目,学生构思的可能的设计方案会有多种,教师要指导学生分析、对比不同的设计方案,并帮助学生选择确定最终的设计方案。

4) 分析计算:根据确定的设计方案,在详细设计过程中,运用所学的理论知识、计算的方法确定相关的结构参数、工艺参数和控制参数。

5) 绘制设计图样:将确定的结构设计方案,细化规范的设计图样是一项需要严谨、细致的工作。学生要充分运用所学的机械制图、画法几何、互换性与技术测量基础、机械加工工艺等课程的要求,正确、规范地绘制相关设计图样。

6) 机械加工训练:根据设计图样,运用各种机械加工技术,在指导教师的指导下,进行零件的实际机械加工训练,并开展产品的装配。

7）实验验证：毕业综合训练中如果需要开展相关的实验进行验证，则实验方案的设计也是一个学习的重点。

8）毕业综合训练说明书撰写：在毕业综合训练主要工作内容完成的基础上，整理出自己的设计思路、方案比较确定的过程、详细设计中的计算分析过程、加工工艺分析、实验验证过程、实验数据分析、仿真流程、仿真结果分析过程，并写成毕业综合训练的说明书。

9.3 毕业综合训练的教学分析

9.3.1 教学工作过程分析

毕业综合训练教学主要包括以下工作过程。

1. 毕业综合训练的选题、任务书下达

（1）毕业综合训练选题

毕业综合训练应以工程实际问题为主，涵盖产品需求分析、机械设计、机械加工工艺、数字化仿真或试验等主要专业内容。

（2）毕业综合训练课题的选定原则

课题的选择必须符合本专业的培养目标及教学基本要求。体现本专业基本训练内容，使学生受到综合、全面的锻炼；课题的选择应尽可能结合社会需求、生产实践、科研工作和实验室建设任务，促进教学、科研、生产的有机结合；课题的选择应贯彻因材施教的原则，既要注重对学生基本能力的训练，又要充分发挥学生的积极性与创造性，使学生在已有知识与能力的基础上有较大的提高；课题的选择应力求有益于学生综合运用所学的理论知识与技能，有利于培养学生的独立工作能力，鼓励学生选择跨学科课题；课题的工作量和难易程度要适当，使学生在指导教师的指导下经过努力能够完成。下列情况的课题不宜安排学生做毕业综合训练：① 课题偏离本专业所学基本知识；② 课题范围过专过窄或课题内容简单，达不到综合训练的目的；③ 属本专业难以胜任的高新技术；④ 毕业综合训练期间难以完成或不能取得阶段性成果。

（3）选题、审题的工作程序及规范化要求

毕业综合训练课题一般由指导教师提出，并填写“毕业综合训练选题审批表”，陈述课题来源，说明其意义、目的、要求、主要内容、工作难点及进行课题具备的条件，经专业主任审批。学生在外单位进行毕业综合训练，可由外单位拟订课题，校内指导教师按照关于学生在企业开展毕业综合训练的有关规定办理相关手续。对学生提出的课题，若符合教学要求，有特色且条件允许，经专业主任审查后，可予以支持和安排。选题、审题工作应于毕业综合训练前一学期落实到学生，以便学生及早考虑和准备。任务书应在毕业综合训练开始前发给学生。

（4）毕业综合训练任务书的填写与下达要求

“毕业综合训练任务书”应由指导教师根据各课题的具体情况以及本专业毕业综合训练教学大纲填写，经学生所在专业的负责人审批后生效，并于毕业综合训练开始前一周内发给学生。任务书中除布置整体工作内容，提供必要的资料、数据外，应提出明确的技术要求和量化的工作要求。由多个学生共同完成的课题，应参照“毕业综合训练选题审题表”中的内容，明确毕业综合训练学生须各自独立完成的工作。任务书内容必须按有关要求用黑墨水笔工整书写或按统一设计的电子文档标准格式打印，不得随便涂改或潦草书写，禁止打印在其他纸上后剪贴。任务书一经审定，指导教师不得随意更改，如因特殊情况需变更，应提出书面报告说明变更原因，经所在专业主任同意批准。

2. 毕业综合训练方案指导

毕业综合训练教学实行指导教师负责制。每个指导教师应对所指导学生的整个毕业综合训练阶段的教学活动全面负责。指导教师要在与学生共同制订毕业综合训练进度计划的基础上，重点在设计方案形成和决策、机械加工工艺编制和操作的过程中要加强指导。

3. 毕业综合训练的评阅与答辩

（1）毕业综合训练的评阅

学生毕业综合训练完成后，除了指导教师对其毕业综合训练总结报告进行评阅，写出评语外，还应由答辩组一名教师担任评阅工作（指导教师不担任所指导学生的论文评阅教师），写出评语。答辩组评阅教师在答辩前，应根据课题涉及的内容和要求，以相关的基本概念、基本理论为主，准备好不同难度的问题，供答辩中提问选用。

（2）毕业综合训练的答辩

毕业综合训练完成后学生必须进行答辩，答辩应按照毕业综合训练规范化要求的审核合格后进行。成立毕业综合训练领导小组、专业设立毕业综合训练答辩小组，答辩领导小组成员应由相当讲师以上职称，并有较强的业务能力和工作能力的人员担任，以3~5人为宜，综合训练答辩小组可以请企业技术负责人参加。答辩工作开始前，答辩小组应组织对学生完成的图样、机械加工实物、电子版资料等进行验收，对报告进行评阅。报告的评阅由指导教师与评阅教师分别进行。指导教师对学生整个毕业综合训练中的工作态度、工作能力、成果的水平进行全面评价；评阅人着重评阅成果的质量与水平。评阅结束应写出书面意见，同时答辩小组应根据课题涉及的内容及要求，以相关的基本概念、基本理论为主，准备好不同难度的问题，拟在答辩时进行提问。注意控制学生介绍训练内容、成果的时间，重点在教师提问及学生答辩环节。答辩结束后，答辩小组对学生的毕业综合训练答辩情况进行书面评价并签字。

4. 毕业综合训练成绩评定

毕业综合训练的成绩评定应以学生完成工作任务的情况、成果的水平、独立工作的能力、创新精神、工作态度和工作作风以及答辩情况为依据。要排除各种感情因素的干扰，更不应凭以往的成绩或指导教师的水平来决定学生的成绩。

毕业综合训练成绩一般采用五级记分（优秀、良好、中等、及格、不及格）和评语相结合。成绩的评定采用三级评分制，即由指导教师、评阅教师和答辩小组分别评定成绩，应设置三级评分占总成绩的比例，然后再加权求和后折算。

成绩评定必须坚持标准，从严要求。相应等级的评分标准如下：

1）优秀：按期圆满完成任务书规定的任务，并在某些方面有独特的见解与创造；设计报告（论文）立论正确，内容完整，计算与分析论证可靠、严密，结论合理；零件加工质量全部合格；综合训练总结报告文字条理清楚、书写工整；图样符合规范，质量高；独立工作能力强；答辩时概念清楚，对主要问题回答正确、深入。

2）良好：能较圆满完成任务书规定的任务，设计报告立论正确、内容完整，计算与分析论证基本正确，结论合理；零件加工质量合格率超过80%；综合训练总结报告文字条理清楚、书写工整、图样符合规范，质量较高；有一定的独立工作能力；答辩时概念清楚，回答问题基本正确。

3）中等：完成任务书规定的任务，设计报告内容基本完整，计算与论证无原则性错误，结论基本合理；零件加工质量合格率超过70%；综合训练总结报告、图样质量一般；文档基本齐全，基本符合规范；有一定的工作能力；答辩能回答所提出的主要问题且基本正确。

4）及格：基本完成任务书规定的任务；零件加工质量合格率超过60%；设计报告质量一般，并存在个别原则性错误；综合训练总结报告、图样不够完整；答辩时讲述不够清楚，回答问题有不确切之处或存在若干错误。

5）不及格：未完成任务书规定的任务；零件加工质量合格率小于60%；综合训练总结报告有较多错误；说明书、图样质量较差；答辩时概念不清。

9.3.2 教学的能力目标

毕业综合训练的基本教学目的是培养学生综合运用所学的基本理论、专业知识和基本技能，分析与解决工程实际问题的能力和初步科学研究的能力，在实践中实现知识与能力的深化与升华，掌握毕业综合训练的教学过程，初步形成经济、环境、市场、管理等大工程意识，养成学生严肃认真的科学态度和严谨求实的工作作风。

1. 教学基本要求

根据毕业综合训练中所选课题的不同，能力目标也有所区别，但应达到以下基本要求：培养学生的工程设计能力，主要包括设计、计算及绘图能力；培养学生初步的科学研究能力，主要包括实验、测试、数据处理及分析能力，初步掌握科学研究的基本方法；培养学生创新能力和创新精神。

2. 教学过程中的能力培养的主要目标

能力培养的主要目标有：调查研究以及资料、信息的获取、分析、综合能力；综合运用专业理论知识，分析解决实际问题的能力，定性、定量相结合的独立研究与论证能力，加工工艺的编制与机械加工机床、工具的实际操作能力，实验方案的制订，仪器设备的选用、安装、调试及实验数据的测试、采集与分析处理的能力，在设计过程中使用计算机的能力（包括信息检索、计算、绘图、数据处理、基本软件应用等），运用多媒体技术的能力（文字、图像、描述问题等），撰写毕业综合训练总结报告的能力。

3. 毕业综合训练的成果要求

毕业综合训练的成果要求包括：① 查阅一定数量的文献（含教师的推荐文献），一般可以规定文献篇数，并可规定近几年的文献所占的比例；② 完成开题报告，开题报告包括工作任务分析、调研报告或文献综述、方案拟订与分析以及实施计划等；③ 毕业综合训练总结报告的摘要在一定字数以内，外文摘要在一定数量的实词以内；④ 图样、实物及综合训练总结报告要求可以根据实际情况，规定设计工程图样的数量、毕业生自己实际机械加工的零件的数量，满足综合训练总结报告的最少字数要求。

4. 指导老师的要求

毕业综合训练实行指导教师负责制。每个指导教师应对所指导学生的整个毕业综合训练阶段的教学活动全面负责。指导教师应为人师表、教书育人,同时对学生严格要求。应始终坚持把对学生的培养放在第一位,避免出现重使用、轻培养现象。指导教师要重视对学生独立工作能力、分析解决问题能力的培养以及设计思想、基本研究方法的指导,应着重启发引导,注意调动学生的主动性、积极性和创造性。

5. 教学管理的要求

毕业综合训练的组织管理工作应规范化、制度化,主要包括以下环节:① 毕业综合训练动员。各专业在毕业综合训练开始前必须进行毕业综合训练的工作动员,组织学习学校制订的有关本专业毕业综合训练工作条例、毕业综合训练工作细则,明确职责及要求。② 毕业综合训练检查。检查分前期、中期、后期三个阶段进行:a. 前期:着重检查指导教师到岗情况、课题安排落实情况、开题工作落实和进展情况、课题进行所必需的条件是否具备、任务书填写是否符合要求、各注意事项是否下达到每个学生。b. 中期:着重检查学风、工作进度、教师指导情况及毕业综合训练工作中存在的困难和问题,并采取有效措施解决存在的问题。指导教师可通过中期检查对学生进行阶段考核,应有书面检查记录,并将检查情况、优秀学生及表现较差的学生名单及处理意见向专业主任汇报。c. 后期:答辩前各专业应对学生进行答辩资格审查。根据任务书的要求,检查学生完成工作任务情况,组织对毕业综合训练的软、硬件成果及文字材料的形式进行验收,检查指导教师及评阅教师对毕业综合训练评语的填写情况。③ 毕业综合训练总结。毕业综合训练结束后,专业必须认真写出书面总结。总结内容包括:毕业综合训练基本情况统计,执行毕业综合训练工作细则情况,提高毕业综合训练质量的做法;对毕业综合训练工作的意见和建议;存在问题及改进措施等。毕业综合训练总结与学生毕业综合训练成绩同时交学院。④ 毕业综合训练资料保存。根据学校教务管理部门的统一要求,对学生毕业综合训练的全部资料实行分班统一保存,保存期五年。答辩结束后,专业或答辩小组审查成绩评定情况,并在规定答辩后的两天内将学生成绩和毕业综合训练资料(含电子资料)交资料室归档。

9.3.3 教学重点分析

毕业综合训练的主要目的是提高学生的问题解决能力,培养学生的创新意识和思维,因此毕业综合训练的教学重点在于指导学生针对某一类机械加工工艺问题,构思解决问题的思路和途径,综合判断不同方案的优劣,选择较好解决方法,并能够具体实施选定的解决方法,使问题得到最终解决这一过程的训练。不同方案的构思、关键工艺的实施是毕业综合训练中两个重要的教学环节。

9.3.4 教学难点分析

教学难点在于如何指导学生在熟悉课题要求、调研、实习、查阅文献等基础上,形成毕业综合训练的结构设计方案和关键零件的加工工艺方案。

毕业综合训练阶段的教学难点在于指导学生构思并确定设计方案。根据毕业综合训练课题确定设计方案是毕业综合训练的核心环节。设计方案的优劣反映了毕业综合训练的水平和质量。对于机械类的毕业综合训练课题,设计方案主要包括结构设计方案(单纯机械类课题)和控制系统(机电结合类课题)方案。

设计方案要在深入分析课题的要求、全面了解目前的研究与应用现状的基础上,综合应用所学的力学、工程材料技术基础、机械设计基础、机械加工技术、控制工程基础等理论知识才能产生。构思设计方案阶段是一个具有发散性思维、创造性思维的思考过程,可以针对设计课题,构思出多种毕业综合训练的结构和控制方案。教学的难点体现在指导学生如何综合运用知识,指导学生掌握先进加工工艺技术和操作方法,指导学生进行方案比较,在诸多设计方案的基础上形成的最终的设计方案,方案比较的过程也是一个逐渐深化对方案的优缺点的认识过程,也是一个需要开展讨论、研究、对比、分析的过程。

9.4 基于问题解决的毕业综合训练教学设计

9.4.1 问题解决教学法的应用

将问题解决教学法应用于毕业综合训练教学主要流程如下。

1. 明确并陈述毕业综合训练的教学目标

由于机械加工工艺类工程问题的复杂性决定了学生问题解决能力的形成与发展的长期性,所以基于问题解决的毕业综合训练的教学目标应该具有整体性和连续性。整体性体现在机械类产品的结构设计、机械加工工艺分析、加工工艺实现等方面能力培养的系统性。连续性体现在机械加工工艺技术能力培养是一个设计和操作训练由简单到复杂,训练范围可以不断扩展的连续过程。毕业综合训练要明确总体目标和阶段性目标。

2. 分析毕业综合训练的学习任务

由于问题解决及其学习、教学具有一定的复杂性基于问题解决的毕业综合训练的任务分析包括如下几个步骤:① 确定学生的已有知识和能力基础,如已修过的课程,已经做好的工程训练,已将掌握的设计及仿真软件工具等。② 分析毕业综合训练所涉及的各种知识和问题解决过程。③ 分析机械加工工艺类知识的组织结构与问题图式。机械加工工艺类知识的组织性质是问题表征和知觉模式的基础,决定着机械加工工艺类问题表征的质量,进而决定学生进一步思维与学习的效能。围绕原理或基本概念组织机械加工工艺类工程问题图式,每一工程问题的问题图式都包含陈述性知识、程序性知识及典型的问题情境的特征要素;理清问题图式是一种学生可用以组织相关知识专业以便应用的有效方式。因此,在分析学生的原有知识、毕业综合训练任务时,应特别注意知识的结构性,关注问题图式的形成与发展。

3. 选择毕业综合训练的教学策略与媒体

改进毕业综合训练问题解决成分与过程的方法,促进知识整合,为了帮助学生形成层级知识结构应通盘考虑毕业综合训练的教学过程,加强促进知识之间联系的教学。从以下几个方面帮助学生成为更好的问题解决者:① 利用社会交互作用。鼓励学生在毕业综合训练期间互相讨论与分析问题,以增加理解,促进知识的迁移。② 机械加工工艺操作训练,将工艺实现问题嵌入真实的机械加工任务情境之中,可显著提高问题解决能力。③ 鼓励学生在毕业综合训练中发现问题,并指导学生运用所学专业知识界定问题。④ 在毕业综合训练的设计方案形成和工艺实施的两个重要阶段,教师应针对学生遇到的具体问题,给予支持。

4. 毕业综合训练的评价

如何证明学生是否实现了毕业综合训练预期的理解性学习目标? 这是在教学实施前必须明确的问题。教师应根据已确定的理解性学习目标、学习的不同内容和不同阶段、学生的理解能力和接受水平,确定评价的系列标准和方式。评价标准要能反映出所评价内容的深度和广度。评价毕业综合训练的主要形式是答辩。

9.4.2　教学方案

毕业综合训练的教学方案要求指导教师根据毕业综合训练的要求对教学过程进行计划安排,是教师实施教学的依据。毕业综合训练的教学方案体现在下达给学生的毕业综合训练任务书上。主要内容包括训练课题名称、训练起止时间、教学目的与要求、要求的教学条件、具体成果的质量与数量要求、各项分任务完成的时间节点要求等。

9.4.3　教学实施

毕业综合训练的教学实施要通过一个完整的教学案例来体现。毕业综合训练教学实施过程主要包括:选择训练课题,填写毕业综合训练任务书,并与学生交流毕业综合训练的任务要求;审定学生拟订的设计(实验)方案和开题报告,定期检查学生的工作进度和质量,与学生进行讨论交流,进行答疑指导;指导学生正确撰写阶段性报告并认真批阅;到机械加工现场指导学生进行加工工艺编制和机械加工操作;毕业综合训练结束阶段,按毕业综合训练的成果要求及总结报告撰写要求检查学生的工作完成情况,对学生进行答辩资格预审,评阅学生的报告并写出书面评阅意见;参加毕业综合训练答辩;指导学生做好毕业综合训练的业务总结,并根据学生的工作态度、工作能力、报告质量写出考核评语;收齐学生毕业综合训练的全部资料、成果,并在资料袋上列出清单,按学校要求整理归档。

本章将通过容积式泵的结构设计与机械加工工艺作为案例,结合基于工作过程系统化的思想,介绍毕业综合训练的实施过程。

9.4.4　教学案例

容积式液压泵广泛应用于机床、工程机械、汽车、船舶等行业。下面以容积式液压泵设计制造综合训练指导为例,简要介绍以容积式液压泵为毕业综合训练题目的主要内容。通过三个项目的训练,使本科中职师资掌握毕业综合训练的教学过程和教学方法。本课题含三个项目,内容有重叠也有扩展,难度逐渐增大。每个项目都涉及机械设计指导、机械加工指导、设计加工一体化指导内容,如图9.1所示。

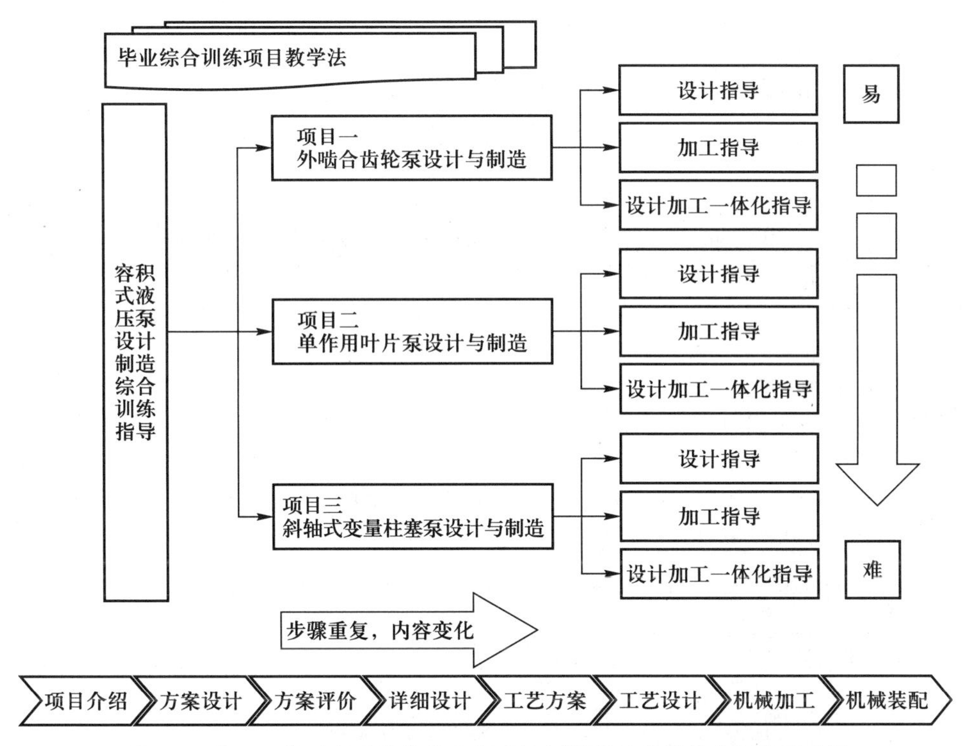

图 9.1 基于工作过程系统化的容积式液压泵设计指导综合训练示意图

1. 毕业综合训练中设计方面的指导

毕业综合训练中的设计指导主要内容有：① 根据具体项目任务，分析产品结构功能要求，指导学生运用机械原理、机械设计等基础知识，设计产品的机械结构方案；② 指导学生根据力学、数学基本理论进行有关设计计算；③ 指导学生对不同结构方案进行比较分析，最终确定结构设计方案；④ 指导学生开展详细设计，做到图面表达正确、规范；⑤ 指导学生掌握相关设计工具软件、设计手册、设计资料的使用方法。

面向工作过程系统化的毕业综合训练中设计内容的递进关系如图 9.2 所示。

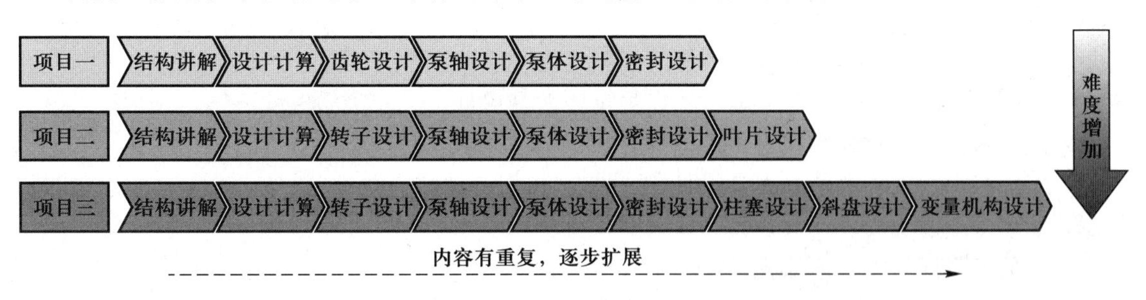

图 9.2 基于工作过程系统化的综合训练设计内容的递进关系

2. 毕业综合训练机械加工方面的指导

毕业综合训练中的加工指导主要内容有：① 指导学生编制零件加工工艺；② 指导学生熟悉机械加工精度的测量和保证方法；③ 指导学生正确操作机床和其他常用工具。

面向工作过程系统化的毕业综合训练中加工内容的递进关系如图 9.3 所示。

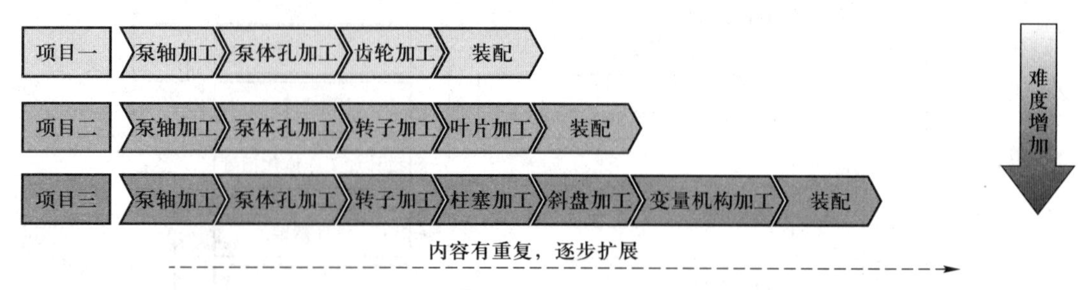

图 9.3　基于工作过程系统化的综合训练设计内容的递进关系

3. 毕业综合训练中设计与加工一体化方面的指导

毕业综合训练中的设计与加工一体化指导主要内容有：① 指导学生学会零件和产品的 CAD 建模方法；② 指导学生学会 MasterCAM 等软件，根据 CAD 数据生成数控加工指令的方法；③ 指导学生根据产品三维装配图，规划产品的装配顺序。面向工作过程系统化的毕业综合训练中设计加工一体化内容的递进关系如图 9.4 所示。

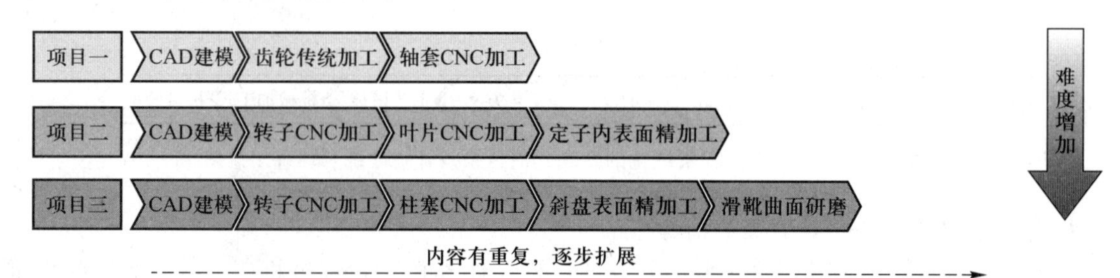

图 9.4　面向工作过程系统化的综合训练设计内容的递进关系

附：机械工艺技术方面的毕业综合训练项目选题

1. CA6140 型铝活塞的机械加工工艺设计及夹具设计
2. 减速机机壳的加工工艺规程及数控编程
3. 数控车床主轴和箱体加工编程
4. 立式升降台铣床拨叉壳体工艺规程制订
5. X62W 铣床主轴机械加工工艺规程与钻床夹具设计
6. 电动阀门装置及数控加工工艺的设计
7. 零件的工艺规程及钻孔夹具设计
8. 回转盘工艺规程设计及镗孔工序夹具设计
9. 支承套零件加工工艺编程及夹具
10. T611 镗床主轴箱传动设计及尾柱设计
11. XQB 小型泥浆泵的结构设计
12. C6140 车床齿轮零件工艺与夹具设计
13. CA6140 车床拨叉-卡具设计
14. CA6140 车床拨叉工艺工装设计

15. CA6140 车床后托架加工工艺及夹具设计
16. 连杆零件加工工艺规程及专用钻床夹具的设计
17. “车床拨叉”零件的机械加工工艺及工艺设备的设计
18. 支承套零件加工工艺编程及夹具的设计
19. 中心对称型凸台零件的数控编程及加工
20. 板类零件工艺规程设计及数控编程
21. 单级锥齿轮减速器的设计制造
22. 工业机器人机械手的设计
23. 机床主轴设计
24. 支承套零件工艺与夹具设计
25. 齿轮泵后盖加工工艺与编程
26. 齿轮油泵零件的三维设计和工艺设计
27. 数控磨床的设计
28. 基于 UGS 技术的齿轮油泵的设计

复习思考题

9.1　简述毕业综合训练的特点。
9.2　简述毕业综合训练在专业培养体系中的地位和作用。
9.3　简述对毕业综合训练的具体学习要求。
9.4　简述对毕业综合训练的教学要求。
9.5　列举如何在毕业综合训练指导中进行多种教学方法的融合。
9.6　结合某一毕业综合训练课题,阐述如何进行教学准备。
9.7　如何在毕业综合训练中实现对学生分析问题、解决问题能力的培养和锻炼?

附录　职业教育教学方法概述

附录1　案例教学法

从1870年美国哈佛大学法学院院长克里斯托弗·哥伦布·郎代尔(Christopher Clumbers Langdell)提出案例教学法至今,案例教学法以其能激发学生学习主动性,培养学生认识问题、分析问题、解决问题能力等特点在职业教育中得以广泛应用。

所谓案例教学法,也叫实例教学法或个案教学法,是指在教学过程中打破传统的由教师讲授为主的教学模式,在教师指导下,根据教学目标和教学内容需要,采用案例组织学生进行学习、研究、锻炼能力的方法。它能创设一个良好宽松的教学实践情景,把真实的典型问题展现在学生面前,让他们设身处地去思考、去分析、去讨论,对于激发学生的学习积极性,培养创造能力及分析、解决问题的能力极有益处。实施过程:选择案例、讨论案例、评价案例。

1. 理论基础——建构主义学习理论

20世纪五六十年代,日内瓦学派创始人、认知心理学家皮亚杰(J. Piaget)提出人的认知并不是外在被动的、简单的反映,而是一种以已有知识和经验为基础的主动建构活动,即认知的建构主义观点。建构主义学习理论一改过去行为主义学习理论把学习者作为知识灌输对象,学习过程作为刺激—反应的观点,认为学习是在一定的社会文化背景下,借助其他人(包括教师和学习伙伴)的帮助,通过人际间的协作活动而实现的意义建构过程。建构主义学习理论的核心是在教师辅助和指导下,以学生为中心,强调学生对知识的主动探索、主动发现和对所学知识意义的主动建构。

2. 具体教法

在甄选好案例之后,必须通过一系列教学环节付诸实施,才能达到案例教学的效果和目的。案例教学最常用的是课堂讨论法。在课堂讨论中,学生是主角。教师发挥讨论的主导作用,启发、诱导学生的讨论,将其引向深入。教师在讨论中应随时记录学生中产生的疑问和思维中的闪光点。

具体实施案例教学,大致可按如下四个阶段进行:

1) 展示案例,教师诱导,设疑激趣;

2) 积极引导,学生自主,大胆议论;

3) 教师点评,及时讲解,总结归纳;

4) 结合理论,联系实际,案例演练。

3. 应用——以企业管理为例

在讲授到外部环境对企业经营的影响时,针对学生没有实际企业工作经验,对宏观环境的知识了解也不深,如果按传统的方法讲述内容,收到的效果往往不理想。而通过如下步骤进行案例教学后则大有改观。

1）案例介绍：福特汽车公司对艾迪雪中档车的决策；

2）原因分析：导致艾迪雪计划失败的原因是什么呢？

3）案例讨论：经过充分讨论，学生找出几个方面的影响因素。

应用中应注意的问题：

1）注意充分调动全体学生的参与；

2）要选取恰当的案例；

3）认真组织案例讨论；

4）对学生的讨论多鼓励。

附录 2　项目教学法

德国职业教育项目教学法是双元制职业教育中最为典型的以学生为中心、以培养学生的独立工作能力为主要目标的教学方法，对比我国现行职业教育教学模式，推行以行动为导向的项目教学法作为职业教育教学改革的核心将会具有积极的现实意义。

1. 理论基础——建构主义学习理论

项目教学法起源于美国，在美国教育家凯兹和加拿大教育家查德合著的《项目教学法》一书中最早出现了“项目教学法”这一理念。它最初的含义是“知识可以在一定的条件下自主建构获得；学习是信息与知识、技能与行为、态度与价值观等方面的长进；教育是满足长进需要的有意识、有系统、有组织的持续交流活动”。项目教学法，实质上就是一种基于建构主义学习理论的探究性学习模式，就是在真实情境中借助教师的指导，学生进行自主探究，并与同学广泛交流，不断地解决疑难问题，从而完成对知识的意义建构。

2. 具体教法

1）项目课题：通常由教师提出一个或几个项目课题设想，然后同学生一起讨论，最终确定项目的目标和任务。

2）确定目标和计划：由学生制订项目工作计划，确定工作步骤和程序，并最终得到教师的认可。

3）准备工作：师生在准备时间内依据项目课题，搜集信息、获得重要的工作资料，安排参观、考察，同项目负责人取得联系、进行商榷等，因为在这个过程中项目的组织形式和内容可能发生变化。

4）项目执行：该步骤是主要工作，学生确定各自在小组中的分工以及小组成员合作的形式，然后按照已经确立的工作步骤和程序进行工作。

5）项目汇总：教师在项目结题时指出学生作品中值得大家学习和借鉴的地方，同时指出学生在创作过程中出现的问题，总结成功的经验和失败的原因，鼓励学生们采用多种方法完成项目，对没完成或完成得不成功的学生让他们课后继续完成作品。

6）项目评估：项目评估是对项目结果的检验，以提高项目的质量。先由学生对自己的工作结果进行自我评估，再由教师进行检查评分。

3. 应用

项目教学法是行为引导型教学方法中的一种。在整个教学过程中既发挥了教师的主导作用又体现了学生的主体作用,使课堂教学的质量和效率得到大幅度的提高。

1）准备阶段,强调了问题定向、情境化学习；

2）实施阶段,实现了探究导向、小组协作学习；

3）总结与评价阶段,体现了多功能、多主体评价方式。

但在具体使用时还应重点注意项目的选择与教材的处理。

1）项目的选取是学习的关键。选取项目要以教学的内容为依据,可大可小,既要包含基本的教学知识点,又能调动学生解决问题的积极性,让学生既能运用学过的知识,又可以创造发挥。教师和学生可以共同参与项目的选取。作为教师对知识点进行讲解的实例,所选取的项目必须简单和典型,以此实例作为学生初始学习的例子,便于学生对知识的迁移;另外一个项目要有一定的难度,可促使学生学习和运用新的知识、技能,解决过去从未遇到过的实际问题。

2）教材是一个问题。由于现行的教材基本根据学科知识系统进行编写,教师实施项目教学法时,不能够完全按照教材一章一节地讲授,所以要求教师在设计教学时,必须重点选好示范项目,紧密结合教材内容,适当编写讲义,甚至编写教材。

附录3　行为导向教学法

行为导向教学(handlungsorientierte method)指全面的和学生积极参与的教学。在课堂上,由教师和学生共同决定要完成的行为产品引导着教学过程。这种教学是以职业活动为导向,以人的发展为本位(能力本位)的教学。它整个教学过程是一个包括获取信息、制订计划、做出决定、实施工作计划、控制质量、评定工作成绩等环节的一个完整的行为模式。德国T·特拉姆认为:“行为导向是一种指导思想,旨在培养学习者将来具备自我判断能力,懂行和负责的行为。”

1. 理论基础——行为导向

行为导向(handlungsorientierung),又为实践导向,或者行动导向,是20世纪80年代以来世界职业教育教学论中出现的一种新的思潮。行为导向教学法不是一种具体的教学方法,而是各种以能力为本的教学方法的统称。

2. 具体教法

行为导向理论在教学实践中形成如下常用教学法:

1）大脑风暴教学:在职业教学中,教师和学生可通过大脑风暴教学,讨论和收集解决实际问题的建议。大脑风暴教学实施的教学过程如下:确定议题—分组讨论—提出设想—整理记录—总结评价。

2）张贴板教学:张贴板教学是在张贴板上贴上由学生或老师填写的有关讨论或教学内容的卡通纸片,通过添加、移动、拿掉或更换卡通纸片进行讨论,得出结论的研讨型教学。张贴板教学是以学生为中心的教学方式,主要用于:① 制订工作计划;② 收集解决问题的建议;③ 讨论和做出决定;④ 收集和界定问题;⑤ 征求意见。张贴板教学实施的教学过程如下:开题—收集意见—加工整理—总结归类。

3）案例教学:通过一个具体教育情境的描述,引导学生对这些特殊情境进行讨论的教学方式。案例教学是在针对解决问题和决策的行为环境中形成职业行为能力的一种方法。它特别适用于课堂上对实际职业实践中出现的问题进行分析。案例教学适用范围:① 理解并掌握某一理论的原理或基本概念;② 了解实践中有关的典型事例;③ 领会某些理论观念及道德两难的问题;④ 掌握某些教学或管理策略。案例教学实施的教学过程如下:案例介绍—研讨和决定(解决方法)—结果展示—整理归类—总结评价。

4）角色扮演:角色扮演主要是应学习的需要,让学生扮演一些角色,亲身体验角色的心理、态度、情境等,从而使学生了解学习的要求。根据不同的教学目的和表演形式,角式扮演可以有以下不同的类型:① 冲突式角色扮演;② 模拟式角色扮演;③ 决策式角色扮演;④“乌托邦”式角色扮演;⑤ 政治戏剧式角色扮演。角色扮演教学实施的教学过程如下:提供信息—角色扮演—组织讨论—成果评定—总结推广。

5）项目教学:项目教学是将一个相对独立的任务项目交给学生独立完成,从信息的收集、方案的设计与实施到最后的评价,都由学生具体负责;教师起到咨询、指导与解答疑难的作用;通过一个个项目的实施,使所有学生能够了解和把握完成项目的每一环节的基本要求与整个过程的重点难点。项目教学常用于某些综合课题的教学,具有理论和实践技能相结合,并有一定的应用价值,有明确而具体的成果展示的特点。项目教学实施的教学过程如下:项目任务—收集信息—制订计划—实施计划—检查评估—成果展示—总结推广。

6）引导课文教学:引导课文教学法是借助一种专门的教学文件及引导课文,通过工作计划和自行控制工作过程等手段,引导学生独立学习和工作的项目教学。引导课文教学中,学生从大量技术材料如专业手册,设备的操作、使用、维修说明中,独立制订、完成工作任务的计划,从而获得解决新的、未知问题的能力,并系统地培养学生的“完整行为模式”。引导课文教学实施的教学过程如下:获取信息—制订计划—实施计划—反馈控制—评定结果。

7）模拟教学:模拟教学是一种以教学手段和教学环境为目标导向的行为引导型教学模式。模拟教学分为模拟设备与模拟情境教学两大类:① 模拟设备主要是靠模拟设备作为教学的支撑。② 情境教学主要是根据专业学习要求,模拟一个社会场景,在这些场景中具有与实际相同的功能及工作过程。模拟教学实施的教学过程如下:提供模拟(设备或情境)—实施过程—组织讨论—成果评定—总结与评定。

3. 应用——以职业教育中电工教学为例

《电工工艺·电工材料·安全用电》是将《电工工艺学》《电工材料》《安全用电》三门电工专业课的内容进行组合,其教学目的是:通过教学,使学生掌握低压电网的组成,掌握照明电路的组成;掌握照明电路的设计、安装、维修;掌握安全用电等电工专业知识和技能。其特点是,既有理论知识要求,又有技能要求。

1）通过模拟教学,让学生参与有意义的任务中。实训结束后,我们根据学生对技能的掌握情况,对学生进行评定。

2）通过案例教学法进行理论教学,将学生在实训得到的实践体验融入理论教学。学完理论课以后,进行闭卷考试,对学生理论知识的掌握情况进行评定。

3）通过项目教学法,一方面促使学生把理论知识与操作技能结合起来,另一方面通过项目的完成过程,培养学生的各方面能力。项目完成以后,教师根据项目的完成情况,进行成绩评定。

4）总评成绩评定方法。按实训分数占30%、理论分数占30%、评估项目的必做题占30%、评估项目的选做题占10%的方法计算后,确定该门功课的成绩。

附录 4　任务驱动教学法

任务驱动教学法是一种建立在建构主义学习理论基础上的教学法，在教学过程中，以完成一个个具体的任务为线索，把教学内容巧妙地隐含在每个任务之中，让学生自己提出问题，并经过思考和教师的点拨，自己解决问题。

1. 理论基础——建构主义学习理论

任务驱动教学法是建立在建构主义理论基础上的众多教学法中的一种。它秉持以解决问题、完成任务为主的多维互动式教学理念，通过布置任务和创设教学情境，让学生带着真实的任务在探索中学习。该教学法不同于其他教学法的最根本的特征是以任务为主线、以教师为主导、以学生为主体，开拓了学生自主学习、协作学习、创造学习的新型学习模式。

2. 具体教法

任务驱动教学的三个环节：

1）前任务（pre-task）——教师引入任务。

2）任务环（task cycle）：

① 任务（task）——学生执行任务；

② 计划（planning）——各组学生准备如何向全班报告任务完成的情况；

③ 报告（reporting）——学生报告任务完成的情况。

3）后任务（post-task）：

学生的任务完成以后，为了检验和促进学生达到预期的目标，发现教学中的问题，要对学生的任务进行评价。评价的内容包括：是否完成了对新知识的理解、把握、熟练应用；学生自主学习的能力；同学间相互协作的能力；创新的能力。评价应以学生在完成任务的过程中是否能够真正地把握新的知识和技能，是否能对新的知识和技能深刻理解和熟练应用为标准。同时评价要非常注重鼓励学生的兴奋点和成就感。

3. 应用——以职业教育中“电子技术基础”为例

1）创设情境、提出任务：在学习任务“整流滤波电路”中创设了这样的学习和工作环境，要求学生观察充电器的构造并说出它的用途，充电器采用的电路是什么。

2）分析任务、明确目标：在学生接受任务后，教师要引导其积极地进行思考，可采取头脑风暴法，让每个学生充分发表意见，理解任务要求，探索完成任务的最佳途径。也可视具体情况把总任务细化为若干子任务，使学生明确目标，保证学习方向和目标。

3）合作小组共同完成任务：为了提高完成任务的实效性，把学生分成合作小组。分组以能力互补为基本原则，结合班级的综合情况及学校的实验条件。一般每组 3~4 人，选定一个人负责。要求学生以学习任务为中心，运用集体智慧，通过讨论提出完成学习任务的最佳预案。可以借助教师提供的相关资料来完善方案。

4）确定方案、解决完成任务：方案实施阶段是一个由完成若干个子任务到总任务的过程，也是一个验证假设的过程。如果学生在实施方案过程中遇到困难和问题，可随时寻求教师的帮助指导。教师应监控整个完成任务的过程，认真观察学生遇到困难问题的反应恰当引导和点拨。

5）展示交流、教师评价：学习成果的展示是激发学生学习的主动性和培养学生分析与判断能力的有效途径。课堂教学中教师在学习任务完成后要组织小组进行成果展示，要求学生展开互评，教师最后进行点评。

附录 5　合作学习教学法

合作学习教学法又称结构式分组教学模式，主要由 Slavin Johnson，D. Johnson，R. Sharan 等人于 20 世纪 70 年代提出，是指教师依据学生的能力、先备知识、性别等相关因素，将学生分成小组的形式进行教学的一种方法。小组成员在小组中彼此相互合作，互相激励，主动积极地参与学习，从中建构自己的知识，不仅达成个人绩效，提高学习效果，也完成整个小组的共同目标。

1. 理论基础——合作学习理论、建构主义思想、主体教育理论、交往动机理论、多元智能理论

合作学习理论：它是 20 世纪 70 年代源于美国的一种学习方式。

建构主义思想：20 世纪 60 年代开始盛行于西方的建构主义思想与传统的赫尔巴特的“三中心”相反，强调学生的主体性，要求学生积极主动地参与教学，在与客观教学环境相互作用的过程中，学习者积极主动地进行知识建构。建构主义思想认为，有效的教学应当引导学生积极、主动地参与学习，应该是使教师与学生、学生与学生之间保持有效互动的过程。

主体教育理论：主体教育关注教育的本质价值。它主张人本教育，反对物本教育；它主张把人培养成为主体，反对把人培养成工具。

交往动机理论：德国哲学家哈贝马斯认为，在教育活动中人与人之间的关系应当是主体与主体之间相互交往的关系，而不是一部分人改造另一部分人的主体改造客体的关系。

多元智能理论：该理论由美国哈佛大学教授、发展心理学家加德纳于 20 世纪 90 年代提出。加德纳认为，人的智能是由七种紧密关联，但又相互独立的智能组成，它们是言语—语言智能、音乐—节奏智能、逻辑—数理智能、视觉—空间智能、身体—动觉智能、自知—自省智能、交往—交流智能。

2. 具体教法

1）分配任务。教师对全班进行引导教学，说明教学的目标与学习的任务。

2）进行分组。依据教材内容、任务的复杂程度等因素决定组别数量及各组人数。通常每组的人数在六个人以下，讨论的效果比较理想。而且应采取异质性的分组，包括学习能力、先备知识、动机等，甚至应考虑性别的差异。

3）小组学习活动。在小组学习当中，包括分配角色以及依教学目标进行学习与讨论。角色分配主要分为支持工作角色与学习工作角色两项，支持工作角色宜平均且轮流分担，学习工作角色则应是每位成员在每次的讨论中都必须参与。

4）小组报告和师生讨论。小组必须向教师及其他小组汇报小组活动成果，并且可以针对学习情形及活动结果，讨论在小组合作的历程中所遭遇的问题、心得体会，以及如何改进和提高。

5）小组学习成就的表扬。这也是合作学习教学法中非常重要的教学策略。表扬学习成就可以激励学生的学习，小组成就的表扬更能激发小组成员的荣誉感及成就感。对于个别学生的表扬，可以根据其进步情况或特殊表现等具体说明。

3. 应用——以高职法律专业为例

1）明确教学目标：合作学习教学的目标是让学生在开放式、探索式的学习过程中更深刻地理解和掌握法律基础知识，学生出勤率高，学习态度踏实，能对深奥的法律知识有更形象和丰富的理解。

2）分配合作小组：合作小组成员以 4 至 6 人为宜，每组设小组组长一名，记录员一名，汇报员一名。合作小组的分配方式包括同组同质、异组异质或者同组异质、异组同质。

3）设计合作方式：

小组情境表演合作学习法的具体步骤为：① 教师讲解相关内容后分配各小组表演任务；② 各小组按照教师分配任务完成表演准备工作，如分配小组成员撰写调解方案，现场模拟调解等；③ 各小组进行职业场景设置律师事务所、法庭、公司、法律服务所等；④ 各小组进行角色人数设定以及分配律师助理、有关当事人、法官、法律服务者等；⑤ 各小组按照案件处置训练步骤分别进行情境案例表演；⑥ 教师分析感知—理解—深化。

小组法律辩论合作学习法：首先，对于学生容易混淆或者存在争议的教学内容，由教师提出问题或者罗列争议的观点，鼓励学生积极思考，教师选定辩论内容并分配各小组任务；其次，小组成员内部分工合作完成小组任务（小组合作分工学习、小组合作讨论学习、小组合作交流学习）；最后，小组成员内部展示学习成效，推选口齿清晰，思维敏捷的辩手代表。

小组知识竞赛合作学习法：将学生进行分组知识竞赛，使学生能逐步熟练运用基本的法学分析技能和相应的法学知识。在知识竞赛中教师能及时发现问题，帮助学生了解技能的含义和运用方式，并通过亲自对技巧运用的展示使学生掌握法学分析基本方法和知识点。

小组交流研讨合作学习法（小组举办讲座合作学习法）：任课教师在课程内容上要密切关注司法改革，及时讲解最新立法动态、相关司法解释，教学进程紧跟国家法制建设，使该课程具有较强的操作性和应用性。

小组集体阅读、观摩影片合作学习法的具体步骤为：① 教师讲解相关内容向各小组推荐法律文学作品和影片；② 各小组自行确定具体的法律文学作品和影片；③ 各小组安排时间进行集中阅读和观摩；④ 合作小组内部之间讨论并交流心得，交流读后感、观后感，还可以在线交流；⑤ 各小组之间讨论并交流读后感、观后感讲演法、反思法。

小组调查访问合作学习法：教师在讲解相关内容后分配，各小组调查访问任务，如采用个别采访、问卷调查、表格调查等形式到学院附近的基层法院、司法所、律师事务所等调查其司法为民的具体措施，访问法院的法官、律师等，并制作一份相关的书面社会实践与调查报告。

附录 6　问题解决教学法

问题解决教学法是美国数学教师协会于 1980 年正式提出。凡是使人不能用自己的已有知识经验直接加以处理并因而作出努力的，都可以称为问题。这种方法要求，教学必须围绕解决问题来组织，应该创设一种问题情境，并把学生引进解决问题的氛围之中。问题解决教学指在教学中从学生的认知规律和实际出发，科学地设计问题，巧妙地提出问题，通过师生的互动，启发学生敢于和善于提问，理论联系实际，围绕教材，而又不拘泥于教材，解决学生认识上的错误和模糊观点，然后得出正确结论的教学方法。

1. 理论基础——现代认知派的问题解决理论、建构主义学习理论

现代认知派对问题解决提出了自己的见解，主要的代表有奥苏伯尔和鲁宾孙的问题解决模式、格拉茨的问题解决模式、基克的问题解决模式，在对试误说、顿悟说和加工理论综合的基础上，使用诸如“认知结构”“图式激活”“问题表征”等术语对问题解决的各阶段进行更深入的描述。

问题解决的学习模式的另一个重要理论依据是建构主义学习理论。建构主义学习理论是行为主义发展到认知主义以后的进一步发展，针对学习与教学提出了许多不同于以往的见解在建构主义学习原理中，建构主义则把问题解决视作经验的重新建构过程。

2. 具体教法

问题解决教学法的教学步骤一般是：① 提出疑问，启发思考；② 边读边议，讨论交流；③ 解决疑难；④ 练习巩固。

1）提出问题，明确思考目标。① 精心设计教学中的提问。② 鼓励学生主动提出问题：a. 预习性提问，主要用以引导学生学会带着问题去学习；b. 课堂总结性提问，主要用来巩固教学重点难点和关键点；c. 发散性提问，扩展学生相关知识。

2）理解问题，思考解决问题的方向和途径。

3）解决问题，得出结论。

4）评价问题，追求完善。

3. 应用——以中职数学教学为例

1）问题的选择与确定：① 问题的选择与确定对教师提出了高要求。② 注意选择与学生的专业课相关的数学应用性问题。③ 从用数学的角度出发，将教材上一些纯数学问题进行改变，变成带有实际背景和应用性的应用题，或将数学问题与社会热点问题结合，帮助学生认识数学在实际生活中的作用，加强他们在实际生活中用数学的意识。

2）问题的提出：问题的提出要注意趣味性与实用性相结合，尽量做到既能引起学生探究问题的兴趣，又能使学生产生学有所用的感悟。

3）问题解决的过程：问题解决教学法主张学生在教师的指导下自主解决问题。教师将问题展示以后，需要将教学内容进行讲解，为学生解决问题进行铺垫，然后要求学生以所学知识自主解决问题。在解决问题的整个过程中，教师要视学生的实际进行问题设问，做出相应的指导。

4）问题解决的评价：评价对学生的学习起检查与激励的作用。评价应侧重于学生应用数学的意识与能力的发展，激发学生对数学的学习产生兴趣。

5）课后的反思：反思是促进教学效果的重要环节。教师不仅需要反思整个教学活动的开展情况与效果，还需要引导学生对解决问题的思路、方法、参与学习活动的表现与效果进行反思。

附录7　情境教学法

情境教学法是指在教学过程中，教师有目的地引入或创设具有一定情绪色彩的、以形象为主体的生动具体的场景，以引起学生一定的态度体验，从而帮助学生理解教材，并使学生的心理机能得到发展的教学方法。情境教学法的核心在于激发学生的情感。

1. 理论基础——建构主义学习理论、情感认知相互作用原理、迁移理论

建构主义学习理论:"在建构主义看来,学习者总是与一定的社会文化背景和情境相联系的。在实际情境下进行学习,可以使学习者利用自己原有认知结构中的有关经验去同化当前学习到的新知识,从而赋予新知识以某种含义。学生在情境化的活动中探究问题,能够主动对知识进行自主理解和意义建构。教师是意义建构的帮助者、促进者,学生不是外部刺激的被动接受者和被灌输的对象,而是信息加工的主体、是意义的主动建构者。

情感认知相互作用原理:个体的情感对认知活动至少有动力、强化、调节三方面的功能。情感的动力功能是指情感对个体认识活动的增进或阻碍的作用,也就是健康积极的个体情感能积极地发动和促进个体的认知活动。

迁移理论:教学过程中,教师要根据新的教学理念和教学的实际创设不同的情境,让学生在学习活动中去发现问题,教师引导学生运用已有知识去分析解决问题,可以获得同化的知识,同时有利于实现能力的迁移。

2. 具体教法

1)明确教学目的、研究教学内容、分析教学内容各教学目标的落实点。

2)了解学生认知状况和生活经历,使用与学生生活实际经验密切相关的教学情境素材。

3)精心设计教学情境,培养学生的综合素质。① 营造问题情境,培养学生思维能力;② 营造实践情境,锻炼学生意志;③ 营造语言情境,陶冶学生情操;④ 营造民主情境,激励学生思考。

3. 应用——以中职护理专业为例

以慢性阻塞性肺疾病(以下称 COPD)为主要教学内容,对照组采用传统教学法,实验组采用情境教学法。教学课时分配:设疑自学 1 学时,概讲解疑 1 学时,情境练习 1 学时,精讲归纳 1 学时,共计 4 学时。具体方法如下:

1)设疑自学:教师根据教学大纲设置一个临床病案,将主要教学内容以病案、医护合作解决问题的形式提出,使学生带着问题自学。

2)概讲解疑:教师在学生自学完成后,提出问题,让学生回答,然后进行归纳和总结,并概略讲授一般内容,指出课程中的重点和难点。

3)情境练习:学生经过自学及教师讲授后,每 4 人 1 组进行情境练习,每名学生分别扮演医生、护士、患者、家属等不同的角色,把病案当中的情境表演出来,并结合基础护理知识进行护理操作。

4)精讲归纳:教师根据学生自习和情境练习的情况,讨论其中出现的问题和教学中的重点、难点,结合临床病案,进行精确讲解,力图使学生了解一些临床病案特点以及实际护理操作的难点,从理性认识到感性认识,再由感性认识到理性认识,不断提高,掌握所学知识,使理论与临床紧密结合。

附录 8 工学整合式教学法

工学整合式实践教学是在工学整合式学习的基础上提出的教学方法,工学整合式学习被西方学者界定为将学习过程与工作过程完全融合的岗位学习,它要求在学校和企业合作的基础上,在企业工作现场创造新的学习环境。为了满足学习者的需要，促进学习者的成长，这种学习应列为学校教学计划的一部分。将学生的岗位工作设计成学习过程是工学整合式实践教学的本质特征。工学整合式实践教学的实施过程按以下四个阶段进行：确定学习目标；确定学习内容；组织学习内容；评价学习成果。

1. 理论基础——建构主义学习理论

工学整合式学习的理论基础是建构主义学习理论。皮亚杰指出：知识既不是客观的东西，也不是主观的东西，而是个体在与环境交互作用的过程中逐渐建构的结果。学生在企业实习过程中，通过参加生产实践活动，与外部环境的企业生产现场“交互作用”，“构建”实践知识和理论知识，实现学习。

2. 具体教法

（1）前期工作

1）“双师型”教师队伍的培养：学习与工作，学生与员工，学校与企业，这些对立的概念要整合在一起并实现无缝对接，前提必须要有一支“双师”素质过硬的教学团队。通过企业访问工程师等形式培养多名实践能力较强的骨干教师，同时通过研修、讨论、集中培训等形式对企业导师进行职教能力、理论素养方面的培养。

2）企业与项目的选择：选择企业和项目，基本要求是企业或者部分组织是知识创造、传递和使用者，项目承担者的文化、生产、知识必须具备复杂性和开放性。

3）资源建设：现阶段企业一般不具备提供完全满足高职高专需要的职场教学条件。因此，有必要本着共建、共管、共享的精神，建立标准的学生生活设施，建立现代培训工作室，配置专业书籍、阅览室、多媒体、投影仪、教学白板等；创设工作、学习一体化工作岗位，开发适合工学整合式学习的教材、课业文本和工作页等。

（2）过程指导与管理

1）专业指导教师：学校专业指导教师会长期进驻企业，负责学生学习期间全过程的专业教学指导工作，负责学生理论教学工作，协助企业导师进行学生专业教育、职业教育工作，全面负责学校、企业、学生常规协调工作，减轻企业管理负担。

2）企业导师：在企业工作场学习期间，企业导师是与学生接触最多、影响最深的一线导师，不但要负责学生工作安全、企业文化、职业素质教育和日常工作管理，更要负责学生各项专业技能、专业实践能力培养与考核，带领学生逐渐融入企业工作团队。

3）学生自治：在实践中，学习型工作主要是项目和任务引导型工作，学生组建成员数不等的实践共同体，共同体既是一个学习组织，也是一个工作组织单元，在导师组织下，为了共同的任务，学生彼此沟通、资源共享、相互学习、相互帮助、相互评价。

4）职业规划师：职业规划师有三个主要任务。一是通过巡视和通信联系，对学生出现的各种职业困惑进行帮助分析、引导、解答；二是根据取得的监控素材和测评结果对学生进行职业规划引导；三是对企业选择和学习项目进行第三方动态评估，为持续改进提供客观建议。

（3）学生档案管理

工学整合式学习是有别于学校课堂学习的职场学习，学习档案内容主要有单位与项目概况、项目进展日记、学生周记、项目技术方案、疑难问题解决方案与过程记录、专题总结报告、现场照片、工作页、各种考核表格记录等。

3. 应用——以卫校病例专业为例

1）教师教学内容的准备：教师根据学生现有的知识水平来制订教学大纲、教学目的和病例讨论提纲。病例是实施病例整合式教学法的基础和前提。教师要提前深入病房筛选或通过调阅档案预约合适病例，病例的选择要紧紧围绕既定的教学目的，针对课程特点、学生的知识结构和接受能力，其难易程度应与有关知识相联系，应尽量客观、典型，有代表性、系统性，有助于理解课程所讲内容，要把理论知识有机融合到病例之中。

2）学生教学内容的准备：结肠癌课程内容的学习。上课前一周让学生到医院的相关病房找结肠癌的病人了解病情及查体，搜集病人的所有辅助检查。使学生由理论到实践，由实践到课堂。通过这种病例整合式教学法可以充分调动学生的学习热情，有助于培养学生的创新性思维能力，让学生也参与到教学中来。

3）师生教学活动的实施：在老师的指导下，上课时前半部分由学生代表结合实际病人给同学们讲结肠癌的病因、发病机理、临床表现、检查方法及该病人的治疗经过，在讲到不同患者的病史时，学生可展开讨论，分析结肠癌发病机理、典型的临床表现以及鉴别诊断，从而对本病有更深刻的体会和理解。后半部分由任课老师进行归纳总结及介绍结肠癌的新进展。

4）总结评价教学活动：在每次教学活动结束后，教师都要抽一定的时间进行总结评价，对在教学过程中学生的参与意识、分析思路和讨论结果进行恰当的、客观的评价，充分肯定学生的优点和成绩，指出存在的问题和不足，提出改进的建议和措施。

附录9 功能教学法

功能教学法又叫意念法、交际法或意念—功能交际法，兴起于20世纪70年代的西欧。此法的主要教学思想是根据学生表达交流的观念、思想，选择能够负载那些观念、思想的言语形式和语言规则，即按学生需要取材，由内容决定形式。这种教学法多用于语言教学。

1. 理论基础——功能主义、社会语言学、心理学等

基于功能主义理论的功能教学法起源于20世纪70年代，是由D. A. 威尔金斯和C. G. 亚历山大等人共同设计的一种新兴的外语教学法，在如今众多的外语教学法流派中备受推崇，它以其生动的教学氛围和良好的教学效果为众多外语教学者广为采用，在我国制定的外语教学大纲中也充分体现了功能教学法的重要性。以美国心理学家H. D. Hymes为代表的社会语言学、心理学的发展为功能法提供了理论依据，他们认为语言的社会交际功能是语言最本质的功能。

2. 具体教法

1）选择切合实际需要的教学内容和方式。

2）采用多种方式促进教学过程交际化。

① 创造课堂交际情景下同；

② 使用教学辅助媒体。

3）鼓励学生自觉创造性地使用语言。

3. 应用——以高职旅游英语教学为例

功能教学法比较完美地符合了旅游英语的教学特点，在实际的旅游英语教学中体现为如下具体主张。

（1）选择切合实际需要的教学内容和方式

教学方式应以教学内容为指导，适当减少精读的教学方法，更趋向于灵活多样的听说教学和情景教学，鼓励学生课堂参与，提升教学效果。

（2）采用多种方式促进教学过程交际化

1）创造课堂交际情景：可以让学生对学过的对话或景点介绍进行复述，教师也可以将其中一些关键词汇或句式打乱，让学生自己创造一个语言情景并加以描述。其次，角色扮演也是教学中经常采用的方法之一。再次，组织学生课内讨论或辩论有助于激发学生主动思考和创造性地使用语言的能力。

2）使用教学辅助媒体：首先，最常用的是播放录音录像材料，在听或看的同时进行模仿练习。其次，录像设备的辅助是一项很有效的方法。例如，在学习服务员为客人提供预订房间服务时，可把学生带到实验室模拟训练。教师还可以利用校园网络建立英语“BBS”英语语音聊天室，通过利用学生感兴趣的网络虚拟环境进行英语交流，提高英语的写作能力与口语交际的能力。

（3）鼓励学生自觉创造性地使用语言

在实际的教学中应该注重培养学生不怕犯错，积极运用所学外语知识进行创造性交际的主动性；教师也不要经常打断学生的交谈来纠正其错误，挫伤他们的积极性。

附录 10　渗透性教学法

1. 理论基础——第二语言习得理论

渗透性教学法的理论依据是美国著名语言学家斯蒂芬·克拉申教授在 20 世纪 80 年代中后期提出第二语言习得理论，这个完整的语言学体系是第二语言习得研究领域最大、影响最广的理论。克拉申教授认为，学习者对于母语的“习得”是潜意识发挥主要作用的过程，是注意意识的自然交际的结果，儿童习得母语便是这样的过程。与之相对的是“学习”或“学得”，这是个有意识的过程，即通过课堂教师讲授并辅之以有意识的练习、记忆等活动，达到对所学目标语言的了解和对其语法概念的“掌握”。

2. 具体运用——以高职英语教学为例

1）广泛阅读美文，从文化背景上进行英语知识的渗透：在阅读过程中教师应首先帮助学生挑选优美经典的文章，就是我们常说的不能是稗草，应该是美文。由于学生们课业繁多，时间有限，所以选文非精而又精不可，而且它的篇幅最好是短小精悍的。读有两种方式，一是阅读和默读，二是朗读。二者缺一不可。

2）欣赏英文原版电影，形象生动地进行应用英语的渗透：看英文原版电影的最大好处就是可以锻炼听力。教师在帮助学生选择英文原版电影时需要注意三个方面：一看语言含量是否大，词汇难度是否适合；二看内容是否贴近生活；三看发音是否清晰地道。

3）创造与外国人对话的机会，在实际应用中进行渗透，说是语言的输出或释放过程。从教师的角度出发就应该重视口语课，重视对学生语言输出语言表达能力和勇气的培养，千方百计鼓励学生多与外国人交流。

3. 运用渗透性教学方法的注意事项

1）指导学生制订计划，明确任务：每个学期初就应首先制订计划，明确一学期该完成的任务。

2）帮助学生合理安排好时间：渗透性教学法中的三个方面都会占用学生大量的课余时间。争取做到既不影响课堂知识学习和考试，又能大量地接触英语。

3）教师加强监督，保证学生持之以恒：教师必须做好监督检查工作，使学生能持之以恒，渐渐养成良好的习惯。

附录 11　分层递进教学法

分层递进教学法主要是根据学生不同的情况将学生分为不同的层次，并根据学生的分层标准制订分层教学目标。在进行课堂教学时就可以采取班级、层次、个人三结合的教学形式来进行，在整个教学程序上就可以根据具体的情况设置教学环节，另外教学内容以及施教方法也可根据具体的情况进行安排。

1. 理论基础——因材施教理论、掌握学习理论、最近发展区理论

因材施教理论：孔子在长期的教育实践中，创立了人性差异的观念，以“性相近也，习相远也”（《阳货》）作为教育实践的指南，并进而提出了因材施教的教育原则。因材施教的关键是对学生有深刻而全面的了解，准确地掌握学生各方面的特点，然后才能有针对性地进行教育。

掌握学习理论：美国教育家布鲁姆在 20 世纪 60 年代提出的掌握学习理论，强调每个学生都有能力理解和掌握任何教学内容，其关键是教师要提供适当的教学条件，运用恰当的教学方法，使所有的学生都能取得优秀的学习成果。布鲁姆掌握学习的思想：一是教师对所有学生都要有期待心理，教师认为学生能学好，学生就会充满信心，努力学习；二是确定每个单元的教学内容，能用最概括的语言表述出学生要学什么；三是确定掌握学习的目标，制订教学内容与目标行为的双向细目表，本课教学内容有多少知识点，每个知识点掌握到什么程度；四是根据教学目标，准备学生单元学习结束后的测验题目；五是学生学完本单元后进行诊断式形成性测验，了解学生是否掌握所学的教学内容；六是矫正补救，即对学生未掌握的教学内容进行分析，查找原因，采取矫正补救措施，进行教学辅导。

最近发展区理论：著名心理学家维果茨基提出，教学只有走在发展的前面，才能促进学生发展。而分层递进教学正是根据学生学习的可能性将全班学生分为若干层次，并针对不同层次学生的共同特点和基础开展教学活动，使教学目标、教学内容、教学速度以及教学方法更符合学生知识水平和接受能力，符合学生实际学习的可能性。

2. 具体教法

（1）学生分层

我们根据学生的实际情况和学生的自我评价及意愿把一个班的学生分成“虾米”“菜鸟”“大虾”三层，三层分别为基础层、提高层和发展层。需要指出的是对学生分层绝不是给学生贴上标签，主要是便于教师在学习活动中对他们进行干预和影响，做到心中有数。

（2）目标分层

所谓目标分层，就是要承认学生所存在的差异，将原来统得过死的划一性教学目标改为由学生自行选择的弹性目标。根据学生分层，我们大致分为 3 层，即基础性目标、提高性目标、发展性目标。

（3）任务分层

任务分层与目标分层具有相当的一致性。这种任务分层能够适合各层学生的需求，让各层学生都能够尝到成功的快乐，从而调动全体同学的积极性，符合全体发展的教学原则。

（4）教学分层

课堂教学分层就是教师在课堂教学中，既要顾及不同层次学生的学习要求和学习能力，又要顾及各层次学生的掌握程度，开展有差异的各层次学生的教学活动。课堂教学分层的具体做法是分层分类指导与课堂分层练习相结合。针对各层学生的不同特点，一般会采取以下三种不同的教学模式：演示性探究、导向性探究、自主性探究。

（5）评价分层

改变原有的单一评价体系，在坚持承认学生差异性的原则下，给不同学生以不同的评价，同时采取动态评价体系，使学生在学习上对自己既有信心，又能看到不足，因此既有压力，又有动力，不断地促进他们的学习。

3. 应用——以数控技术实训为例

1）数控技术实训教学目标分层。从总体上来说，教师应根据学生的接受能力与实践操作能力，依据数控技术实训教学大纲要求对不同层次的学生制订出分层递进的教学授课计划。把实训教材的训练目标分解成有梯度的、连续的几个模块，如数控机床的认识与基本操作模块、数控编程加工仿真模块、数控车加工实训模块、数控铣加工实训模块、加工中心加工实训模块、数控加工技术顶岗实训模块。每个模块内容由简单到复杂再到综合实训，由精度要求较低到精度要求较高的简单到综合实训。

2）数控技术实训学生分层。在有关实训理论的指导下，制订了分层递进教学的教学模式。A 层次（特长层次）按照数控技术实践教学大纲和国家职业资格标准，注重特长优势的培养和创造性思维的训练，通过实践技能训练，使学生的实践技能水平达到国家职业资格标准高级工的水平；B 层次（普通层次）使学生达到国家资格标准中级工水平以上高级水平以下；C 层次（基础层次）使学生达到国家资格标准的初、中级工水平。

3）数控技术实训分层备课、授课。教师在设计教案时应以 B 层次学生为基点，增加对 A 层次学生的提高要求和对 C 层次学生的补差要求。这样在理论和实习教学中既能面向全体学生，又能兼顾“提优”“补差”。讲课内容以 C 层为起点，重点放在 B 层，将有关的基础知识和基本技能联系起来讲，围绕课时目标，不断进行强化。

4）数控技术实训内容采用分层辅导，共同提高。对学生进行多形式、多层次的辅导。对少部分差生采取个别辅导的方法。从坐标系的建立到各基点坐标值的确定、加工程序编制、程序输入、对刀操作、工艺加工路线的确定、切削用量的选择、测量方法等讲解、演示，使学生在老师的指导下学会思考并按要求完成任务。

5）数控技术实训考核。对不同层次的学生，采用不同的考核标准和要求。过关考试是根据教学大纲的要求和各层次学生的教学目标命题，实行分类考核。数控技术实训考核采用“一套题多个评分标准”的原则。

附录 12 启发式教学法

启发式教学法是指教师在教学过程中根据教学任务和学习的客观规律,从学生的实际出发,采用多种方式,以启发学生的思维为核心,调动学生的学习主动性和积极性,促使他们生动活泼地学习的一种教学指导思想。

1. 理论基础——启发式教学、产婆术、主体性人本观、发现学习论、有意义接受学习论

中国的“启发”一词最早见于《论语》,中国的启发式教学最早起源于孔子。西方苏格拉底在向别人传授知识的时候并不是强制别人接受,而是使用了他自己发明的师生共同谈话的方法,通过探讨问题来获得知识,这种方法就是问答式教学法,即启发式教学法。启发式教学有着深厚的哲学、教育学和教育心理学等理论。基于马克思主义的“主体性人本观”的思想和“内外因”的辩证关系为启发式教学奠定了深厚的哲学基础,同时学习动机论作为其教育心理学基础以及布鲁诺的“发现学习论”和奥苏贝尔的“有意义接受学习论”等认知论更是支撑其不断发展的教育理论基础。

2. 具体教法

1）实验启发

2）类比启发

3）推理启发

4）情景启发

5）问题启发

6）比喻启发

7）图片启发

8）讨论启发

9）观察启发

10）发散启发

3. 应用——以中职数学教学为例

1）善于借助图形的直观演绎,创设启发教学的情境。在教学过程中,教师要通过对学生思维过程的分析,找出新知识与旧知识之间的落差,依靠学生已掌握的概念、知识来唤起学生的联想,形成一个由感性到理性到实践的认识过程。例如,在“函数的单调性”教学中,首先让学生在直角坐标系中作出一次函数、二次函数的图像,让学生直观地感受到函数图像是有上升下降的区别的。然后教师可抓紧时机,启发式地提问学生:“为什么函数图像会上升下降呢?”这个问题充分激发了学生的求知欲望,大多数学生这时都非常想知道答案。

2）善于提出恰当的问题。在课堂设计中,教师必须抓住重点、难点、关键点来启发,合理设置问题,引导学生,使学生能够从正确的方向去思考问题,从而解决问题。例如,在“函数的奇偶性”教学中,教师同样借用了一次函数和二次函数的图像来启发学生,但是这时候的提问要变成:“这些函数图像具有哪些对称性?”通过教师这样引导,学生才会从对称性的方面去思考。

3）善于从多个角度唤醒学生的发散思维。要从根本上提高学生的解题能力，还要在解题教学中努力启迪学生思维。如对一些典型习题，在解题时要求学生不满足一种解法，因势利导地鼓励学生从多方面、多层次地进行联想，以发展学生发散思维能力。

4）让学生自己动手解决问题。例如，在讲解二倍角的正弦公式时，教师可首先提示学生思考："角 2α 与角 α 有什么关系？"学生很容易发现它们是成 2 倍角的关系。接着教师提问："$\sin2\alpha=\sin(\alpha+\alpha)=?$"此时学生很快发现因为 2 倍角可以写成两角和的形式，所以 2 倍角的正弦公式可以转换成两角和的正弦公式。发现这一规律后，学生只要按着两角和的正弦公式套入就能自己推导出 2 倍角的正弦公式。

总之，在启发式教学中，教师要注意"梯度"的把握，分阶段对学生加以训练，最后再连贯起来。

附录 13　单位制教学法

单位制教学法是日本神奈川县"新职业训练研究会"为适应社会产业结构的变化和劳务市场的需求，经过 5 年的调查研究，并在借鉴德国 ABB 范例教学法、美国高台阶程序教学法和国际劳工组织（ILO）职业技能模块式教学法的基础上，于 1986 年在小田原和藤泽两所县立高等职业技术学校进行试验、总结制订的教学法。该教学法是以技能为主的系统性训练方法，把总技能（相当于培养目标）分解为若干单元（相当于课题），再把单元分解为若干单位，每个单位包含一个单项技能和与之相关的知识，学员学完所规定的单位，就能从事所学某一技术等级的工作。每个单位规定为 20 学时，其中自习 2 学时，考试 2 学时。每个单位内容既独立，又相互联系。其特点是干啥学啥、边干边学。理论密切结合实际；训练内容密切结合将来工作，不搞单纯知识积累；训练方式灵活，不搞"一刀切"，兼顾学生能力的差异，有利于个性发展。

参考文献

[1] 刘永贤,蔡光起.机械工程概论[M].北京:机械工业出版社,2011.

[2] 宗培言,丛东华.机械工程概论[M].北京:机械工业出版社,2001.

[3] 李益民,金卫东.机械制造技术[M].北京:机械工业出版社,2013.

[4] 郑玉才,刘长荣,洪凯.机械加工技术专业教学法[M].北京:高等教育出版社,2012.

[5] Arciszewski T.成功教育:如何培养有创造力的工程师[M].侯悦民,译.北京:机械工业出版社,2012.

[6] 孙爽.孟庆国.现代职业教育机械类专业教学法[M].北京:北京师范大学出版社,2009.

[7] 高琳.《机械设计基础》课程设计的分层教学法[J].科技创新导报,2013(17):174.

[8] 莫海军,黄华梁,徐忠阳.《机械设计课程设计》教学方法改革与探索[J].装备制造技术,2009(7):188-190.

[9] 黄其圣,刘善林,吕永香,陶晓杰.《精密机械设计》课程设计的改革[J].合肥工业大学学报(社会科学版),2002,16(6):19-21.

[10] 张冬敏.高校课程设计教学中存在的问题与对策研究[J].改革与开放,2009(9X):172-173.

[11] 刘登峰,周融,黄强,等.工科专业课程设计教学方法探讨[J].教育教学论坛,2013(4X):91-93.

[12] 程帆,王洪飞.机械设计教学中课程设计的改革与实践[J].杭州电子工业学院学报(高等教育研究版),2003,23(5):43-45.

[13] 陆春晖,蔡慧官.机械设计课程设计的实践与探索[C].全国机械设计教学研讨会议暨见习机械师设计工程师工作会议.2006.

[14] 张日红,朱立学,韦鸿钰.机械设计课程设计教学改革初探[J].黑龙江科技信息,2008(29):184.

[15] 李学艺,丁淑辉,魏军英.机械设计课程设计教学研究[J].教育教学论坛,2014(41):178-180.

[16] 王春洁,李晓利.机械设计与自动化“专业课程设计”的改革与实践[J].北京航空航天大学学报(社会科学版),2002,15(4):60-62.

[17] 罗运虎,邢丽冬,王勤,等.基于项目教学法的课程设计改革[J].电气电子教学学报,2009,31(6):14-15.

[18] 许干,胡涛.课程设计教学改革的思考[J].科技信息(科学教研),2007(18):140,190.

[19] 林嵘,康其桔,侯晓霞,等.课程设计教学模式探索[J].实验室研究与探索,2005(S1):389-390,393.

[20] 成经平,林建华.提高“机械设计”课程设计教学质量的探讨[J].湖北理工学院学报,2012,28(5):59-61.

[21] 周金海.新时期大学生专业课程设计的地位与作用[J].中国成人教育,2011(6):115-116.

[22] 于惠力,张春宜,潘承怡.机械设计课程设计.北京:科学出版社,2013.

[23] 杨家军,张卫国.机械设计基础[M].2版.武汉:华中科技大学出版社,2014.

[24] 康凤华,张磊.机械设计基础教程[M].北京:冶金工业出版社,2011.

[25] 张占国.机械原理、机械设计学习指导与综合强化[M].2版.北京:北京大学出版社,2014.

[26] 王慧,吕宏.机械设计辅导与习题解答[M].北京:北京大学出版社,2014.

[27] 张卫国,饶芳.机械设计:基础篇[M].2版.武汉:华中科技大学出版社,2013.

[28] 纪莲清,朱贤华.机械原理[M].武汉:华中科技大学出版社,2013.

[29] 程黎曦.教师与新课程[M].北京:中国人事出版社,2004.

[30] 姜大源.当代德国职业教育主流教学思想研究[M].北京:清华大学出版社,2007.

[31] 赵立艳.案例教学法的理论、实践与启示[D].长春:东北师范大学,2003.

[32] 何文明.现代职业技术教育教学方法体系的构建研究[D].长沙:湖南师范大学,2012.
[33] 袁江.基于工作过程的课程观[J].中国职业技术教育,2005(4):1.
[34] 李素平.案例教学法的探索与实践[J].山西师范大学学报(自然科学版),2014(S2):105-107.
[35] 高晓东,吕林.案例教学在高师成人教育学课程中的运用[J].教育与职业,2012(30):153-155.
[36] 姜大源.论高等职业教育课程的系统化设计:关于工作过程系统化课程开发的解读[J].中国高教研究,2009(4):66-70.
[37] 曲丽荣.项目教学法在教学实践中的探索[J].中国科教创新导刊,2008(17):95-96.
[38] 张世泽,刘同先,丁升选,等.浅议项目教学法在我国的发展、应用和建议[J].教育教学论坛,2014(50):168-169.
[39] 曹献方.项目教学法在高职基础英语写作中的应用[J].中国科教创新导刊,2012(34):110-111.
[40] 南丽霞,朱亚东.机床电气控制及 PLC(三菱)实训教程[M].合肥:中国科学技术大学出版社,2014.
[41] 唐俊成,刘健,吴斌.职业教育教学中行为导向教学法的运用[J].科技创新与应用,2012(11):253.
[42] 陈玲.谈行为导向教学法的教学设计[J].职业教育研究,2007(9):154-155.
[43] 王茂柱.教学过程的控制:行为导向教学法的应用实践[J].职业,2008(30):41-42.
[44] 祁舒慧,徐涛.任务驱动教学法在教学中的研究与实践[J].职业技术,2011(4):16-17.
[45] 郭绍青.任务驱动教学法的内涵[J].中国电化教育,2006(7):57-59.
[46] 陈芳.任务驱动教学法的设计与误区[J].教学与管理,2009(18):123-124.
[47] 傅志烈.关于合作学习[J].心理科学,1982(5):54-55.
[48] 王坦.论合作学习的理论基础[J].教育评论,1994(4):40-42.
[49] 郑丽珠.多元智能理论在合作学习教学法中的应用[J].福建论坛(人文社会科学版),2008(S3):101-102.
[50] 高峰,王幼军.课堂教学中合作学习教学法的构建[J].科技信息,2013(2):2.
[51] 黄亚清,陈雪环.任务驱动下的合作学习教学法的构建与实践:以影视作品赏析课程为例[J].浙江工商职业技术学院学报,2010,09(2):42-44.
[52] 杨曙光."问题解决"教学法的探索与实践[J].大学数学,2008(6):193-196.
[53] 杨佑国.问题解决教学法实践探讨[J].南通工学院学报(教育科学版),2000(S1):100-102.
[54] 谢静芝,李立云.浅谈"问题解决教学法"中的问题选择策略[J].中小学电教(下),2013(7):94-95.
[55] 刘冠明.问题解决教学法与中职数学应用教学[J].湖南科技学院学报,2011,32(9):174-176.
[56] 孙微.动之以"情"晓之以"境":情境教学法案例分析[J].黑河教育,2014(4):75.
[57] 朱宇云.主线式情境教学法的实施[J].思想政治课教学,2014(9):29-31.
[58] 方苗利.情境教学法在教学中的有效运用:以分析化学实验课为例[J].考试周刊,2014(38):155-156.
[59] 米俊魁.情境教学法理论探讨[J].教育研究与实验,1990(3):24-28.
[60] 任敬波.情境教学法在中职护理教学中的应用[J].河南教育(职成教版),2014(6):44.
[61] 柳和玲.工学整合式实践教学的探索[J].中国职业技术教育,2008(24):9-11.
[62] 柳和玲.工学整合式教学模式研究[J].交通职业教育,2011(3):14-17.
[63] 李发元.语言功能主义和功能教学法[J].西北师大学报(社会科学版),1995(5):55-57.
[64] 孙红卫.功能教学法理论及应用与新课程浅谈[J].新课程研究(职业教育),2008(12):58-60.
[65] 胡艳.功能教学法在英语教学实践中的应用[J].山西医科大学学报(基础医学教育版),2004,6(3):331-332.
[66] 王昕.英语功能教学法初探[J].校长阅刊,2007(Z1):148.
[67] 吴顺发.渗透性教学法探讨[J].闽江职业大学学报,1999(4):35-36.
[68] 程艳红,朱汝葵."分层递进教学"研究综述[J].内蒙古师范大学学报(教育科学版),2005,18(6):29-32.
[69] 鲍海峰.分层递进教学法简论[J].天津科技,2005,32(3):37-38.
[70] 杜晋.机床电气控制与 PLC(三菱)[M].北京:机械工业出版社,2013.
[71] 丁玉祥,鄂傲君.分层递进教学策略在教学中的应用研究[J].中国教育学刊,2001(2):49-52.
[72] 唐爱武."分层递进教学法"在数控技术实训教学中的应用[J].农业网络信息,2013(2):131-133.

[73] 刘洪文.启发式教学法初探[J].吉林教育,2009(2):120.
[74] 王维娅,王维.孔子与苏格拉底启发式教学法之比较[J].华南师范大学学报(社会科学版),1999(4):83-88.
[75] 卢家杰.启发式教学法研究[J].现代商贸工业,2011,23(1):208-209.
[76] 宋湘晋.谈数学教学中的启发式教学法[J].卫生职业教育,2004,22(4):53.
[77] 引进单位制教学法 探索技校教学改革新模式[J].职业,1994(2):10-12.
[78] 张曙灵,吕莉,陈桂琦.从《工程材料与成型加工》谈理工科实用性教学研究[J].焦作大学学报,2006,20(4):86-87.
[79] 孙方红,徐萃萍.改革工程材料与成型工艺课程教学培养应用创新型人才[J].中国冶金教育,2011(3):23-24.
[80] 黄筑江.如何提高《机械制图及 CAD》教学效果[J].现在教育科学:教学研究,2013(4):58-59.
[81] 陈少友.《机械制图》教学方法探索[J].中国科技博览,2008,(16):109-110.
[82] 廖辉,黄崇林.案例教学在"互换性与技术测量"中的实践[J].中国电力教育,2013(34):79.
[83] 徐恺,武充沛,王恒迪."互换性与技术测量"课程启发式教学的改革与实践[J].中国电力教育,2014(2):48-49.
[84] 郑永章."理实一体化"在高职《互换性与技术测量》课程教学中的应用[J].大众科技,2014(4):96-97.
[85] 苏建新,徐恺,武充沛."互换性与技术测量"多媒体教学设计探究[J].中国电力教育,2014(14):89.
[86] 徐彦伟,徐爱军.互换性与技术测量教学改革探索[J].中国电力教育,2014(14):87-88.
[87] 张晓红,陆文金,黄晓萍.高职高专《互换性与技术测量》课程考核方式改革探讨[J].江苏科技信息,2014(11):60-61.
[88] 刘爱玉.关于教学准备的技巧性[J].南昌师范学院学报,1999(3):95.
[89] 舒姗,周海燕,李海霞,等.《公差配合与技术测量》课程教学方法探讨[J].新校园(学习),2012(2):20.
[90] 李升和,周金星,许雪萍,等.专业基础课在创新创业人才培养中的作用探索[J].安徽科技学院学报,2011,25(3):52-55.
[91] 于源,秦宏.浅论电子技术基础课程在专业教学培养中的地位与作用[J].科技信息,2009(25):569.
[92] 张友利.高职高专热动专业技术基础课程之间内容的整合与思考[J].重庆电力高等专科学校学报,2007,12(1):43-45.
[93] 李珍兰.高职院校机械制造专业技术基础课教学现状及对策[J].河北北方学院学报,2008,24(6):83-84.
[94] 周华,覃岭,朱敏.关于机械类专业技术基础课教学体系改革的探索[J].职业教育研究,2008(4):96-97.
[95] 张青.浅谈电子信息专业技术基础课的教学[J].科技文汇,2008(7):66.
[96] 何秋梅,何良胜.以能力为本位构建高职机械制造专业技术基础课程群[J].职业技术教育,2010,31(17):17-19.
[97] 何秋梅,何良胜.机械制造专业技术基础课程的改革探讨[J].装备制造技术,2010(7):199-200.
[98] 王永兴,于海燕,庄幼敏,等.系统改革机械专业技术基础课程培养体系全面提升大学生专业技能和综合素质[J].纺织服装教育,2011,26(4):305-308.
[99] 宋菲,智海素,张翠明.高职电类专业技术基础课程项目教学法的探索[J].教育与职业,2012(3):149-150.
[100] 英秀.浅谈高职院校专业技术基础课程教学方式改革[J].内蒙古教育(职教版),2013(8):38-40.
[101] 李玉玫.基于电子信息专业技术基础课的教学实践研究[J].科技视界,2014(4):159.
[102] 李红英,丁建党.工程类本科专业技术基础课程教学模式改革与实践[J].高教论坛,2013(11):64-66.
[103] 郁汉琪.机床电气控制技术[M],北京:高等教育出版社,2010.
[104] 阮友德.电气控制与 PLC[M],北京:人民邮电出版社,2009.
[105] 王庭俊.钳工知识与技能[M].天津:天津大学出版社,2012.
[106] 王庭俊.机械加工知识与技能[M].天津:天津大学出版社,2013.
[107] 周建华,孙俊兰.机械制造技术概论[M].北京:机械工业出版社,2013.
[108] 戴亚春.机械制造工艺实习指导书[M].北京:化学工业出版社,2007.
[109] 蒋增福,徐冬元.机加工实习[M].北京:高等教育出版社,2002.
[110] 纪芝信.职业技术教育学[M].福州:福建教育出版社,2002.